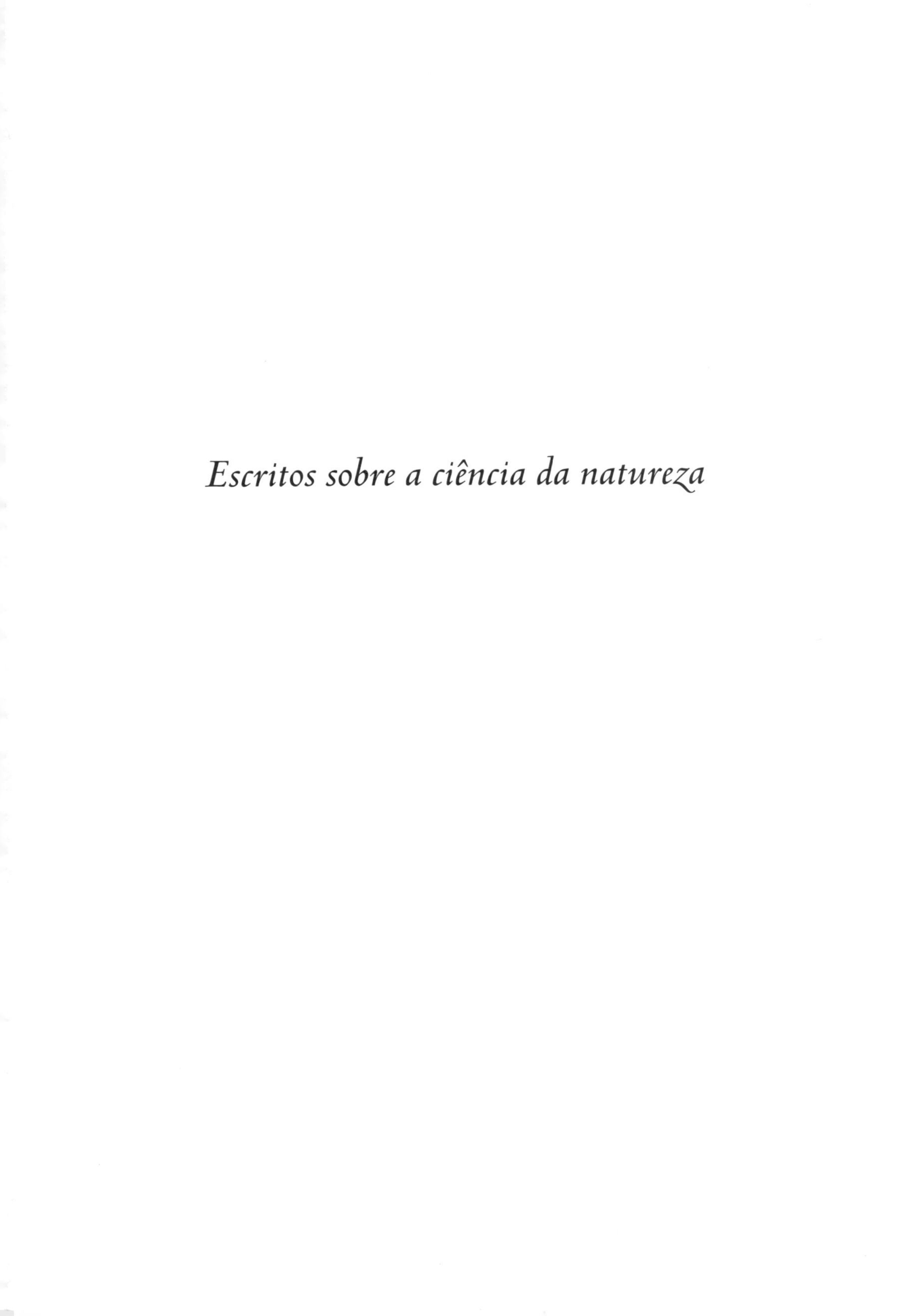

Escritos sobre a ciência da natureza

JOHANN WOLFGANG VON GOETHE

Escritos sobre a ciência da natureza

Coordenação da série

Mario Luiz Frungillo

Organização, tradução, apresentação e notas

Isabel Fragelli

Fundação Editora da Unesp (FEU)
Praça da Sé, 108
01001-900 – São Paulo – SP
Tel.: (0xx11) 3242-7171
Fax: (0xx11) 3242-7172
www.editoraunesp.com.br
www.livrariaunesp.com.br
atendimento.editora@unesp.br

Dados Internacionais de Catalogação na Publicação (CIP) de acordo com ISBD
Elaborado por Odilio Hilario Moreira Junior – CRB-8/9949

G599e

Goethe, Johann Wolfgang von
Escritos sobre a ciência da natureza / Johann Wolfgang von Goethe; organizado e traduzido por Isabel Fragelli; coordenado por Mário Luiz Frungillo. – São Paulo: Editora Unesp, 2024.

Inclui bibliografia.
ISBN: 978-65-5711-152-9

1. História Natural. 2. Ciências naturais. 3. Morfologia. 4. Geologia. 5. Botânica. 6. Estudos da natureza. I. Fragelli, Isabel. II. Frungillo, Mário Luiz. III. Título.

2024-2105 CDD 500
CDU 55

Editora afiliada:

Johann Wolfgang von Goethe não deve sua fama como gênio universal apenas à sua obra literária. Homem de múltiplos talentos e interesses, dedicou-se também à reflexão sobre a literatura e as artes e a estudos e pesquisas no campo das ciências da natureza. Mas, se sua obra literária é bastante divulgada e conhecida, as obras não literárias, de importância fundamental para quem queira conhecer o autor e sua época mais a fundo, ainda são de conhecimento restrito aos especialistas.

O objetivo desta coleção é oferecer ao leitor brasileiro um acesso tão amplo quanto possível à variedade de sua obra não literária. Ela foi planejada em três grandes seções, tendo como abertura as *Conversações com Goethe* de Johann Peter Eckermann. A primeira seção reunirá as principais obras de caráter autobiográfico e os relatos de viagem, a segunda será dedicada aos escritos de estética e a terceira às suas incursões no campo das ciências da natureza.

Sumário

Anatomia comparada, zoologia, osteologia

Geologia e mineralogia

Meteorologia

A ciência viva de um genial diletante: Goethe e a arte do olhar

Isabel Fragelli

Goethe é universalmente reconhecido como um dos autores mais fundamentais da cultura alemã. Dono de uma trajetória longeva[1] e extremamente complexa, acompanhou em vida todos os acontecimentos relevantes da segunda metade do Século das Luzes e de sua transição para as primeiras décadas do século XIX na Europa. No plano histórico-político, assistiu à Revolução Francesa e seus desdobramentos, à ascensão e à queda de Napoleão Bonaparte, ao reinado de Frederico II. Nos planos filosófico e científico, à consolidação do paradigma newtoniano na física, ao crescimento das ideias iluministas na França, ao advento da filosofia crítica de Immanuel Kant e ao subsequente desenvolvimento do Idealismo alemão.

Diante de todos esses eventos, a obra de Goethe revela uma singularidade excepcional. Apesar de sua origem burguesa, ele foi crítico da Revolução, e, com efeito, de todo tipo de atitude revolucionária na esfera política; sua crítica, porém, não se confundiu com uma defesa da monarquia e do cristianismo, alguns dos pilares do conservadorismo absolutista. Em sua juventude, fundou, junto com o amigo Herder e outros autores, o movimento pré-romântico *Tempestade e Ímpeto* (*Sturm und Drang*), que combatia o ideal iluminista do homem racional e defendia a expressão do sentimento e da interioridade individual; mais tarde, porém, abandonou esses princípios

1 Goethe nasce em 1749, em Frankfurt, e morre em 1832, em Weimar.

e tornou-se um dos mais importantes expoentes do classicismo de Weimar. Era profundamente avesso à atitude especulativa dos pesquisadores de gabinete e dos filósofos da academia, razão pela qual manteve por muito tempo uma postura distante e desconfiada em relação a Kant e ao kantismo; contudo, ao ler a *Crítica da faculdade de julgar* pela primeira vez, acreditou ver ali uma surpreendente semelhança entre os objetivos do grande filósofo e a sua própria intenção de unir harmonicamente as criações da arte e da natureza. Por fim, rejeitava os princípios do mecanicismo, que propunha uma explicação da natureza por meio de leis matemáticas, ao mesmo tempo que sua postura investigativa afinava-se com o espírito do empirismo que marcou a ciência do século XVIII, de acordo com o qual, para se alcançar o conhecimento, é preciso, antes de tudo, *observar* a natureza.

Goethe teve uma fase romântica e uma fase clássica; foi conservador, por um lado, e, por outro, progressista. Da mesma forma, embora seja conhecido principalmente por sua vastíssima obra literária, foi também, durante mais da metade de sua vida, um dedicado homem de ciências. Nas edições de suas obras completas, os volumes de seus escritos científicos contam mais de duas mil páginas, entre ensaios completos, rascunhos e observações soltas, nas quais o autor frequenta quase todas as disciplinas: a botânica, a zoologia, a anatomia, a geologia, a meteorologia, a física, a óptica etc. Esse grande interesse pelas ciências naturais desenvolveu-se especialmente após sua mudança para Weimar, no ano de 1775, onde tornou-se conselheiro de Estado a convite do duque Karl August (1757-1828), de quem foi amigo. Aceitar esse cargo foi, segundo ele próprio, a decisão mais importante de sua vida, pois ela lhe trouxe uma inserção no mundo político e no universo da sociedade aristocrática de Weimar, a possibilidade de ampliar sua influência na esfera pública e, ao mesmo tempo, uma série de responsabilidades administrativas e sociais que logo não combinariam mais com os ideais românticos de sua juventude. O olhar *para dentro* característico do poeta do *Sturm und Drang* teve de dar lugar a um olhar *para fora*, a um movimento que não mais reflui para interioridade do eu, mas dirige-se para o mundo e busca com ele uma conciliação. Somente assim a natureza poderia se tornar um verdadeiro objeto de interesse para o poeta.

Essa mudança foi o pano de fundo essencial para que mais tarde ocorresse, na obra de Goethe, a transição de sua fase romântica para sua fase clássica, tal como os críticos costumam defini-las. Isso se observa quando comparamos, por exemplo, os desejos e intenções do protagonista de *Os sofrimentos do jovem Werther* (1774), obra emblemática do *Sturm und Drang*, com aqueles do herói de *Os anos de aprendizagem de Wilhelm Meister* (1795), o mais notório romance de formação (*Bildunsgroman*) da literatura alemã. Enquanto Werther, o jovem sentimental que sofre de uma desilusão amorosa, jamais encontra um meio de satisfazer seus anseios e viver uma vida plena e harmoniosa com o mundo exterior, optando, ao final, pela via trágica do suicídio; Wilhelm Meister parte numa jornada de aprendizagem que deverá ocorrer no mundo e para o mundo, desejando tornar-se "um homem público" por meio do teatro. Sua atitude revela, assim, o intuito de superar os limites de sua individualidade e realizar aquilo que para Werther não era possível.

O fato marcante da mencionada transição foi, sem dúvida, a famosa viagem à Itália realizada por Goethe entre os anos de 1786 e 1788, e cujas experiências ele registrou em relatos e correspondências publicados posteriormente.[2] À época, a Itália encantava o imaginário dos homens do Norte europeu por aquilo que sabiam acerca de seu clima, sua beleza natural e sua riqueza cultural, e muitos partiam para lá visando à ampliação de seus conhecimentos do mundo e uma formação pessoal. Um desses homens foi o pai de Goethe, Johann Caspar Goethe (1710 - 1782), que viajara pelo país em 1740 e, ao retornar a Frankfurt (sua cidade natal), redigiu em italiano um livro intitulado *Viaggio per l'Italia*, no qual narra suas experiências e registra suas observações. Os diversos objetos, livros e pinturas que trouxera de lá para compor sua coleção pessoal povoaram o ambiente onde o filho passou a infância. Tal circunstância da vida pessoal do grande poeta certamente contribuiu para o fato de que sua própria viagem à Itália possuiu um autêntico e profundo sentido formativo.

Curiosamente, Goethe esperava que essa jornada fosse resultar na sua formação como pintor, e não como escritor. Ele era apaixonado por pintura,

---

2 A presente coleção das obras de Goethe publicada pela Editora Unesp conta já com uma tradução do livro, intitulado *Viagem à Itália*.

e não deixava de possuir algum talento para essa arte. Julgou, assim, que a Itália seria o ambiente propício para desenvolver suas habilidades nesse sentido, uma vez que ali estaria em contato direto não somente com as mais belas obras das artes plásticas, como também com uma paisagem natural muito mais exuberante que a existente em território alemão. É evidente, ele afirma, que "o olho do artista se forma a partir dos objetos que contempla", motivo pelo qual o pintor veneziano possui uma visão muito mais alegre e limpa do que aquele nascido nas terras sombrias e poeirentas da Alemanha.[3] Embora tenha abandonado esse plano inicial e finalmente concluído que sua verdadeira vocação era mesmo para a literatura, a ideia de que o sentido da visão é fundamental para a formação artística não perdeu seu valor. Assim, Goethe dedicou o período que passou na Itália a uma verdadeira educação do olhar, que se revelara essencial não somente para o trabalho do pintor, mas também para o do poeta. Nas palavras do amigo Eckermann:

> Faz parte da formação do poeta que seu olho seja treinado em todos os sentidos para a apreensão dos objetos em sua exterioridade. E se Goethe chama de equivocada sua tendência para a prática das artes plásticas, referindo-se à época em que pensou fazer dela sua atividade, ela, por outro lado, estava em seu perfeito lugar quando se tratava de sua formação como poeta.[4]

Não por acaso foi nesse momento que surgiram suas primeiras observações mais importantes e originais sobre a ciência da natureza, e particularmente sobre a botânica. Diante da imensa variedade de plantas presentes a céu aberto nos passeios e nos jardins italianos, finalmente atentou para a ideia de que todas elas deveriam provir de um único modelo ou arquétipo, isto é, de uma "planta originária" (*Urpflanze*). A planta originária é definida por Goethe como uma planta simbólica, na qual se exprimem simultaneamente uma ideia e uma imagem, um universal e um particular. É ela que garante a existência de uma unidade fundamental em meio à multiplicidade de formas particulares de cada planta individual, sem o que seria impossível, segundo

3 Goethe, *Viagem à Itália*. São Paulo: Ed. Unesp, 2017, p.105.

4 Eckermann, *Conversações com Goethe nos últimos anos de sua vida*. São Paulo: Ed. Unesp, 2016, p.158.

ele, classificá-las em gêneros e espécies. "Aqui, junto a essa diversidade que se me apresenta pela primeira vez", escreve,

> torna-se cada vez mais viva aquela ideia segundo a qual todas as formas vegetais talvez pudessem derivar de uma única. Apenas desse modo seria possível determinar verdadeiramente os gêneros e espécies, penso eu, o que, até então, vem sendo feito de modo bastante arbitrário.[5]

Ao lermos os relatos de *Viagem à Itália*, vemos que a busca dessa planta foi um assunto muito presente ao longo de toda sua estadia no país. Em uma de suas reflexões na cidade de Nápoles, ele afirma estar próximo da solução deste problema.[6] É certo que, para tanto, seria necessário poder "ver as ideias com os olhos", como ele diz ao amigo Schiller, e assim descobrir "a forma sensível de uma planta suprassensível". Essa solução jamais é alcançada em seus escritos, mas nem por isso Goethe deixou de lado sua intenção de revelar em suas investigações científicas a verdade simbólica da natureza. Isso demandaria uma reconsideração dos paradigmas da ciência de sua época, que, ao tratar teoria e experiência como coisas distintas, se distanciara dessa verdade. É por esse motivo que Goethe critica a ciência abstrata e árida do mecanicismo, que pretende tudo reduzir a leis calculáveis, ao número e à quantidade, propondo em seu lugar uma ciência viva, dinâmica, que jamais abstrai do fenômeno e nele busca a presença imanente do conceito:

> O mais elevado seria compreender que tudo o que é fático já é teoria. O azul do céu revela-nos a lei fundamental da cromática. Não se deve procurar nada atrás dos fenômenos: eles mesmos são a teoria.[7]

---

5 Goethe, *Viagem à Itália*, op. cit., p.77.

6 Nápoles, 27 de março de 1787: "Depois dessa agradável aventura, caminhei um pouco junto ao mar, sentindo-me feliz e tranquilo. Um lampejo lançou-me então uma boa luz sobre as questões de botânica. Por favor, dizei a Herder que logo chegarei a uma conclusão a respeito do problema da planta primordial". Id., ibid., p.254.

7 Goethe, *Maximen und Reflexionen*. Em: ___. *Goethes Werke* (Hamburger Ausgabe). München: Verlag C. H. Beck, 1989, Bd. 12, p. 432 (nº 488). [Trad. em: Goethe, *Escritos sobre arte*. São Paulo: Imprensa oficial, 2005, p. 269 (Máxima nº 575)].

A planta originária pode ser vista como a primeira intuição de Goethe no plano de uma investigação que o levaria à ideia de fundar uma nova ciência natural: a morfologia, ou a ciência das formas. Ela deve consistir no estudo das formas naturais sem levar em conta nada mais, ou "sem quaisquer outros interesses". Nas palavras do autor, ela é "a doutrina da forma, da formação e da transformação dos corpos orgânicos". Goethe a compara com a história natural e a anatomia, duas ciências que também se dedicam à investigação das formas dos seres, porém tratando-as como algo fixo e estático: enquanto a primeira "atém-se à manifestação exterior" das mesmas, visando ordenar os seres em grupos e classes; a segunda visa o conhecimento da estrutura, ou da forma "interior" do corpo. A morfologia, por sua vez, a investiga em seu caráter vivo, dinâmico, metamórfico, isto é, como *Bildung*, e não apenas como *Gestalt*.

É esse o princípio que levou Goethe a redigir seu ensaio científico mais importante e bem-acabado sobre botânica: a *Metamorfose das plantas* (1790). Aqui, ele descreve a história do desenvolvimento do vegetal, da semente à flor e à frutificação, mostrando como seus órgãos se produzem uns aos outros sucessivamente. Acompanhando atentamente "a natureza em todos os passos" nesse processo de geração, ele observa que o vegetal inteiro consiste, na verdade, em *um único órgão*, que assume uma multiplicidade de formas ao longo do tempo. Esse órgão, segundo Goethe, é a folha; é ela que se manifesta ora como uma verdadeira folha, ora como caule, cálice, flor ou fruto; é ela que, tal como Proteu, se metamorfoseia em diversas formas sem perder sua unidade. Do ponto de vista da morfologia, portando, o ser vegetal é uma única forma em constante devir.

A ideia da metamorfose não estava restrita apenas ao domínio da botânica, mas aparece também nos estudos que Goethe realiza no campo da osteologia. Ele nos conta que, em sua passagem por Veneza, encontrou enterrado sob a areia o crânio de um carneiro, e, ao observá-lo de perto, concluiu que sua forma poderia ser deduzida da forma de suas vértebras. "Percebi no mesmo instante", ele diz, "que os ossos da face poderiam ser igualmente deduzidos das vértebras, pois podia ver claramente a transição do primeiro esfenoide para o etmoide e a concha nasal" [p.72 desta edição].

Isso o levaria a inferir que, de modo geral, a forma do crânio dos mamíferos deveria consistir em uma espécie de metamorfose de suas vértebras.

Os estudos de anatomia comparada levaram-no a supor a existência de uma forma originária, análoga à *Urpflanze*, também no interior do reino animal. A essa forma Goethe deu o nome de *tipo*:

> Sugere-se aqui um tipo anatômico, ou uma imagem geral, na qual estejam contidas, segundo a possibilidade, as formas de todos os animais, e por meio da qual cada animal fosse inserido numa determinada ordem. Esse tipo deve ser elaborado, tanto quanto possível, levando-se em consideração a fisiologia. Da ideia geral de um tipo logo resulta que nenhum animal particular pode ser tomado como um cânone de comparação; pois nenhum particular pode ser modelo do todo [p.259].

Goethe acredita que, ao compararmos os corpos dos animais (e sobretudo aqueles dos animais superiores, os mamíferos), observamos tantas semelhanças entre eles que não se pode negar que todos devam naturalmente provir de um mesmo modelo, ou de uma configuração comum. Assim como no caso da planta originária, foi a observação de uma analogia entre as diversas formas dos seres e o intuito de apreender a unidade em meio a essa multiplicidade do particular que o conduziu à ideia de um *tipo*, por ele definida e apresentada no ensaio *Primeiro esboço de uma introdução geral à anatomia comparada baseada na osteologia*. Aqui, Goethe elogia o emprego da arte da comparação nas ciências naturais, por meio da qual é possível ao naturalista encontrar um "ponto unificador" das observações isoladas dos objetos e, por conseguinte, alcançar uma visão mais ampla da natureza como um todo.

Não se pode negar, ele diz, que as pesquisas realizadas no campo da zootomia contribuíram muito para a compreensão de diversos aspectos da anatomia humana, ainda que esta seja muito mais elaborada que a dos animais. Nos animais, os traços estruturais do corpo manifestam-se de maneira muito mais expressiva e nítida, tornando mais fácil a sua identificação. O trabalho da anatomia comparada pode, assim, utilizar a observação dos diferentes corpos dos animais como um "guia" para a observação do corpo humano, no qual muitas vezes aqueles mesmos traços estão ocultos, ou aparecem sob formas muito mais complexas.

Essas ideias estão na base de uma importante descoberta realizada por Goethe no âmbito dessa ciência: a da existência de um osso intermaxilar nos seres humanos. Trata-se de um osso já há muito tempo identificado pelos naturalistas nos animais, e cuja suposta ausência na espécie humana era normalmente afirmada para diferenciá-la daqueles, e em especial dos macacos. Ora, Goethe, cujo possível compromisso com qualquer fé religiosa (ou ao menos com seu frequente desejo de afirmar o caráter superior dos seres racionais sobre a Terra em todos os aspectos) jamais esteve à frente de sua honestidade como investigador, insistiu por muito tempo na ideia de que esse osso deveria estar presente na anatomia humana, e o fez até poder demonstrá-lo com base em suas observações. Ele afirma:

> Algumas opiniões limitadas logo se estabeleceram: pretendeu-se, por exemplo, negar que o homem possuísse um osso intermaxilar. Acreditou-se que essa negação continha uma vantagem bastante singular, pois seria o indício da diferença entre nós e os macacos. No entanto, não se notou que, com isso, ao negar-se indiretamente o tipo, perdia-se a mais bela visão do todo. [*Primeiro esboço de uma introdução geral à anatomia comparada baseada na osteologia*, p.267].

Examinando atentamente o crânio humano, ele soube indicar nele presença de um osso intermaxilar, que, se de fato é muito visível no crânio de determinados animais (como no do cavalo, por exemplo), aqui aparece em estado quase embrionário. Esse osso pertence à composição geral do *tipo* osteológico, tal como Goethe o define, e o resultado dessa investigação não é de pouca relevância: ela revela que a semelhança anatômica entre os seres humanos e os animais é ainda maior do que se pensava, e que talvez não haja, na estrutura corporal humana, qualquer elemento específico que a distinga particularmente da dos macacos. A paridade das diferentes espécies em relação ao *tipo* se torna clara quando Goethe afirma que "não se pode tomar o ser humano como tipo do animal, e tampouco o animal como tipo do ser humano" [ibid., p.268]. Em outras palavras, a forma da espécie humana é, assim como as formas de todas as outras espécies animais, apenas uma das variações do *tipo*, ainda que ela provavelmente seja a mais elaborada e complexa entre elas.

Tal descoberta não poderia ter sido feita, nesse momento da história das ciências, senão por um espírito aberto e receptivo como o de Goethe. Diante de um objeto que está em constante devir, o sujeito não pode permanecer fixo e imóvel em sua posição, ou em sua maneira de conhecer. Em troca de revelar sua verdade, a natureza exige que ele seja flexível, que se transforme e se adapte constantemente. "O que está formado logo se transforma novamente", ele diz em um de seus escritos, "e, se quisermos em alguma medida alcançar uma intuição viva da natureza, teremos de nos manter igualmente móveis e flexíveis, segundo o exemplo que ela fornece de antemão" [*Introduz o propósito*, p.96 desta edição]. Para Goethe, o conhecimento não é um modo de instrumentalizar e dominar a natureza, mas algo que se constrói numa via de mão-dupla, na qual sujeito e objeto influenciam-se reciprocamente:

> Quando o homem, convidado à observação vivaz, trava uma disputa com a natureza, sente inicialmente um enorme impulso para subjugar os objetos. Mas não demora muito até que estes o constranjam, e o fazem com tanta violência que ele percebe ter bons motivos para também reconhecer sua autoridade e respeitar sua influência. E, mal ele se convence dessa influência recíproca, logo se apercebe de um duplo infinito: nos objetos, a variedade do ser e do vir-a-ser, assim como as relações vivas que se entrecruzam; e, em si mesmo, a possibilidade de um desenvolvimento infinito, à medida que ele torna tanto sua sensibilidade quanto seu juízo sempre aptos para novas formas do assimilar e do contrapor-se. [*Justifica-se o empreendimento*, p.93 desta edição].

É isso que lhe permite transitar pelos diversos domínios das ciências da natureza, como se conclui, por exemplo, a partir de suas reflexões a respeito do momento em que decidiu dedicar-se com maior atenção ao estudo da geologia. Depois de ter sofrido durante alguns anos com as inconstâncias da natureza humana, ele agora pede que lhe seja concedida a "sublime tranquilidade" de lidar com um objeto mais duradouro e estável, como são as rochas. Em outro ensaio, ele afirma que "cada novo objeto, se bem observado, revela em nós um novo órgão" [*Importante incentivo...*, p.70 desta edição]. Assim, cada passo que se avança no conhecimento da natureza produz uma transformação no sujeito, ampliando sua percepção e suas capacidades não somente para a ciência, mas para a vida em geral. Goethe encarava a atividade científica não como um processo de aprendizagem de uma determinada técnica ou teoria, mas como uma atividade formativa em seu mais amplo sentido.

É esse o motivo pelo qual ele jamais dissociou sua ciência de sua arte. Sua ciência é a obra de um poeta, assim como sua arte exprime o espírito de um naturalista que na natureza se inspira e com ela aprende a criar. No texto da *Introdução a Propileus*, que pertence ao conjunto de seus "Escritos sobre arte", ele afirma que a natureza possui uma "arte de criar" sublime e misteriosa para nós, mas do artista, sendo ele uma espécie de "segundo criador", será exigido que a ela "se atenha" o máximo possível, "que a estude, a imite e produza algo que se assemelhe aos seus fenômenos". A ciência natural revela-se, então, como um meio pelo qual o artista deverá aprender com a natureza a sua própria "arte de criar":

> A anatomia comparada elaborou um conceito universal sobre as naturezas orgânicas. Ela nos conduz de uma figura à outra e, ao observarmos naturezas mais ou menos aparentadas, nos elevamos acima de todas elas a fim de visualizar seus traços característicos em uma imagem ideal.
>
> Se fixarmos a mesma, descobriremos então que nossa atenção na observação dos objetos toma uma direção determinada, que os conhecimentos separados podem ser mais facilmente alcançados e fixados por meio da comparação e que, por fim, somente poderemos disputar com a natureza, no emprego artístico, quando ao menos aprendermos, até certo grau, como ela procede na formação de suas obras.[8]

Não por acaso, as ideias e reflexões oriundas de suas pesquisas aparecem em muitas de suas obras literárias, sobretudo nas mais tardias. O romance *As afinidades eletivas*, de 1809, extrai seu título da expressão criada pelo cien-

8 Goethe, *Enleitung in die Propyläen*. Em: ___. *Goethes Werke* (Hamburger Ausgabe). München: Verlag C. H. Beck, 1989, Bd. 12, p.42 e 44. [Trad. em: Goethe. *Escritos sobre arte*. São Paulo: Imprensa oficial, p.98 e 100].

tista sueco Torbern Bergman para se referir às "afinidades eletivas" entre determinados elementos químicos. Goethe transforma tais "afinidades" numa metáfora do modo como ocorrem as relações sociais e amorosas entre os personagens da obra. Outro exemplo importante encontramos na famosa cena "Noite de Valpúrgis Clássica", do *Fausto II*, na qual o autor coloca na boca das personagens dos filósofos pré-socráticos Tales e Anaxágoras, respectivamente, a defesa das teorias netunista e vulcanista da formação da crosta terrestre. Segundo a tese netunista, o planeta teria permanecido durante muito tempo sob a água, e a crosta ter-se-ia formado a partir de um longo processo de sedimentação; segundo o vulcanismo, as rochas da crosta teriam origem vulcânica, consistindo em solidificações do magma líquido. O conflito entre essas duas teorias estava ainda "aquecido" à época, e Goethe não apenas o comenta em seus textos sobre a geologia, como se posiciona de modo mais favorável ao netunismo.

Em certos momentos, Goethe se queixa da maneira pouco favorável pela qual seus escritos científicos eram recebidos. Sentia que ninguém o compreendia, e que lhe faltavam com simpatia. De fato, muitos levaram pouco a sério a incursão considerada "aventureira" de um poeta no campo das ciências naturais – que, nesse contexto, contavam com pesquisadores cada vez mais especializados em suas áreas – e julgaram-no, por fim, um mero "diletante". Apesar daquelas queixas, tal rejeição jamais o impediu de avançar em seus objetivos, e ele o fez ao longo de mais de quarenta anos de maneira persistente e, sempre que necessário, também "silenciosa". Para um autor que não apenas defendeu, mas ajudou a construir o ideal de uma formação universal da humanidade no interior da cultura alemã (o ideal da *Bildung*), o desenvolvimento isolado das potencialidades humanas era um sintoma da fragmentação de que padecia o indivíduo ilustrado. No plano geral das ciências, portanto, era preciso combinar a análise detalhada e exaustiva do especialista com uma perspectiva mais ampla, que apenas o cientista amador pode alcançar. Nesse sentido, ser considerado um diletante seria, na verdade, um elogio:

> A experiência nos mostra que os diletantes contribuem muito para a ciência. Isso, de fato, é algo perfeitamente natural: os especialistas de uma disciplina devem ansiar por completude, procurando investigar o vasto círculo em toda

sua extensão; ao amador, ao contrário, convém percorrer as coisas particulares até atingir um ponto mais elevado, a partir do qual possa alcançar uma visão, se não do todo, ao menos da maior parte. [*O autor compartilha a história de seus estudos botânicos*, p.246 desta edição]

* * *

Este volume consiste numa seleção dos escritos de Goethe sobre os mais diversos domínios das ciências naturais. Sua tradução foi feita a partir dos textos originais em alemão e tomou como base duas edições das obras do autor:

GOETHE, J. W. *Sämtliche Werke* (40 Bände). Frankfurt am Main: Deutscher Klassiker Verlag. Bd. 24 (1987) und 25 (1989).

GOETHE, J. W. *Goethes Werke* (14 Bände.) ("Hamburger Ausgabe"). München: C. H. Beck. Bd. XIII (1982).

Algumas traduções existentes dos escritos feitas tanto para o português como para outras línguas foram utilizadas para a realização do trabalho. São elas:

GOETHE. J. W. *A metamorfose das plantas*. Lisboa: Imprensa Nacional – Casa da Moeda, 1993. [Trad. Maria Filomena Molder].

_____. *A metamorfose das plantas*. São Paulo: Edipro, 2019. [Trad. Fabio Mascarenhas Nolato].

_____. *Ensaios científicos: uma metodologia para o estudo da natureza*. São Paulo: Barany Editora; Ad Verbum Editorial, 2012. [Trad. Jacira Cardoso].

_____. *La metamorfosi delle piante*. Milano: Ugo Guanda Editore, 2021. [Trad. Bruno Groff, Bruno Maffi, Stefano Zecchi].

_____. *Metamorfosi degli animali*. Milano: SE SRL, 1986. [Trad. Bruno Maffi].

_____. *Goethe's botanical writings*. Woodbridge, Connecticut: Ox Bow Press, 1989. [Trad. Bertha Mueller].

_____. *Oeuvres d'histoire naturelle*. Paris: Ab. Cherbuliez et Ce., 1837. [Trad. Ch. Fr. Martins].

CIÊNCIA DA NATUREZA EM GERAL

MORFOLOGIA

BOTÂNICA

Estudo a partir de Espinosa[1] (1785)

Os conceitos da existência [*Dasein*] e da perfeição são um e o mesmo. Quando seguimos esse conceito tão longe quanto nos é possível, dizemos que representamos o infinito.

Porém, o infinito, ou a existência [*Existenz*] completa, não pode ser pensado por nós.

Podemos pensar apenas as coisas que ou são limitadas em si mesmas, ou são limitadas por nossa alma. Desse modo, possuímos um conceito do infinito apenas na medida em que conseguimos representar uma existência completa que esteja além da capacidade de apreensão de um espírito limitado.

Não se pode dizer que o infinito tenha partes.

Todas as existências limitadas estão no infinito; elas participam da infinitude, mas não são partes do infinito.

Não podemos conceber que algo limitado exista por si mesmo; no entanto, tudo existe realmente por si mesmo, embora as circunstâncias estejam concatenadas de tal modo que uma deva se desenvolver a partir da outra, dando-nos a impressão de que uma coisa é produzida por outra, o que,

---

1 O texto é fruto dos estudos da obra de Espinosa, sobretudo da *Ética*, realizados por Goethe nos anos de 1784 e 1785. Ele se insere nos debates promovidos nessa época por Friedrich Heinrich Jacobi (1743-1819) e Johann Gottfried Herder (1744-1803) sobre a filosofia espinosana.

todavia, não ocorre; mas um ser vivo ocasiona o ser de outro e o obriga a existir em uma determinada circunstância.

Assim, cada coisa existente traz, em si mesma, sua própria existência [*Dasein*]; portanto, também a harmonia de acordo com a qual existe.

Medir uma coisa é um procedimento grosseiro que, nos corpos vivos, não pode ser empregado senão de maneira muito imperfeita.

Uma coisa existente e viva não pode ser medida por algo que esteja fora dela; mas, se isso tiver de ocorrer, ela própria deverá servir como padrão de medida, embora este último seja muito abstrato e não possa ser descoberto por meio dos sentidos. Mesmo no caso do círculo, a medida do diâmetro não pode ser aplicada à circunferência. Pretendeu-se, assim, medir o homem mecanicamente; os pintores julgaram que a cabeça, por ser a parte mais distinta do corpo, deveria servir como unidade de medida, mas, dessa forma, ela não poderia ser aplicada aos outros órgãos do corpo senão com algumas falhas, ainda que pequenas e inexpressivas.

Em cada ser vivo, aquilo que denominamos partes são de tal modo inseparáveis do todo que apenas nele e junto com ele podem ser compreendidas, razão pela qual nem as partes podem ser tomadas como medida do todo, nem o todo como medida das partes. Como dissemos anteriormente, portanto, um ser vivo limitado participa da infinitude, ou melhor, possui em si algo infinito. Ora, talvez seja preferível dizer que nós não podemos compreender completamente o conceito da existência ou da perfeição nem mesmo do ser vivo mais limitado, e que este último, assim como a imensa totalidade na qual todas as existências estão compreendidas, deve ser declarado infinito.

Há uma enorme quantidade de coisas de que nos apercebemos, e as conexões que nossa alma pode apreender entre elas são extremamente variadas. As almas que possuem força interior para se expandirem ordenam as coisas a fim de facilitarem para si o conhecimento, e as unem e associam a fim de poderem delas usufruir.

Devemos, então, limitar em nossa alma toda existência e toda perfeição, até que se tornem adequadas à nossa natureza e à nossa maneira de pensar e sentir; somente então poderemos afirmar ter compreendido uma coisa, ou dela desfrutado.

Quando a alma percebe uma conexão ainda em germe, por assim dizer, sem poder abarcar com a vista ou sentir de uma só vez a harmonia nela presente, ainda que esta fosse inteiramente desenvolvida, essa impressão é denominada "sublime", e é a mais magnífica que pode ser concedida à alma humana.

Quando observamos uma conexão que, em seu completo desdobramento, pode ser vista ou apreendida por nossa alma, cuja medida é suficiente para tal, essa impressão é denominada "grandiosa".

Dissemos antes que todas as coisas vivas existentes possuem em si mesmas suas interconexões; assim, denominamos "verdadeira" a impressão que elas tanto sozinhas quanto ligadas a outras deixam em nós, desde que essa impressão se origine de sua existência [*Dasein*] completa; e, se essa existência estiver, por um lado, limitada de tal maneira que possamos compreendê-la facilmente, e se encontrar, por outro, em tal relação com a nossa natureza que nos seja agradável apreendê-la, diremos que o objeto é "belo".

O mesmo ocorre quando as pessoas, de acordo com sua capacidade, formam para si um todo (seja ele rico ou pobre) a partir da relação entre as coisas, e, com isso, delimitam o círculo. Elas considerarão mais certo e seguro aquilo que puderem pensar mais comodamente e em que puderem encontrar algum prazer. Mas, na maioria das vezes, notar-se-á que elas veem com plena compaixão aqueles que não sossegam tão facilmente e se esforçam para encontrar e conhecer mais conexões presentes em meio às coisas divinas e humanas; e, a cada oportunidade, não deixarão de afirmar, com discreta arrogância, terem verdadeiramente encontrado uma segurança que está acima de toda demonstração e de todo entendimento. Não conseguem deixar de se vangloriar de sua invejável tranquilidade e íntima alegria, e de sugerir aos outros essa felicidade como objetivo último. Como, porém, não são capazes nem de revelar claramente por qual caminho chegaram a essa convicção, nem qual é, de fato, o fundamento da mesma, falando da certeza apenas como mera certeza, pouco consolo encontra entre elas aquele que deseja aprender, pois tem de ouvir sempre que a mente deveria se tornar cada vez mais simples, dirigir-se apenas para um ponto, livrar-se de todas as conexões diversas e embaraçosas, e que, somente então, mas também de maneira tanto mais segura, poder-se-á encontrar sua felicidade em condições tais que se revelem uma dádiva voluntária e um dom especial de Deus.

Ora, com efeito, de acordo com a nossa maneira de pensar, não gostaríamos de nomear essa limitação um dom, pois uma carência não pode ser considerada um dom. Seria preferível considerar uma clemência da natureza o fato de ela ter permitido ao ser humano, que é geralmente incapaz de alcançar conceitos perfeitos, contentar-se desse modo com sua própria estreiteza.

* * *

O experimento como mediador entre objeto e sujeito (1793)

O ser humano, tão logo se apercebe dos objetos a seu redor, refere-os a si mesmo, e não sem razão: pois, do fato de eles lhe serem agradáveis ou desagradáveis, atraentes ou repulsivos, úteis ou prejudiciais, depende todo seu destino. Essa maneira inteiramente natural de considerar e julgar as coisas parece ser tão simples quanto necessária; contudo, nela o homem se vê exposto a milhares de equívocos, que, com frequência, o envergonham e enchem sua vida de amargura.

Tarefa muito mais difícil empreendem aqueles que, movidos por um vivo impulso para o conhecimento, pretendem observar os objetos da natureza em si mesmos, ou em suas relações recíprocas: pois o padrão de medida que os auxiliava quando consideravam as coisas em relação a *si mesmos*, enquanto seres humanos, logo lhes fará falta. Agora, não mais possuem a medida do agrado e do desagrado, da atração e da repulsão, da utilidade e do dano; a ela devem renunciar. Com indiferença, tal como uma criatura divina, devem buscar e investigar aquilo que é, não aquilo que lhes convém. Assim, o verdadeiro botânico não deve ser motivado nem pela beleza, nem pela utilidade das plantas, mas investigar sua forma e sua relação com o restante do reino vegetal; e, tal como o Sol, que as ilumina e faz desabrochar, deve observar e abranger, cada uma delas, com o mesmo olhar tranquilo, extraindo a medida para esse conhecimento, os dados para o juízo, não de si mesmo, mas do círculo das coisas que observa.

Tão logo consideramos um objeto em si mesmo ou em relação aos demais, sem que o desejemos ou repudiemos de imediato, podemos elaborar, com paciente atenção, um conceito bastante nítido dele, de suas partes e de suas relações. Quanto mais prosseguimos com essas considerações, quanto mais ligamos os objetos uns aos outros, mais exercitamos o dom da observação que existe em nós. Se, em nossas ações, soubermos tirar proveito desses conhecimentos, então mereceremos ser considerados prudentes. Para qualquer pessoa bem-ordenada e moderada, seja por natureza, seja devido às circunstâncias, a prudência não é algo difícil: pois a vida nos corrige a cada passo. Agora, quando o observador tem de empregar essa apurada faculdade de julgar para verificar as relações secretas da natureza; quando, em um mundo no qual se encontra praticamente sozinho, tem de atentar para seus próprios passos, tomar cuidado com qualquer precipitação e ter sempre em vista seu objetivo, sem, contudo, abandonar pelo caminho de maneira despercebida qualquer circunstância útil ou prejudicial; ou quando, não podendo ser tão facilmente controlado por alguém, tem de ser seu próprio e mais rigoroso observador, e, mesmo em seus esforços mais diligentes, não deixar de desconfiar de si mesmo; qualquer um compreende, então, quão rigorosas são essas exigências e quão pouco se pode esperar que sejam cumpridas, sejam elas feitas a um outro ou a si mesmo. Contudo, essas dificuldades – ou, pode-se bem dizer, essa impossibilidade hipotética – não nos devem impedir de fazer o máximo possível. Avançaremos consideravelmente se procurarmos recuperar, de modo geral, os meios pelos quais homens notáveis foram capazes de expandir as ciências, e se indicarmos com precisão os descaminhos em que se perderam e pelos quais foram seguidos, às vezes ao longo de muitos séculos, por um grande número de discípulos, até que experiências posteriores reconduzissem o observador para o caminho correto.

Ninguém negará que a experiência, assim como em tudo que o ser humano empreende, também possui, e deve possuir, a maior influência sobre a teoria da natureza, da qual trato particularmente aqui; tampouco negará às faculdades da alma, nas quais essas experiências são apreendidas, reunidas, ordenadas e desenvolvidas, sua força elevada e criativamente autônoma, por assim dizer. Apenas o modo de realizar e utilizar essas experiências, bem como de desenvolver e empregar nossas forças, é algo que não pode ser tão universalmente conhecido ou identificado.

Tão logo se dirige a atenção de uma pessoa dotada de sentidos penetrantes e aguçados para certos objetos, percebe-se que ela é tão inclinada quanto hábil para a observação. Pude notar com frequência esse fato, desde que passei a me ocupar com afinco da teoria da luz e das cores e, como de costume, a conversar a respeito daquilo que tanto me interessa no momento presente com pessoas para as quais tais observações normalmente são estranhas. Tão logo sua atenção era estimulada, notavam fenômenos que eu, em parte, desconhecia e, em parte, deixara passar despercebidos. Com isso, retificavam uma ideia apreendida de maneira demasiado precipitada, permitindo-me avançar mais rapidamente e romper os estreitos limites dentro dos quais uma investigação penosa muitas vezes nos mantém cativos.

Portanto, aquilo que é válido para tantos empreendimentos humanos é válido também para esse caso, a saber, que apenas o interesse de muitos voltado para um único ponto é capaz de produzir um excelente resultado. Aqui, torna-se evidente que a inveja, que nos levaria de bom grado a excluir outros homens da honra de uma descoberta, e o desejo descomedido de conduzir e aprimorar uma descoberta apenas à sua maneira, são os maiores obstáculos para o próprio pesquisador.

Até o momento, o método de trabalhar com outras pessoas serviu-me bem demais para que eu devesse abandoná-lo. Sei exatamente a quem devo isto ou aquilo, e será uma alegria, para mim, torná-lo público futuramente.

Se pessoas comuns, porém atentas, nos podem ser tão úteis, qual não será o benefício geral se pessoas instruídas trabalharem juntas, auxiliando-se mutuamente! Uma única ciência é, em si e por si mesma, algo de uma amplitude tal que demanda o envolvimento de muitas pessoas, ao passo que indivíduo algum é capaz de abrangê-la sozinho. É de se notar que os conhecimentos, tal como água corrente, mas represada, elevam-se continuamente até um certo nível. As descobertas mais belas são feitas menos pelos homens do que por seu tempo; e até mesmo coisas muito importantes foram feitas por dois, ou até por diversos pensadores experientes ao mesmo tempo. Se, por um lado, devemos muito à sociedade e aos amigos, por outro, devemos ainda mais ao mundo e a nosso século, razão pela qual, em qualquer um dos casos, nunca será demasiado reconhecer quão necessárias são a comunicação, a cooperação, a advertência e a oposição para permanecermos no caminho certo e seguirmos adiante.

É por isso que, no âmbito das questões científicas, deve-se fazer exatamente o contrário daquilo que o artista julga aconselhável: pois este último faz bem em não deixar que sua obra de arte seja vista publicamente antes de ser concluída, uma vez que ninguém o pode aconselhar ou auxiliar facilmente; por outro lado, se ela estiver concluída, ele deve refletir a respeito da crítica e do elogio e considerá-los seriamente, associá-los à sua experiência e, com isso, preparar-se e aperfeiçoar-se para uma nova obra. No âmbito científico, ao contrário, é útil comunicar publicamente cada experiência particular, e até mesmo cada suposição, sendo altamente recomendável não erguer um edifício científico até que seu plano e seus materiais sejam universalmente conhecidos, julgados e selecionados.

Quando repetimos intencionalmente as experiências já realizadas, que realizamos sozinhos ou com outros, simultaneamente, e os fenômenos que se produziram, em parte por acidente, em parte artificialmente, se apresentam outra vez – a isso damos o nome de experimento.

O valor de um experimento, seja ele simples ou complexo, consiste sobretudo no fato de ele poder ser reproduzido a qualquer momento, sob certas condições, com o aparato já conhecido e a aptidão necessária, todas as vezes em que as circunstâncias exigidas se reunirem. Temos razão para admirar o entendimento humano quando observamos, mesmo que apenas superficialmente, as combinações que ele efetua para alcançar esse fim, ou quando consideramos as máquinas que foram, ou, pode-se bem dizer, que são inventadas diariamente com o mesmo propósito.

Entretanto, por mais estimável que um experimento considerado isoladamente possa ser, ele adquire valor apenas por meio da união e da conexão com outros. Entretanto, mesmo que se trate de unir e conectar dois experimentos que possuem entre si alguma semelhança, o rigor e a atenção necessários já são maiores do que aquele que o observador mais arguto normalmente exige de si. Dois fenômenos podem estar relacionados, sem, contudo, estarem tão próximos um do outro quanto julgávamos. Dois experimentos podem parecer consecutivos um ao outro mesmo quando, na verdade, uma longa série deva ainda haver entre eles para que sua conexão se dê de maneira verdadeiramente natural.

Sendo assim, nunca é demais o cuidado que se deve ter para não extrair as conclusões dos experimentos muito rapidamente: pois, na passagem da experiência para o juízo, do conhecimento para sua aplicação, quando todos os inimigos interiores do ser humano permanecem à sua espreita, a imaginação, a impaciência, a precipitação, a presunção, o acanhamento, a mentalidade, a opinião preconcebida, o comodismo, a negligência, a volubilidade, e seja lá como se queira denominar essa horda e sua comitiva, eles permanecem aqui, emboscados e, quando menos se espera, assaltam tanto o homem mundano, voltado para a vida prática, quanto o observador aparentemente tranquilo e protegido de todas as paixões.

A fim de alertar para esse perigo, que é maior e mais iminente do que se pensa, e para estimular a atenção, eu gostaria de expor, aqui, uma espécie de paradoxo. Atrevo-me a afirmar, inclusive, que um experimento, ou ainda diversos experimentos combinados, nada provam, e que nada é mais perigoso do que querer confirmar uma proposição qualquer imediatamente a partir de experimentos. Além disso, os maiores equívocos se produziram por não se ter considerado o perigo e a deficiência desse método. Devo explicar-me com mais clareza, para não suspeitarem de que quero apenas dizer algo extravagante.

Qualquer experiência que se faça, assim como qualquer experimento por meio do qual ela seja repetida, é, na verdade, uma parte isolada de nosso conhecimento; mediante uma repetição frequente, esse conhecimento isolado se torna uma certeza. Duas experiências realizadas em um mesmo domínio e que chegam ao nosso conhecimento podem estar intimamente relacionadas, mas parecê-lo ainda mais do que de fato estão, e somos normalmente inclinados a julgá-las assim. É algo que está em conformidade com a natureza humana: a história do entendimento humano nos fornece milhares de exemplos, e eu mesmo notei ter cometido esse equívoco com frequência.

Esse equívoco, aliás, está intimamente relacionado a um outro, do qual geralmente também provém. O ser humano se compraz mais com a representação de uma coisa do que com a própria coisa, ou, melhor dizendo: o homem se compraz com uma coisa apenas na medida em que a representa.

Ela deve se ajustar à sua maneira de pensar e sentir, e, por mais que o homem eleve sua maneira de representar acima do comum, por mais que a purifique, ela normalmente permanece sendo apenas uma tentativa de estabelecer entre vários objetos uma certa relação concebível, relação que estes, a rigor, não possuem entre si; isso explica nossa inclinação para hipóteses, teorias, terminologias e sistemas, a qual não podemos condenar, pois provém necessariamente da organização de nosso ser.

Se, de um lado, cada experiência, ou cada experimento devem ser considerados isoladamente, de acordo com sua natureza; e, de outro, a força do espírito humano empenha-se, com toda a violência, para conectar todas as coisas que lhe são exteriores e lhe chegam ao conhecimento; compreende-se facilmente o perigo a que nos expomos ao pretendermos associar uma experiência particular a uma ideia preconcebida, ou demonstrar, por meio de experimentos isolados, uma relação que não é puramente sensível, mas que já exprime a força configuradora do espírito.

Devido a esse empenho, surgem teorias e sistemas que, na maioria das vezes, honram a sagacidade de seu autor; porém, quando recebem mais aplausos do que o merecido, ou quando perduram mais tempo do que deveriam, logo passam a prejudicar e a dificultar novamente o progresso do espírito humano, ainda que, em certo sentido, o tenham promovido.

Nota-se que uma boa mente emprega mais arte quanto menos dados possui diante de si. Como se quisesse mostrar seu domínio, ela seleciona, entre os dados disponíveis, apenas os seus preferidos, ou aqueles que lhe agradam, ordenando os restantes de modo que eles não a contradigam diretamente. Por último, ela é capaz de embrulhar e colocar de lado aqueles que lhe são hostis, fazendo que, agora, de fato, o todo não mais se pareça com uma república livre, mas com uma corte despótica.

A um homem de tamanho mérito não podem faltar admiradores e pupilos aos quais a história ensinará a engenhosidade dessa trama, para que eles saibam admirá-la e, na medida do possível, assimilar o modo de representar de seu mestre. Com frequência, uma teoria assim concebida se torna tão dominante que, se alguém se atrever a dela duvidar, será tido como temerário ou presunçoso. Somente após muitos séculos se ousará adentrar esse templo sagrado, exigir novamente que o objeto seja reconsiderado pelo senso comum, tratar o assunto com menos austeridade e repetir, a respeito do fundador dessa seita, aquilo que uma mente espirituosa dizia a respeito de um grande naturalista: "ele teria sido um grande homem se tivesse feito menos descobertas".

No entanto, talvez não baste indicar o perigo e para ele alertar. É justo que uma pessoa ao menos exponha sua opinião e nos deixe saber de que modo ela própria se julga capaz de evitar esse desvio, ou se sabe de alguém que já o tenha evitado anteriormente.

Afirmei há pouco que considero nocivo o emprego *imediato* de um experimento para demonstrar uma hipótese qualquer, e dei a entender que julgava útil um emprego *mediato* do mesmo. Como tudo depende desse ponto, é necessário esclarecê-lo.

Na natureza viva, nada ocorre que não esteja em conexão com o todo. Embora as experiências *apareçam* para nós apenas isoladamente, e ainda que devamos considerar os experimentos apenas como fatos isolados, isso não quer dizer que eles *sejam* isolados. A questão que se coloca é apenas como encontrar a conexão entre esses fenômenos, ou entre esses acontecimentos.

Mais acima, vimos que estão mais sujeitos ao erro aqueles que procuram unir imediatamente um fato isolado à sua faculdade de pensar e julgar. Inversamente, veremos que obtêm melhores resultados aqueles que não cessam de investigar e explorar todos os aspectos e todas as modificações de uma única experiência, ou de um único experimento, segundo todas as possibilidades.

Como todas as coisas na natureza, e principalmente os elementos e as forças mais gerais, estão em constante ação e reação, pode-se dizer de qualquer fenômeno que ele está em conexão com inúmeros outros, assim como dizemos que um ponto luminoso a pairar solto no espaço envia seus raios para todos os lados. Nesse sentido, uma vez elaborado o experimento ou realizada a experiência, acaso não poderemos investigar, de maneira suficientemente cuidadosa, aquilo que lhe é *imediatamente* contíguo, ou o que dele decorre *diretamente*? Não é antes para isso que devemos atentar, em vez de nos preocuparmos com aquilo que *se refere*, propriamente, a ele? *Diversificar cada experimento particular* é, portanto, o único dever do naturalista. Ele possui o dever diametralmente oposto ao do escritor, que deseja entreter. Este último suscitará o tédio, se nada deixar a pensar; já aquele deve trabalhar incansavelmente, como se não quisesse deixar a seus sucessores nada mais a fazer – a menos que a desproporção de nosso entendimento em relação à natureza das coisas o lembre a tempo de que homem algum possui capacidade suficiente para esgotar um assunto, seja ele qual for.

Nas duas primeiras partes de minhas contribuições para a óptica, procurei expor uma série de experimentos contíguos, ou que confinam imediatamente, e que, se forem bem conhecidos e tomados em conjunto, constituem apenas um único experimento, ou uma única experiência, expressa por meio de diversos pontos de vista.

Uma tal experiência, que se compõe de muitas outras, é obviamente de *tipo superior*. Ela representa a fórmula pela qual se exprimem inúmeros exemplos de cálculos particulares. Considero o dever mais elevado do naturalista o de trabalhar livremente com essas experiências de tipo superior – opinião esta que pode ser atestada pelos exemplos dos homens mais notáveis que trabalharam nesse domínio.

Esse cuidado de avançar passo a passo, ou melhor, de inferir de uma coisa apenas aquela que lhe é a mais próxima, é algo que devemos aprender com os matemáticos; e, mesmo quando nenhum cálculo nos serve, devemos sempre proceder dessa maneira, como se devêssemos prestar contas ao geômetra mais rigoroso.

Pois o método matemático, sendo puro e refletido, denuncia imediatamente todo e qualquer salto em uma asserção. Suas demonstrações são, na verdade, apenas uma maneira trabalhosa de mostrar que os elementos a serem relacionados já existiam em suas partes simples e em todos os seus desdobramentos, além de já terem sido apreendidos em toda sua extensão e considerados corretos e irrefutáveis sob todas as condições. Nesse sentido, suas demonstrações são sempre *exposições*, *recapitulações*, e não *argumentos*. Uma vez que estabeleço aqui essa distinção, que me seja permitido realizar uma retrospecção.

Pode-se ver a grande diferença que há entre uma demonstração matemática, que desenvolve os primeiros elementos por meio de diversas combinações, e a demonstração que um orador inteligente poderia elaborar a partir de argumentos. Argumentos podem conter relações completamente isoladas umas das outras, as quais, contudo, graças ao engenho e à imaginação, podem ser conduzidas para um único ponto, produzindo uma aparência bastante surpreendente de certo ou errado, verdadeiro ou falso. Do mesmo modo, pode-se, em favor de uma hipótese ou de uma teoria, associar experimentos particulares, tal como se faz com os argumentos, e elaborar uma demonstração mais ou menos falaciosa.

Em contrapartida, aquele que deseja proceder honestamente consigo mesmo e com os outros procura realizar os experimentos particulares o mais cuidadosamente possível, desenvolvendo, assim, as experiências de tipo superior. Estas se deixam exprimir por meio de proposições concisas e facilmente apreensíveis, dispor uma ao lado da outra, e, como foram desenvolvidas progressivamente, podem ser ordenadas e relacionadas de tal maneira que, sozinhas ou em conjunto, se tornam tão irrefutáveis quanto as proposições matemáticas.

Posteriormente, os *elementos* dessas experiências de tipo superior, que consistem em diversos experimentos particulares, podem ser investigados e comprovados por qualquer um; e não é difícil avaliar se as diversas partes isoladas podem ou não ser expressas por meio de uma proposição geral, já que aqui não há lugar para a arbitrariedade.

No caso do outro método, pelo qual queremos demonstrar algo que afirmamos por meio de *experimentos isolados*, tratando-os como se fossem *argumentos*, o juízo que se forma é normalmente ilegítimo, quando não permanece inteiramente duvidoso. Mas, tendo-se reunido uma série de experiências de tipo superior, o entendimento, a imaginação e o engenho poderão se exercer sobre elas da maneira como quiserem, o que não será prejudicial, mas útil. Nunca será demasiado o cuidado, a diligência, o rigor, e até mesmo o pedantismo com que se deve efetuar aquele primeiro trabalho; pois este será empreendido em prol tanto do presente quanto da posteridade. Mas esses materiais precisam ser ordenados e dispostos em série, e não combinados de maneira hipotética, nem empregados para formar um sistema. Assim, cada um é livre para reuni-los à sua maneira e, com eles, formar um todo que seja mais ou menos cômodo e agradável para o modo de representar em geral do homem. Com isso, se diferencia aquilo que deve ser diferenciado, podendo-se multiplicar o conjunto de experiências de maneira muito mais rápida e limpa do que quando se tem de deixar de lado os experimentos não utilizados, tal como pedras apanhadas para uma construção já concluída.

A opinião dos homens mais notáveis, bem como seu exemplo, faz-me ter a esperança de que estou no caminho certo. Espero que estejam satisfeitos, com essa explicação, os meus amigos que às vezes me perguntam qual é, de fato, o objetivo de meus estudos no domínio da óptica. Meu objetivo é o de reunir, nessa disciplina, todas as experiências, realizar eu mesmo todos os experimentos, em meio à sua maior variedade, de modo que possam ser facilmente reproduzidos e estejam ao alcance de muitos homens. Em seguida, pretendo formular as proposições nas quais se exprimem as experiências de gênero superior e compreender, aos poucos, em que medida também estas se deixam ordenar sob um princípio superior. Mas, caso a imaginação e o engenho, com impaciência, às vezes se precipitem, o próprio método indicará a direção em que se encontra o ponto para o qual devem retornar.

* * *

Até que ponto pode ser aplicada às naturezas orgânicas a ideia de que a beleza é a perfeição aliada à liberdade[1] (1794)

Um ser orgânico é tão multifacetado em seu exterior e tão diversificado e inesgotável em seu interior que os pontos de vista para observá-lo jamais se esgotam; e tampouco podemos desenvolver, em nós mesmos, instrumentos suficientes para desmembrá-lo sem, com isso, matá-lo. Busco, aqui, aplicar às naturezas organizadas a ideia de que a beleza é perfeição com liberdade.

Os membros de todas as criaturas são formados de tal modo que elas possam desfrutar de sua existência, além de conservá-la e reproduzi-la. Nesse sentido, tudo o que é vivo deve ser considerado perfeito. Dirijo-me, agora, aos assim chamados animais superiores.

Quando os membros de um animal são formados de tal modo que essa criatura consegue manifestar sua existência apenas de modo muito limitado, consideramos esse animal feio; pois a limitação da natureza orgânica a um único fim causa o predomínio de um membro sobre outro, o que deve dificultar o uso voluntário dos membros restantes.

Enquanto observo esse animal, minha atenção é atraída para aquela parte que possui um predomínio sobre as restantes, e a criatura, não possuindo qualquer harmonia, não pode me proporcionar qualquer impressão harmoniosa. Nesse sentido, a toupeira seria perfeita, porém feia, já que sua forma

1 O presente ensaio foi redigido no mesmo período em que Goethe empreendia com Schiller um amplo debate acerca das relações entre a natureza e a arte. [N. T.]

lhe permite apenas algumas poucas e limitadas ações, e o predomínio de certas partes a torna completamente disforme.

Portanto, para que um animal possa satisfazer sem empecilhos apenas suas necessidades mais urgentes e restritas, já deve ser perfeitamente organizado; somente quando lhe restar força e capacidade suficientes para, além de satisfazer as necessidades, empreender ações voluntárias e, em certa medida, sem finalidade, nos será proporcionado também externamente o conceito de beleza.

Se digo, então, que esse animal é belo, me esforçaria em vão caso quisesse demonstrar essa afirmação com base em qualquer proporção de número e medida. O que digo com essa frase é antes o seguinte: nesse animal, todos os membros encontram-se em uma relação tal que nenhum deles impede a atuação do outro, ou ainda que, devido ao perfeito equilíbrio entre eles, a necessidade e a carência permanecem ocultas e inteiramente veladas aos meus olhos, de modo que o animal parece agir e atuar apenas de acordo com seu livre-arbítrio. Podemos nos lembrar, por exemplo, de um cavalo que utiliza seus membros em liberdade.

Se passarmos agora a considerar o homem, o vemos, enfim, praticamente livre dos grilhões da animalidade. Seus membros encontram-se em delicada subordinação e coordenação e estão mais submetidos à vontade que os membros de qualquer outro animal; além disso, são hábeis não apenas para o desempenho de todos os tipos de função, mas também para a expressão do espírito. Faço, aqui, apenas uma observação a respeito da linguagem gestual, reprimida nos homens bem-educados, embora, na minha opinião, ela os eleve acima dos animais tanto quanto a linguagem verbal.

Para que se possa formar, por essa via, o conceito de um homem belo, inúmeras relações devem ser levadas em consideração, e certamente haverá um longo caminho a ser percorrido até que o elevado conceito de liberdade possa coroar a perfeição humana também no âmbito sensível.

Devo ainda fazer aqui uma observação. Dizemos que um animal é belo quando ele nos dá a ideia de que *poderia* utilizar seus membros segundo seu arbítrio; mas, assim que ele realmente os utiliza dessa maneira, a ideia do belo é imediatamente tragada pela sensação do elegante, do agradável, do leve, do virtuoso etc. Vê-se, portanto, que a beleza pressupõe a *tranquilidade* aliada à *força*, a *inatividade* aliada à *capacidade*.

Se, em um corpo, ou em um membro deste, a ideia da manifestação da força estiver muito intimamente ligada à existência, então o gênio do belo parece imediatamente nos escapar. Por isso, até mesmo os antigos retratavam seus leões no grau mais elevado de tranquilidade e indiferença, de modo a atrair o sentimento com o qual apreendemos a beleza.

Gostaria, então, de afirmar: denominamos belo um ser perfeitamente organizado que, quando contemplado por nós, nos permite pensar *que lhe é possível um uso diversificado e livre de todos os seus membros, tão logo ele o queira*. Sendo assim, o supremo sentimento da beleza está ligado aos sentimentos de confiança e de esperança.

Parece-me que um exame das formas animal e humana realizado por essa via proporcionaria belas perspectivas e apresentaria interessantes relações.

Como já se cogitou antes, especialmente o conceito de proporção, que acreditamos expressar-se apenas por meio do número e da medida, seria disposto em fórmulas intelectuais; e é de se esperar que essas fórmulas intelectuais por fim coincidam com o modo de proceder dos maiores artistas cujas obras nos foram legadas, ao mesmo tempo que possam abarcar os belos produtos da natureza, que, de tempos em tempos, surgem cheios de vida diante de nós.

Nesse sentido, será extremamente interessante observar como se pode produzir caracteres sem sair da esfera da beleza, e como se poderia tornar manifestas a limitação e a determinação do particular, sem prejudicar a liberdade.

Essa abordagem, seja para diferenciar-se das outras, seja para servir verdadeiramente aos futuros amantes da natureza e da arte enquanto trabalho preparatório, deve possuir um fundamento anatômico e fisiológico. Ocorre apenas que, para representar uma totalidade tão maravilhosa e diversificada, é muito difícil conceber a possibilidade de uma forma de exposição adequada.

* * *

O fenômeno puro[1]
(1798)

Os fenômenos, também denominados fatos, são, segundo sua natureza, certos e determinados; em contrapartida, ao se manifestarem, são, com frequência, indeterminados e hesitantes. O pesquisador da natureza procura apreender e reter aquilo que há de determinado nos fenômenos, e, nos casos particulares, ele atenta não apenas para o modo como se manifestam, mas também para o modo como deveriam se manifestar. Conforme pude notar, especialmente no domínio sobre o qual tenho trabalhado,[2] há muitas falhas empíricas que devem ser desprezadas para que um fenômeno possa ser conservado como algo puro e constante; mas, se me permito fazê-lo, estabeleço já uma espécie de ideal.

Há, contudo, uma grande diferença entre preencher as falhas com números inteiros por amor a uma hipótese, como fazem os teóricos, e sacrificar uma única falha empírica à ideia do fenômeno puro.

Pois, como o observador nunca vê com seus olhos o fenômeno puro, já que muita coisa depende de seu estado de espírito, da disposição de seus órgãos naquele momento, da luz, do ar, do clima, dos corpos, da abordagem e

---

1 O texto foi publicado postumamente (em 1893) com o título *Experiência e ciência*. Nele, o autor apresenta reflexões próximas daquelas que estão presentes em seus estudos sobre a óptica (ou, mais especificamente, sobre a teoria das cores) e esboça uma primeira concepção do *Urphänomen*, o "fenômeno originário". [N T.]

2 Os estudos sobre as cores. [N. T.]

de milhares de outras circunstâncias; a pretensão de observar, medir, pesar e descrever o fenômeno atendo-se à individualidade deste será semelhante à de beber um oceano inteiro.

Em minhas observações e considerações a respeito da natureza, principalmente nos últimos tempos, permaneci fiel tanto quanto possível ao seguinte método: depois de observar até certo ponto a constância e as consequências dos fenômenos, extraio uma lei empírica e a prescrevo para os fenômenos futuros. Se, em seguida, a lei e os fenômenos concordarem perfeitamente, terei alcançado meu objetivo; se não concordarem totalmente, atentarei para as circunstâncias dos casos particulares, obrigando-me a buscar novas condições sob as quais possa apresentar de um modo mais correto os experimentos contraditórios; todavia, se houver um caso que, às vezes, e sob as mesmas circunstâncias, contradiga minha lei, saberei que devo dar continuidade a todo o trabalho e buscar um ponto de vista mais elevado.

Assim, de acordo com a minha experiência, esse seria o ponto em que o espírito humano mais se aproximaria dos objetos em sua universalidade, trazendo-os para perto de si e podendo (tal como se faz na empiria comum), por assim dizer, amalgamar-se com eles de um modo racional.

Portanto, o que teríamos para apresentar de nosso trabalho seria o seguinte:

1. *O fenômeno empírico*

do qual todo homem é consciente e que, posteriormente, é elevado ao

2. *Fenômeno científico*

por meio de experimentos, na medida em que é apresentado em circunstâncias diferentes daquelas em que fora conhecido primeiramente e em uma sequência mais ou menos oportuna;

3. *O fenômeno puro*

apresenta-se, por fim, como resultado de todas as experiências e experimentos. Ele jamais encontra-se isolado, mostrando-se em uma constante sucessão de fenômenos. A fim de representá-lo, o espírito humano determina aquilo que é empiricamente oscilante, exclui o acidental, separa o impuro, desemaranha os nós e descobre o desconhecido.

Se o ser humano admitisse a modéstia, seria este o objetivo último de nossas forças. Pois aqui não se questionam as causas, mas as condições nas quais os fenômenos aparecem. Seu encadeamento consequente, seu eterno retorno sob milhares de circunstâncias, sua uniformidade e variabilidade são admitidas e consideradas; sua determinação é legitimada, e novamente determinada pelo espírito humano.

Na verdade, esse trabalho não deveria ser considerado especulativo, já que, no fim, segundo me parece, ele consiste apenas nas operações práticas e autorretificadoras do entendimento humano comum, que ousa exercitar-se em uma esfera mais elevada.

Weimar, 15 de janeiro de 1798.

* * *

Influência da nova filosofia (*1820*)

Não possuo qualquer predisposição para a filosofia propriamente dita; todavia, a atitude constantemente antagônica que me obrigou a resistir ao ambiente intrusivo, ao mesmo tempo que me esforçava para dominá-lo, conduziu-me necessariamente a um método por meio do qual procurei apreender as opiniões dos filósofos e instruir-me a partir delas, como se fossem verdadeiros objetos. Em minha juventude, lia com prazer e aplicação a *História da filosofia* de Brucker,[1] mas sentia-me como alguém que passa toda sua vida vendo o céu estrelado a girar sobre sua cabeça, distinguindo algumas constelações mais notáveis, sem entender nada de astronomia; ou que conhece a Ursa Maior, mas não a Estrela Polar.

Em Roma, conversei muito com Moritz a respeito da arte e de suas exigências teóricas. Um pequeno escrito impresso[2] atesta ainda hoje a fértil obscuridade em que nos encontrávamos naquela época. Futuramente, um método natural deverá ser desenvolvido para a exposição de meu ensaio sobre a *Metamorfose das plantas*; pois, visto que a vegetação revelava-me gradualmente

---

1 Johann J. Brucker, *Historia critica philosophiae a mundi incunabulis*. 5v. Leipzig: Breitkopf, 1742-1744.

2 Karl Philipp Moritz, *Über die bildende Nachahmung des Schönen* [Sobre a imitação conformadora do belo]. Braunschweig: Schul-Buchandlung, 1788. Partes do ensaio foram recolhidas por Goethe em sua Viágem à Itália. Cf. Viagem à Itália. Trad. Wilma Patrícia Maas. São Paulo: Editora Unesp, 2017, p. 573-580).

seu proceder, eu não podia me equivocar, mas devia, à medida que ela se oferecia, identificar os caminhos e os meios pelos quais ela é capaz de conduzir-se de seu estado menos desenvolvido ao mais bem acabado. No que concerne às investigações físicas, impôs-se em mim a convicção de que, em toda consideração dos fenômenos, o dever supremo é o de investigar cuidadosamente cada uma das condições nas quais um fenômeno aparece, bem como o de perseguir o maior número possível de fenômenos; ao final, sendo eles obrigados a se alinhar, ou melhor, a se sobreporem uns aos outros, formando uma espécie de ordem aos olhos do investigador, sua vida interior comum deverá manifestar-se. Entretanto, esse estado não era mais que um alvorecer; em lugar algum encontrei o esclarecimento, tal como compreendo seu sentido: afinal, uma pessoa não pode esclarecer-se senão em seu próprio sentido.

A *Crítica da razão pura*, de Kant, surgira havia muito tempo, mas permanecia completamente fora de meu círculo. No entanto, presenciei diversas conversas a seu respeito, e, com alguma atenção, pude notar que a velha questão capital se renovava, qual seja: quanto contribuem para nossa existência espiritual o nosso eu e o mundo exterior? Eu jamais os separara um do outro, e, quando filosofava sobre os objetos à minha maneira, fazia-o com inconsciente ingenuidade, acreditando realmente estar vendo minhas opiniões diante dos olhos. Quando aquela disputa veio à tona, quis estar do lado que confere maior honra aos seres humanos, dando minha completa aprovação aos colegas que, juntamente com Kant, afirmavam: embora todo nosso conhecimento se refira à experiência, não são todos os conhecimentos que dela se originam. Passei a aceitar os conhecimentos *a priori*, bem como os juízos sintéticos *a priori*: pois, durante toda minha vida, tanto na poesia quanto na observação científica, procedi ora de maneira sintética, ora novamente de maneira analítica; para mim, a sístole e a diástole do espírito humano pulsam continuamente, como uma segunda respiração, e jamais estiveram separadas uma da outra. Para tudo isso, porém, eu não tinha qualquer palavra a dizer, e menos ainda qualquer frase; mas agora, pela primeira vez, uma teoria parecia sorrir para mim. Foi apenas seu preâmbulo que me agradou, pois no próprio labirinto eu não podia aventurar-me: impediam-me ora o talento para a poesia, ora o bom senso, e eu não sentia ter evoluído em parte alguma.

Infelizmente, Herder[3] fora aluno de Kant, embora a ele se opusesse, o que me fazia sentir-me ainda pior, já que não podia nem concordar com Herder, nem seguir Kant. Mesmo assim, continuei a investigar com seriedade a formação e a transformação das naturezas orgânicas, e, ao fazê-lo, o mesmo método que eu empregava para tratar das plantas servia-me como um guia confiável. Não me escapava o fato de que a natureza, embora sempre observasse um procedimento analítico, desenvolvendo-se como um todo vivo e misterioso, logo parecia novamente atuar de maneira sintética, na medida em que elementos aparentemente estranhos uns aos outros se aproximavam e se associavam, formando uma unidade. Por isso, eu retornava repetidamente à doutrina de Kant, acreditando ter compreendido melhor alguns capítulos do que outros, e tendo adquirido muitas coisas para meu uso próprio.

Então, chegou-me em mãos a *Crítica da faculdade de julgar*, à qual devo uma época extremamente feliz de minha vida. Nela, eu via minhas ocupações mais disparatadas dispostas uma ao lado da outra, os produtos da arte e da natureza tratados da mesma maneira, juízos estético e teleológico esclarecendo-se mutuamente.

Ainda que nem sempre fosse possível conciliar minha maneira de representar com a do autor, parecendo-me sempre faltar algo aqui e ali, as ideias principais da obra eram, contudo, inteiramente análogas a tudo o que eu havia produzido, realizado e concebido até aquele momento. A vida interior da arte e da natureza, bem como sua influência recíproca de dentro para fora, era nitidamente expressa no livro. Os produtos desses dois mundos infinitos deveriam estar lá por si mesmos, e as coisas que se encontravam lado a lado existiam uma *para* a outra, e não intencionalmente *por causa* da outra.

Minha aversão às causas finais estava, agora, regulada e justificada; eu podia diferenciar claramente o fim e o efeito, e também compreendia por que o entendimento humano frequentemente os confunde. Alegrava-me o fato de estarem tão intimamente associadas a poesia e a ciência natural

---

3 Johann Gottfried von Herder (1744-1803): filósofo alemão, amigo de Goethe e ex-aluno de Kant. É autor de uma importante obra sobre filosofia da história, intitulada *Ideias para uma filosofia da história da humanidade* (1784-1791).

comparada, sendo ambas subordinadas à mesma faculdade de julgar. Apaixonadamente instigado, eu percorria meus caminhos com maior rapidez justamente por não saber, eu mesmo, para onde me conduziam, e por encontrar, entre os kantianos, pouca receptividade em relação àquilo a que me dedicava, bem como ao modo como o fazia. Pois eu falava apenas daquilo que havia sido despertado em mim, e não do que havia lido. Rejeitado e abandonado a mim mesmo, continuava a estudar o livro de tempos em tempos. Ainda me alegravam as passagens que eu sublinhara no antigo exemplar, tal como havia feito na *Crítica da razão pura*, na qual agora eu também parecia ter conseguido aprofundar-me mais: pois ambas as obras, tendo se originado no mesmo espírito, remetem constantemente uma à outra. Mas nem assim eu consegui me aproximar dos kantianos; é verdade que eles me ouviam, mas nada podiam me objetar, e tampouco auxiliar-me em qualquer coisa. Mais de uma vez ocorreu de um ou outro admitir, com um sorriso de admiração, que minha maneira de representar era, sem dúvida, análoga à de Kant, mas não deixava de ser estranha.

A singularidade dessas circunstâncias tornou-se evidente quando minhas relações com Schiller se avivaram. Nossas conversas eram sempre práticas ou teóricas, e normalmente eram ambas as coisas: ele pregava o evangelho da liberdade; eu não queria que os direitos da natureza fossem restringidos. Em suas *Cartas estéticas*, talvez mais pela amizade que nutria por mim que por convicção própria, não tratou a boa Mãe com aquelas duras expressões que tornaram seu ensaio *Sobre graça e dignidade*[4] tão odioso para mim. Visto que eu, teimoso e obstinado que era, não apenas ressaltava a primazia da arte poética grega e da poesia [*Poesie*] que nela se fundava e se originava, como até mesmo a admitia exclusivamente como o único tipo de poesia justo e desejável; ele se viu obrigado a refletir com maior rigor, e a esse conflito, justamente, se deve o ensaio *Poesia ingênua e sentimental*.[5] Ambos os tipos de poesia deveriam

4 Friedrich Schiller, *Über die ästhetische Erziehung des Menschen* (1795) [Ed. bras.: *A educação estética do homem*. Trad. Roberto Schwarz e Márcio Suzuki. São Paulo: Iluminuras, 1989]; *Über Anmut und Würde* (1793).

5 Friedrich Schiller, *Über naïve und sentimentalische Dichtung*. Hamburgo: Heinrich Ellermann, [1795] 1947. [Ed. bras.: *Poesia ingênua e sentimental*. Trad. Márcio Suzuki. São Paulo: Iluminuras, 1991.]

acomodar-se um ao outro e, mesmo sendo opostos, conceder-se reciprocamente o mesmo valor.

Com isso, Schiller estabelecia o primeiro fundamento de uma estética inteiramente nova: pois *helênico* e *romântico*, bem como quaisquer outros sinônimos que se possa ainda encontrar para esses termos, deixavam-se, ambos, reconduzir aos primeiros debates em torno da superioridade de uma abordagem real ou ideal.

Assim, habituei-me aos poucos a uma linguagem que me fora completamente estranha, e na qual pude orientar-me mais facilmente à medida que me tornava, para mim mesmo, mais nobre e enriquecido graças à representação elevada da arte e da ciência por ela favorecida; enquanto, no passado, nos deixávamos tratar de maneira completamente indigna pelos filósofos populares, ou por um outro tipo de filósofos que não saberia nomear.

Outros progressos devo especialmente a Niethammer,[6] que, com a mais amistosa perseverança, procurou introduzir-me nos maiores mistérios, levando-me a desenvolver e explicar expressões e conceitos singulares. Aquilo que eu devia, tanto naquele momento quanto posteriormente, a *Fichte*, *Schelling*, *Hegel*, aos irmãos *von Humboldt* e *Schlegel*, desenvolveria provavelmente no futuro caso me fosse permitido, se não expor, ao menos delinear, ou esboçar em um texto aquela época tão significativa para mim, a saber, a última década do século passado.

* * *

6 Friedrich Immanuel Niethammer (1766-1848): professor de filosofia em Jena.

Juízo intuitivo
(1820)

Enquanto eu procurava, se não me aprofundar, ao menos fazer uso da teoria de Kant, esse homem encantador parecia-me às vezes proceder de maneira maliciosa e irônica na medida em que ora se esforçava para limitar o mais estreitamente possível a faculdade do conhecimento, ora apontava de soslaio para além dos limites que ele mesmo delineara. Ele decerto deve ter notado quão pretensiosa e impertinentemente uma pessoa procede quando, a seu bel-prazer, munida de algumas poucas experiências, opina de maneira irrefletida e se apressa a estabelecer algo, esforçando-se para impor aos objetos qualquer ideia fixa que lhe passe pela mente. Por esse motivo, nosso mestre limita o pensamento a um juízo reflexionante e discursivo, negando-lhe inteiramente um juízo determinante. Em seguida, depois de nos ter constringido o bastante, levando-nos até mesmo ao desespero, ele opta pelas declarações mais liberais, e nos deixa livres para empregarmos como quisermos a liberdade que ele, em certa medida, nos concedeu. Nesse sentido, a seguinte passagem foi extremamente significativa para mim:

> Podemos conceber um entendimento que, por não ser discursivo como o nosso, mas intuitivo, procede do *universal sintético*, ou da intuição de um todo enquanto tal, para o particular, isto é, do todo para as partes. [...] Aqui, não é preciso demonstrar que um tal *intellectus archetypus* seja possível, mas apenas que, em contraposição ao nosso entendimento discursivo, que necessita de

imagens (*intellectus ectypus*), bem como à contingência de uma tal constituição, somos levados àquela ideia de um *intellectus archetypus*, a qual tampouco contém qualquer contradição.[1]

Com efeito, o autor parece, aqui, referir-se a um entendimento divino; mas se, no domínio da moral, devemos ascender a uma região mais elevada e nos aproximar do ser primeiro por meio da fé em Deus, da virtude e da imortalidade da alma, o mesmo poderia se dar no domínio teórico, no qual, ao intuirmos uma natureza constantemente criadora, tornar-nos-íamos dignos de uma participação intelectual em suas produções. Se eu tivesse perseguido incansavelmente aquela imagem originária ou típica, ainda que, num primeiro momento, de forma inconsciente e a partir de um impulso interior; e se tivesse sido capaz de apresentá-lo conforme a natureza, nada agora me impediria de embarcar corajosamente na *aventura da razão*, como diz o velho de Königsberg.

1 Immanuel Kant, *Crítica da faculdade de julgar*, §77.

Ponderação e resignação
(1820)

Ao observarmos o edifício do mundo, de sua mais ampla extensão à sua extrema divisibilidade, temos a impressão de que uma ideia reside no fundamento do todo, segundo a qual Deus cria e atua na natureza, e vice-versa, de eternidade em eternidade. A intuição, a observação e a reflexão nos levam mais perto daqueles mistérios. Nós também ousamos e nos arriscamos a conceber ideias; porém nos resignamos e formamos conceitos, que deveriam ser análogos àqueles princípios primordiais.

Aqui, deparamos com aquela singular dificuldade, que nem sempre se mostra claramente à consciência: entre a ideia e a experiência, parece ter se estabelecido um certo abismo que todas as nossas forças se empenham em vão em transpor. Apesar disso, permanece sendo nosso eterno anseio o de superar esse hiato com a razão, o entendimento, a imaginação, a fé, o sentimento, a fantasia e, se não conseguirmos de outro modo, com a tolice.

Por fim, depois de termos empregado com seriedade nossos esforços contínuos, descobrimos que provavelmente terá razão o filósofo que afirmar que nenhuma ideia coincide inteiramente com a experiência, mas que admita, contudo, que ideia e experiência podem, ou mesmo devem, ser análogas.

Em toda investigação da natureza, a dificuldade de unir ideia e experiência aparece como um grande obstáculo; a ideia é independente do espaço e do tempo, ao passo que a investigação da natureza está restrita ao espaço e ao tempo; por isso, na ideia, o simultâneo e o sucessivo estão intimamente ligados, enquanto, do ponto de vista da experiência, estão sempre separados; e um efeito natural que, conforme a ideia, se pode conceber como sendo, ao mesmo tempo, simultâneo e sucessivo, parece nos transportar para uma espécie de delírio. O entendimento não consegue pensar como algo unificado aquilo que a sensibilidade lhe transmite separadamente, e assim permanece sem solução o conflito entre o apreendido e o ideado.

Por esse motivo, escapamos com justiça para a esfera da arte poética em busca de alguma satisfação, recuperando, com algumas variações, uma antiga canção:

Contemplai, com humilde olhar,
A obra-prima da eterna tecelã,
Diversos fios se agitam a um só passo,
A lançadeira atirando-se de cima a baixo,
Deslizando, os fios se entrelaçam,
A um só golpe se produzem inúmeras conexões.
Sua trama ela não fez com retalhos,
Mas a urde desde a eternidade,
Para que, enfim, o eterno Mestre
Possa, seguro, lançar o arremate.[1]

* * *

1 Esses versos são quase idênticos aos que aparecem em *Fausto I*, na cena "Quarto de trabalho", Mefistófoles ao aluno (versos 1922 a 1927).

Inventar e descobrir (1817)

É sempre válido o esforço de refletir a respeito do motivo pelo qual as árduas e frequentes discussões acerca da prioridade no descobrir e no inventar ainda persistem e renascem.

Ao descobrir pertence a sorte, ao inventar o espírito, e um não pode prescindir do outro.

Isso exprime e comprova que, sem a tradição, é possível tomar conhecimento dos objetos da natureza ou de suas propriedades de maneira imediata e individual.

Consideramos o descobrir e o inventar um bem supremo que se conquista sozinho, e disso nos vangloriamos.

O inglês inteligente logo os transforma em realidades por meio de uma patente, superando com isso todas as aborrecidas disputas acerca do mérito.

Com base no que foi dito, porém, vemos o quanto dependemos da autoridade e da tradição para que uma observação inteiramente nova e particular seja tão altamente estimada; por isso, não se deve censurar alguém por não querer abrir mão daquilo que o distingue em relação a tantos outros.

John Hunter,[1] filho tardio de um eclesiástico do campo, criado sem instrução até os dezesseis anos, ao ser iniciado no domínio do saber, adquiriu

1 John Hunter (1728-1793): cirurgião inglês, fundador da patologia experimental na Inglaterra.

rapidamente um tino para diversas coisas, realizando algumas descobertas graças a uma genial capacidade de abranger o todo e fazer deduções; como, porém, o fazia em benefício próprio, e não para os outros, acabou percebendo, para seu desespero, que tudo aquilo já havia sido descoberto.

Por fim, enquanto trabalhou como dissecador de seu irmão mais velho,[2] que era professor de Anatomia, descobriu efetivamente algo novo na estrutura corporal humana; no entanto, tendo o irmão feito uso disso em suas aulas e apresentações sem mencioná-lo, acometeu-lhe um ódio tal que resultou na ruptura de ambos. O fato tornou-se um escândalo público, e, mesmo sobre o leito de morte, após uma vida inteira de grande glória no trabalho, não souberam conciliar-se.

Vemos esse mérito de descobrir algo por si mesmo ser de tal modo atrofiado por nossos contemporâneos que se faria quase necessário provar o dia e a hora em que nos ocorreu determinada revelação. Também nossos sucessores procuram comprovar as tradições, pois há pessoas que, por não terem mais o que fazer, insultam o verdadeiro e louvam o falso, fazendo da negação do mérito uma ocupação para si.

Para garantir a prioridade em relação a uma descoberta que não queria expor, Galileu encontrou um meio perspicaz: ele ocultou sua invenção de maneira anagramática em versos latinos que logo divulgou, a fim de poder servir-se ocasionalmente de tais segredos tornados públicos.

Além disso, descobrir, inventar, comunicar, utilizar são coisas tão afins que, em tais ações, muitas pessoas podem ser tomadas por uma só. O jardineiro descobre que a água na bomba eleva-se apenas até certa altura; o físico transforma um líquido em outro, e um grande mistério é revelado; na verdade, aquele foi o descobridor, este o inventor. Um cossaco conduz o viajante Pallas a uma grande massa de ferro maciço no deserto; aquele deve ser denominado inventor, este descobridor. O material leva seu nome, pois foi ele quem nos fez conhecê-lo.[3]

---

2 William Hunter (1718-1783): anatomista inglês.

3 No primeiro caso, Goethe refere-se à observação de um jardineiro florentino que levou à descoberta do barômetro; no segundo, a Evangelista Torricelli (1608-1647); no terceiro, a Medwedef, um ferreiro e agricultor cossaco, que, em 1749, encontrou tal massa de ferro em um monte na Sibéria, próximo a Krasnojarsk,

Um exemplo notável de como a posteridade tende a roubar a glória de um antepassado encontra-se no empenho que se faz para arrebatar de Cristóvão Colombo a glória da descoberta do Novo Mundo. Decerto a imaginação já há muito tempo povoou o oceano ocidental com terras e ilhas, e mesmo nas épocas mais remotas e sombrias era preferível conceber que uma ilha imensa haveria sucumbido a deixar esses espaços vazios. Decerto já chegavam as notícias provindas da Ásia de que a cabotagem não mais bastava aos homens audazes e temerários, e o mundo inteiro se exaltou com a feliz empresa dos portugueses; ao final, porém, coube a um único homem reunir tudo isso para transformar a fábula e a notícia, a fantasia e a tradição em realidade.

* * *

e ao médico e naturalista alemão Peter Simon Pallas (1741-1811), que teria sido o responsável por levar o material para São Petersburgo a fim de analisá-lo. Concluindo-se que se tratava de um novo tipo de mineral, foi nomeado "palasito", em homenagem a seu descobridor. [N. T.]

Impulso de formação (1820)

Sobre este tema importante aqui mencionado, Kant assim declara, em sua *Crítica da faculdade de julgar*: "No que diz respeito a essa teoria da epigênese, seja para demonstrá-la, seja para fundamentar os princípios legítimos de sua aplicação, ninguém fez mais que o sr. Blumenbach, que o fez em parte por meio da limitação de seu uso desmedido".[1]

Um tal testemunho de nosso consciencioso Kant estimulou-me a retomar a obra de Blumenbach, que eu já havia lido anteriormente, mas sem nela me aprofundar. Aqui, encontrei meu Caspar Friedrich Wolff como mediador entre Haller e Bonnet,[2] de um lado, e Blumenbach, de outro. Para sua epigênese, Wolff precisou pressupor um elemento orgânico por meio do qual os seres destinados à vida orgânica se nutrem. Atribuiu a essa matéria uma *vis essentialis*, que se une a tudo aquilo que se produz a si mesmo e se eleva, por meio disso, ao posto de produtor.

Expressões desse tipo deixam ainda algo a desejar: pois a uma matéria orgânica, por mais viva que a pensemos, sempre adere algo de material. A

1 Immanuel Kant, *Crítica da faculdade de julgar*, §81.

2 Johann Friedrich Blumenbach (1751-1840), naturalista alemão, autor de *Sobre o impulso de formação e a geração* (1781) [Ed. bras.: *Sobre o impulso de formação e a geração*. Trad. Isabel Fragelli. Santo André: Ed. UFABC, 2019]. Caspar Friedrich Wolff (1733-1794): naturalista alemão [ver o texto "Descoberta de um respeitável precursor", presente neste volume]; Albrecht von Haller (1708-1777): importante naturalista suíço; Charles Bonnet (1720-1793), naturalista suíço.

palavra "força" indica, antes de tudo, algo apenas físico, ou mesmo mecânico, e aquilo que deve organizar-se a partir daquela matéria permanece, para nós, um ponto obscuro e inapreensível. Ora, Blumenbach alcançou o último e mais elevado nível da expressão: ele antropomorfizou a palavra desse mistério e deu ao elemento em questão o nome de *nisus formativus*, um impulso, uma atividade vigorosa por meio da qual a formação deveria se efetuar.

Observando-se tudo isso com mais exatidão, seria mais breve, cômodo e talvez até escrupuloso reconhecer que, para considerar o existente, é preciso admitir uma atividade anterior, e, se quisermos conceber uma atividade, devemos colocar em sua base um elemento apropriado a partir do qual ela possa atuar; por fim, teríamos que pensar essa atividade e esse elemento base como coexistindo continuamente e estando sempre simultaneamente presentes. Personificada, essa monstruosidade aparece como um Deus, que cria e conserva, e que somos sempre exortados a adorar, venerar e exaltar de todas as maneiras.

Se retornarmos ao campo da filosofia e considerarmos novamente as teorias da evolução e da epigênese, estas duas parecerão apenas palavras que nos entretêm. Decerto, a teoria dos germes embutidos torna-se logo repugnante para um douto; mas, na teoria do absorver e assimilar, sempre é pressuposto algo que assimila e algo que é assimilado, e, se não quisermos pensar em qualquer pré-formação, chegaremos a algo predelineado, predeterminado, preestabelecido, ou como quer que se chame tudo aquilo que deve vir primeiro para que se possa descobrir algo.

Todavia, ouso afirmar que, quando um ser orgânico se manifesta, a unidade e a liberdade do impulso de formação não podem ser compreendidas sem o conceito de metamorfose.

Concluindo, segue um esquema para estimular ainda mais a reflexão:

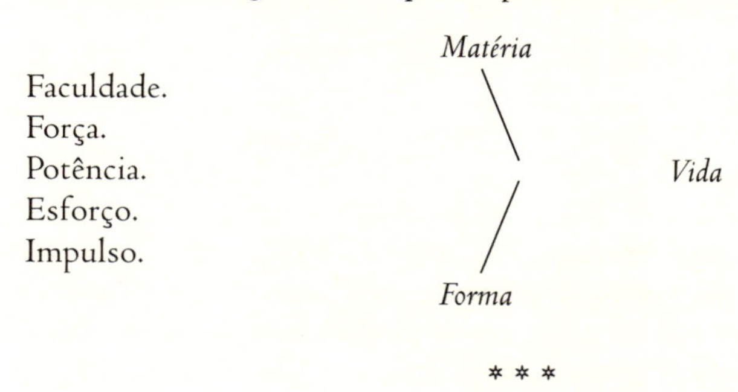

* * *

Um apelo amigável (1820)

Por fim, não posso ocultar uma alegria que tenho experimentado reiteradamente nos últimos dias. Sinto estar em feliz sintonia com pesquisadores sérios e ativos, tanto próximos quanto distantes,[1] que reconhecem e afirmam: deve-se admitir e pressupor o imperscrutável, mas, em seguida, não se deve traçar limite algum para o pesquisador.

Afinal, não devo admitir e pressupor-me a mim mesmo, sem jamais saber exatamente como as coisas se passam em meu ser? Não continuo a estudar-me, sem jamais compreender-me, nem a mim mesmo, nem aos outros? E, no entanto, seguimos sempre adiante.

O mesmo se passa com o mundo! Que ele se disponha diante de nós, sem começo nem fim; que seja ilimitada a distância e impenetrável a proximidade – que assim seja. Mas jamais será determinado ou estabelecido quão longe e quão profundamente o espírito humano é capaz de avançar em seus próprios mistérios e naqueles do mundo.

Que as rimas divertidas a seguir sejam recebidas e interpretadas nesse sentido.

---

1 Christian Gottfried Daniel Nees von Esenbeck (1776-1858), August Wilhelm Eduard Theodor Henschel (1790-1856), Carl Gustav Carus (1789-1869), Eduard Joseph d'Alton (1772-1840), entre outros. Goethe conhecia, nessa época, as obras de Von Esenbeck sobre o magnetismo animal e de Henschel sobre a sexualidade das plantas, temas que, segundo ele, situavam-se no limite do perscrutável. [N. T.]

Clamor indignado
(1820)

O interior da natureza
Oh, tu, filisteu!
Nenhum espírito criado penetra.
Que não lembrais
a mim e a meus irmãos
de tais palavras:
Nós pensamos: de passo a passo
Estamos no interior.
Feliz aquele a quem
ela aponta o invólucro exterior!
Ouço-o repetidamente há sessenta anos
e o amaldiçoo, mas furtivamente;
Diz-me milhares e milhares de vezes:
Tudo ela dá de bom grado e em abundância;
A natureza não possui nem núcleo,
nem casco,
Ela é tudo de uma só vez;
Examina-te sobretudo:
és núcleo ou casco?

Belas são as coisas que vemos,
mais belas as que conhecemos,
belíssimas as que ignoramos.[2]

* * *

2 Estes últimos versos, redigidos em latim no original, pertencem a Nikolaus Steno (1638-1686), naturalista dinamarquês: *pulchra sunt quae uidemus,/ quae scimus pulchriora,/ longe pulcherrima quae ignoramus.* Nikolaus Steno, *Opera philosophica*. 2v. Copenhague: Vilhelm Tryde, 1910, v.2, p.254. [N. T.]

Problemas
(1823)

Sistema da natureza, uma expressão contraditória.

A natureza não possui sistema; ela possui, ou é, ela mesma, vida e sequência que parte de um centro desconhecido em direção a um limite não conhecível. Por isso, a observação da natureza é infinita, quer se proceda por divisão nas menores partes, quer se persigam seus passos no todo, de um lado a outro e de cima a baixo.

A ideia da metamorfose é um dom muito estimável, mas, ao mesmo tempo, muito perigoso. Ela conduz ao informe; destrói o conhecimento, dissolvendo-o. Ela é igual à *vis centrifuga*, e se perderia no infinito caso não lhe fosse admitido um contrapeso: refiro-me ao impulso de especificação, essa tenaz capacidade de persistir, inerente a tudo aquilo que um dia veio à realidade. Uma *vis centripeta*, que, em seu fundamento mais profundo, não pode ser afetada por qualquer coisa exterior. Considere-se, aqui, o gênero *Erica*.[1]

Mas, visto que ambas as forças atuam ao mesmo tempo, nós deveríamos, em uma comunicação didática, apresentá-las simultaneamente, algo que parece impossível.

1 Gênero de plantas pertencente à família *ericaceae*, frequentemente citado por Goethe. [N. T.]

Quem sabe, mais uma vez, não podemos ser salvos desse embaraço ao procedermos artisticamente.

Comparem-se essas forças com os tons que progridem naturalmente e com afinação harmônica [*Temperatur*] restrita ao intervalo de oitavas. Com isso, torna-se possível, antes de tudo, uma música sublime e efetivamente vigorosa, que confere resistência à natureza.

Deveríamos recorrer a uma exposição artística. Uma simbólica deveria ser erigida! Quem, porém, haverá de elaborá-la? E quem a apreciará, depois de elaborada?

Quando observo aquilo que, em Botânica, se chamam *genera*, e os aceito tal como foram estabelecidos, tenho sempre a impressão de que dois gêneros não podem ser tratados da mesma maneira. Eu diria que há alguns cujos caracteres aparecem em todas as suas espécies, e, por isso, podem ser considerados racionalmente. Eles não se perdem facilmente nas variedades, razão pela qual merecem ser tratados com toda a atenção. Cito, aqui, as *gentianas*. Um botânico diligente saberá indicar outros exemplos.

Em contrapartida, há gêneros sem caracteres, aos quais talvez não se possa atribuir qualquer espécie, uma vez que se perdem em infinitas variedades. Se forem tratados com rigor científico, jamais se chegará ao fim; pelo contrário, nos confundiremos cada vez mais, já que eles escapam a toda e qualquer lei ou determinação. Algumas vezes, atrevi-me a denominar esses gêneros "promíscuos", e ousei atribuir à rosa esse epíteto, o qual, sem dúvida, em nada esmorece a sua graça; a *Rosa canina*, em especial, atrai para si essa injúria.

Um indivíduo, onde quer que atue de maneira significativa, comporta-se como um legislador; em primeiro lugar, no domínio da moral, ao reconhecer o dever; depois, no domínio da religião, admitindo, em si mesmo, uma convicção especial e íntima em Deus e nas coisas divinas, e, em seguida, restringindo-se às cerimônias correspondentes. No regimento militar, tanto na paz quanto na guerra, ocorre o mesmo: as ações e os fatos possuem significado apenas quando ele os prescreve, para si e para os outros. Nas artes, também se dá o mesmo: é notável como o espírito humano subjugou a música; e, até os dias de hoje, permanece sendo um verdadeiro mistério o modo como ele exerceu sua influência sobre as artes plásticas nas épocas mais sublimes, atuando por meio dos maiores talentos. Nas ciências, as inúmeras tentativas de sistematizar e esquematizar sugerem o mesmo. Devemos, portanto, com toda nossa atenção, ouvir secretamente a natureza e descobrir sua maneira de proceder, a fim de impedir que ela se rebele diante de prescrições impositivas e, ao mesmo tempo, não deixar que sua arbitrariedade nos afaste de nosso objetivo.

* * *

Importante incentivo por meio de uma única palavra espirituosa (1823)

O sr. Heinroth, em sua *Antropologia*,[1] obra à qual retornaremos algumas vezes, fala favoravelmente de mim e de minha obra, afirmando que minha maneira de proceder é peculiar: segundo ele, meu pensamento é *objetivamente* ativo. Ele quer dizer com isso que meu pensamento não se separa dos objetos; que os elementos dos objetos, suas intuições, nele penetram e são por ele atravessados da maneira mais íntima; que meu intuir é, ele próprio, um pensar, e meu pensar um intuir; e é a esse procedimento que o referido amigo não dispensa sua aprovação.

Aquela única palavra, acompanhada de uma tal aprovação, incitou-me a certas considerações que serão expressas nas poucas páginas que seguem, as quais recomendo ao leitor interessado desde que ele antes tenha lido pormenorizadamente a página 387 do mencionado livro.

No presente caderno, assim como nos anteriores, persegui o seguinte objetivo: exprimir o modo como intuo a natureza, mas, ao mesmo tempo, e na medida do possível, revelar a mim mesmo meu interior, minha maneira de

1 Johann Christian Friedrich August Heinroth (1773-1843), psiquiatra alemão. O livro a que Goethe se refere é o *Lehrbuch der Anthropologie*. Leipzig: F. C. W. Vogel, 1822.

ser. Para isso, um antigo ensaio, intitulado "O experimento como mediador entre sujeito e objeto",[2] se mostrará particularmente oportuno.

Aqui, reconheço que a grandiosa e altissonante tarefa "*conhece-te a ti mesmo*" desde sempre me pareceu suspeita, tal como uma astúcia de sacerdotes reunidos em secreta irmandade que, por meio de exigências inexequíveis, quisessem confundir os homens e desviá-los da atividade dirigida ao mundo exterior para uma falsa tranquilidade interior. O homem conhece a si mesmo apenas na medida em que conhece o mundo, descobrindo-o somente em si mesmo e descobrindo-se somente nele. Cada novo objeto, se bem observado, revela em nós um novo órgão.

No entanto, aqueles que nos são mais úteis são os nossos semelhantes, que, a partir de seu ponto de vista, têm a vantagem de poder nos comparar com o mundo e, por meio disso, obter conhecimentos mais precisos do que aqueles que nós mesmos podemos adquirir.

Em meus anos de maturidade, procurei saber com grande atenção em que medida os outros me conheciam, a fim de que, neles e por meio deles, tal como em muitos espelhos, pudesse compreender-me a mim mesmo com maior clareza.

Não levo em consideração os opositores, pois minha existência lhes é odiosa; eles condenam o fim ao qual se dirige minha atividade, assim como consideram um esforço inútil os meios para alcançá-lo. Por isso, eu os rejeito e ignoro, já que não podem me incentivar – algo de que tudo na vida depende. Já quanto aos amigos, permito de bom grado tanto que me influenciem quanto que me orientem até o infinito, ouvindo-os sempre, com total confiança, para que possa erguer edifícios mais sólidos.

O que foi dito de meu *pensamento objetivo* pode igualmente referir-se a meu interesse por uma *poesia objetiva*. Certos motivos célebres, certas lendas e tradições antiquíssimas causaram em mim impressões tão profundas que eu as conservei vivas e ativas em meu íntimo durante quarenta, ou até cinquenta anos; parecia-me o mais precioso bem o de ver frequentemente renovadas na imaginação essas imagens tão especiais, visto que elas, de fato, sempre

2 Esse ensaio está traduzido no presente volume, à página 29.

se transfiguravam, assumindo uma forma mais pura e uma representação mais definida, sem, contudo, se alterarem essencialmente. Nesse sentido, cabe mencionar apenas *A noiva de Corinto*, *O Deus e a dançarina*, *O conde e os duendes*, *Os cantores e as crianças* e, por fim, ainda aquele que será publicado em breve, *O pária*.

O que foi dito também explica minha inclinação para os poemas de ocasião, aos quais me impele irresistivelmente tudo o que há de singular em uma situação qualquer. Assim, nota-se que minhas canções também possuem algo de particular em seu fundamento, e que, em cada fruto, seja ele mais ou menos relevante, há um núcleo definido. Por esse motivo, elas passaram anos sem serem cantadas, especialmente aquelas cujo caráter é mais arrojado, pois exigem de seus intérpretes que abandonem sua posição de indiferença genérica e assumam um ponto de vista e uma disposição que lhes são estranhos; e que articulem claramente as palavras, para que possam saber de que se trata. Em contrapartida, as estrofes de conteúdo mais nostálgico foram mais bem recebidas, e passaram a circular juntamente com outros produtos alemães do mesmo tipo.

A essa mesma consideração vincula-se diretamente a disposição de meu espírito, assumida já desde há muitos anos, em relação à Revolução Francesa, pelo que se explica o ilimitado esforço de dominar poeticamente, em suas causas e consequências, esse acontecimento, que é o mais terrível de todos. Quando observo os anos que se passaram, vejo claramente como o apego a esse objeto inapreensível consumiu quase em vão minha capacidade poética durante tanto tempo; contudo, aquela impressão enraizou-se tão profundamente em mim que não posso negar o fato de que ainda penso em uma continuação para *A filha natural*, e de que sigo desenvolvendo essa maravilhosa produção em meu pensamento, sem ter a coragem para dedicar-me em pormenor à sua execução.

Considerando agora o *pensamento objetivo* que me é atribuído; percebo que fui impelido a proceder precisamente da mesma maneira também em relação aos objetos da história natural. Quantas séries de intuições e reflexões não precisei perseguir até que a ideia da metamorfose das plantas tivesse surgido em mim, tal como confidenciei aos amigos em minha *Viagem à Itália*.

O mesmo se deu com a ideia de que o crânio consiste em uma vértebra.[3] Logo reconheci as três posteriores, mas, apenas no ano de 1790, quando desenterrei da areia do cemitério judaico de Veneza uma cabeça de carneiro esmagada, percebi no mesmo instante que os ossos da face poderiam ser igualmente deduzidos das vértebras, pois podia ver claramente a transição do primeiro esfenoide para o etmoide e a concha nasal. Assim reunia-se o todo em seus aspectos mais gerais. Mas chega, agora, de explicar o que foi realizado anteriormente. A respeito de como a expressão daquele homem sensato e generoso me estimula também no presente seguem-se, ainda, algumas palavras breves.

Já há alguns anos tenho procurado revisar meus estudos geognósticos,[4] principalmente a fim de saber até que ponto eu poderia aproximá-los, juntamente com a convicção que deles resulta, à nova teoria vulcânica que se difundiu por toda parte – algo que, até o momento, me foi impossível realizar. Agora, porém, o termo *objetivo* esclareceu-se subitamente para mim, já que pude ver nitidamente, diante de meus olhos, que todos os objetos que tenho observado e investigado há cinquenta anos devem ter suscitado em mim essa mesma representação e convicção que agora não posso mais abandonar. É verdade que, durante um curto espaço de tempo, posso assumir aquele ponto de vista; mas, para que eu me sinta relativamente confortável, devo sempre retornar à minha antiga maneira de pensar.

Estimulado por essas considerações, continuei a examinar-me e descobri que todo meu modo de proceder baseia-se no ato de deduzir. Não descanso até que tenha encontrado um ponto de pregnância a partir do qual muitas coisas possam ser derivadas, ou melhor: um ponto que produza, ele mesmo, muitas coisas espontaneamente e as traga até mim, já que atuo de maneira honesta e cautelosa em relação tanto ao que empreendo por mim mesmo quanto àquilo que recebo dos outros. Havendo, na experiência, um fenômeno qualquer que eu não saiba deduzir, deixo que permaneça como

3 Ver o texto intitulado "O osso do crânio provém da vértebra", presente neste volume, p.323.

4 A geognosia é o ramo da geologia que estuda a parte sólida da terra e a composição das rochas [cf. *Houaiss*]. [N. T.]

um problema, procedimento este que, ao longo de toda minha vida, considerei muito vantajoso: pois, mesmo quando eu não conseguia decifrar a origem e as conexões de um fenômeno, tendo que deixá-lo de lado, tudo se esclarecia de repente, depois de muitos anos, na mais bela correlação. Mais adiante, nestas páginas, tomarei a liberdade de apresentar historicamente as experiências e observações que realizei até o momento, bem como o modo de pensar que delas se origina; com isso, é possível ao menos pregar uma característica confissão de fé, chamando à razão os opositores, apoiando aqueles que pensam como nós, instruindo a posteridade e, se tivermos êxito, alcançando uma espécie de conciliação.

* * *

Psicologia para o esclarecimento dos fenômenos da alma, *de Ernst Stiedenroth*[1] *(Berlim, 1824)*

Primeira parte

Desde sempre contei entre acontecimentos felizes de minha vida quando uma obra importante chegava a minhas mãos precisamente no momento em que eu me ocupava de coisas semelhantes, fortalecendo-me em minha atividade e incentivando-me. Tais obras provinham, com frequência, da Antiguidade; no entanto, as obras contemporâneas eram as que mais surtiam efeito, pois aquilo que é mais próximo permanece sempre mais vivo.

É este o caso agradável que se passa comigo agora, com o referido livro. Chegou-me cedo graças à benevolência do autor, e encontrou-me no exato momento em que eu finalmente enviava para impressão as observações sobre *Purkinje*,[2] que estavam comigo já havia vários anos.

Os filósofos de profissão haverão de julgar e apreciar a obra; eu apenas mostrarei brevemente o que se passou comigo.

Quando pensamos num galho abandonado ao fluxo de um rio que desliza suavemente, seguindo seu caminho de boa vontade, ainda que não possa evitá-lo, talvez detendo-se por um instante numa pedra, talvez demorando-

---

1 Ernst Anton Stiedenroth (1794-1858), filósofo alemão.

2 Goethe refere-se a seu ensaio intitulado *Das Sehen in subjektiver Hinsicht, von Purkinje, 1819* [*A visão em seu aspecto subjetivo, de Purkinje, 1819*].

-se por algum tempo em alguma curva, mas que, sendo levado pela viva ondulação, permanece inexoravelmente nesse curso; representamos, então, o modo como tal escrito tão importante e consistente me afetou.

O autor compreenderá melhor que qualquer um o que realmente quero dizer com isso; pois já exprimi em vários lugares o desgosto que em mim provocou na juventude a doutrina das faculdades *inferiores* e *superiores* da alma. No espírito humano, assim como no universo, não há nada inferior ou superior; tudo reivindica com igual direito um ponto central comum, que manifesta sua existência secreta precisamente através da relação harmônica de todas as partes com ele. Todas as disputas dos antigos e dos modernos até os dias de hoje provêm da separação daquilo que Deus produziu em sua natureza como uma unidade. Sabemos bem que, em naturezas humanas particulares, há comumente uma preponderância de uma determinada faculdade, ou capacidade, o que necessariamente produz uma parcialidade do modo de representação; isso porque o ser humano conhece as coisas apenas a partir de si mesmo, e, por conseguinte, de modo ingênuo e presunçoso, acredita que o mundo tenha sido criado a partir dele e por causa dele. Por esse motivo, ele coloca suas faculdades superiores no topo do conjunto, desejando renegar por completo e expulsar de sua própria totalidade aquilo que nele há de inferior. Quem não se convenceu de que toda manifestação da essência humana deve reunir em resoluta unidade a sensibilidade e a razão, a imaginação e o entendimento, sempre lutará com uma penosa limitação seja qual for a faculdade que nele predomine, e jamais compreenderá por que possui tantos adversários obstinados, ou por que às vezes se põe a lutar até consigo mesmo, como adversário direto.

Assim, um homem nascido e formado para as assim chamadas ciências exatas não conceberá facilmente, do alto de sua razão conceitual, que também possa haver uma fantasia sensível exata, sem a qual, na verdade, arte alguma é possível. Acerca do mesmo ponto também discutem os estudantes de uma religião do sentimento e aqueles de uma religião da razão; enquanto os últimos não querem admitir que a religião começa com o sentimento, os primeiros não reconhecem que ela deve se formar para a racionalidade.

Questões iguais e semelhantes a estas foram em mim suscitadas pela referida obra. Cada um que a ler dela extrairá à sua maneira alguma vantagem, e posso esperar que seu texto me proporcione ainda muitas vezes a ocasião para felizes observações.

Eis aqui uma passagem na qual o domínio do pensamento liga-se imediatamente ao campo da elaboração poética e da criação de imagens, que ousamos espreitar anteriormente:

> Resulta, do que se mostrou até aqui, que o pensamento pressupõe uma reprodução. A reprodução depende da determinação atual da representação. De um lado, é pressuposta, para um pensamento elaborado, uma determinação suficientemente perspicaz da representação atual; de outro, a riqueza e uma associação apropriada daquilo que deve ser reproduzido. Como essa associação do que deve ser reproduzido serve ao pensamento, é ela mesma em grande parte nele fundada na medida em que, a partir de muitas reproduções, os elementos que se correspondem entram em uma conexão singular devido à relação próxima entre seus conteúdos. Sendo assim, o pensamento elaborado dependerá inteiramente da conveniência da reprodução que se é capaz de fazer. Nesse sentido, quem não tiver nada de correto disponível, não efetuará nada de correto. Aqueles cujas reproduções são escassas revelará uma pobreza de espírito; aqueles cujas reproduções são parciais pensará de maneira parcial; aqueles cujas reproduções são desordenadas e confusas sentirá falta de uma mente clara, e assim por diante. O pensamento, portanto, não se faz a partir do nada, mas pressupõe uma preparação, uma pré-associação suficientes, e, em seu sentido mais estreito, uma associação e uma ordenação das representações que correspondam ao objeto, a partir do que se evidenciará por si mesma a completude requerida.[3]

* * *

3 Ernst Stiedenroth, *Psychologie zur Erklärung der Seelenerscheinungen* [Psicologia para a explicação dos fenômenos mentais]. Berlim: Dümmler, 1824, p.140.

Filosofia da natureza[1] *(1827)*

Uma passagem da Introdução de D'Alembert para a grande Enciclopédia francesa, cuja tradução não cabe inserir aqui, foi de grande importância para nós; ela começa na página X da edição *in quarto*, com as palavras: *à l'égard des sciences mathématiques*, e assim termina, na página XI: *étendu son domaine*. Seu fim, que arremata o início, abrange a grande verdade, a saber: que tudo, nas ciências, resulta do conteúdo, da validade e da solidez de um princípio estabelecido inicialmente, bem como da pureza da intenção. Além disso, estamos convencidos de que esse importante pré-requisito deve ter lugar não apenas nos assuntos da matemática, mas sobretudo nas ciências, nas artes, e também na vida.

Jamais se repetirá o bastante: o poeta, assim como o artista plástico, deve primeiramente notar se o objeto com o qual se dispôs a trabalhar é tal que, a partir dele, se pode desenvolver uma obra suficientemente extensa, diversificada e completa. Se isso for negligenciado, então todo o esforço restante será em vão: rima e métrica, pinceladas e golpes de cinzel serão gratuitamente desperdiçados; e, mesmo que uma execução magistral possa

---

1 O texto foi originalmente publicado em *Über Kunst und Altertum* [*Sobre Arte e Antiguidade*], v.VI, I. Stuttgart: Cotta, 1827. Em outras edições, aparece com o título "Das Grundwahre" (ver carta a Zelter de 15 fev. 1830). Seu conteúdo nos remete ao ensaio de Goethe intitulado "Über Mathematik und derem Mißbrauch" ["Sobre a matemática e seu uso indevido"] (de 1826). [N. T.]

cativar o espirituoso observador durante alguns instantes, ele logo perceberá a trivialidade de que padece tudo o que é falso.

Portanto, nos procedimentos próprios da arte, da ciência natural e da matemática, tudo depende daquilo que é essencialmente verdadeiro [*das Grundwahre*], cujo desenvolvimento não se revela na especulação tão facilmente quanto na práxis; pois é esta a pedra de toque daquilo que o espírito acolhe, ou que o sentido interno toma por verdadeiro. Quando alguém, convencido da validade de seus princípios, se volta para fora de si, exigindo que o mundo não apenas deva estar de acordo com suas representações, mas que, conformando-se a ele, as realize e a elas obedeça, somente então resultará, antes de tudo, a importante experiência que consiste em saber se foi ele mesmo quem se equivocou em sua empresa ou se foi sua época que se mostrou capaz de reconhecer a verdade.

Um sinal distintivo, contudo, por meio do qual se diferencia, com toda a segurança, o verdadeiro e a ilusão, permanece inconteste: é o fato de que o verdadeiro atua sempre de maneira produtiva, favorecendo aquele que o possui e protege, enquanto o falso se encontra, em si e por si mesmo, morto e infértil, podendo ser visto até mesmo como uma necrose em que as partes moribundas impedem que as vivas realizem a cura.

* * *

A natureza[1]
Fragmento
(1782-1783)

Natureza! Por ela estamos cercados e cingidos – impossibilitados de sair de seu domínio, incapazes de adentrá-la mais profundamente. Sem convite ou aviso, ela nos absorve no círculo de sua dança e nos arrasta consigo até que, exaustos, caímos de seus braços.

Ela cria novas formas eternamente; o que agora é jamais havia sido, e o que já foi não se repetirá. – Tudo é novo, e, no entanto, sempre velho.

Em seu seio vivemos, mas lhe somos estranhos. Ela fala constantemente conosco, mas não nos revela seu segredo. Nela atuamos continuamente, mas sobre ela não temos poder algum.

Ela parece ter tudo orientado para a individualidade, mas de nada lhe importam os indivíduos. Está sempre a construir e destruir, mas sua oficina é inacessível.

---

1 O texto foi publicado no *Tiefurter Journal*, n.32, 1782-1783, periódico que, na época, circulava no meio intelectual de Weimar e fazia publicações anônimas. Ao contrário do que se julgou inicialmente, seu autor não é Goethe (que o admite em uma carta a Knebel de 3 mar. 1783), mas Georg Christoph Tobler, um jovem pesquisador suíço e cunhado de Lavater. Posteriormente, Goethe publica um comentário do texto (traduzido na sequência, sob o título "Esclarecimento acerca do ensaio aforístico *A natureza*"), no qual afirma que as ideias ali apresentadas são, de fato, muito semelhantes às suas na época de Weimar. Por esse motivo, o fragmento é normalmente incluído nas edições dos escritos científicos de Goethe, juntamente com o comentário do autor. [N. T.]

Ela vive somente em seus filhos – e a mãe, onde está? Ela é a única artista: da matéria mais simples produz os contrastes mais elaborados: sem aparentar o esforço, alcança a maior perfeição – e sua definição mais precisa é sempre revestida de alguma leveza. Cada obra sua possui uma essência própria, cada fenômeno o conceito mais isolado; e, no entanto, tudo constitui uma unidade.

Ela encena um espetáculo: se ela própria o assiste não sabemos; mas ela o encena para nós, que o assistimos de um canto.

Há nela uma vida eterna, um eterno devir e um movimento perpétuo – no entanto, ela não avança. Ela se transforma continuamente; não há, nela, qualquer momento de repouso. Da permanência não possui qualquer conceito, e amaldiçoa a quietude. Ela é firme. Seu passo é comedido, suas exceções raras, suas leis inalteráveis.

Ela sempre pensou, e reflete constantemente; não como um ser humano, mas como natureza. Ela reservou para si um sentido próprio, que tudo abarca e que ninguém consegue perceber.

A humanidade inteira existe nela, e ela existe em toda humanidade. Ela joga um jogo amistoso com todos os homens, e, quanto mais se obtém algo dela, mais ela se alegra. Com muitos deles ela o faz de maneira tão secreta que conduz o jogo ao fim antes mesmo que o tenham notado.

O menos natural é, também, natureza. Quem não a vê por toda parte não a vê direito em parte alguma.

Ela ama a si mesma e contempla-se eternamente, com infinitos olhos e corações. Diversificou-se, para poder desfrutar de si mesma. Faz surgir continuamente os que dela desfrutam para a eles se entregar insaciavelmente.

Ela se alegra com a ilusão. Como o mais severo dos tiranos, ela castiga aquele que destrói a ilusão em si próprio e nos outros; em contrapartida, quem persegue confiante a ilusão, ela o estreita em seus braços junto ao peito, como a uma criança.

Seus filhos são incontáveis. Com todos é generosa, mas tem seus preferidos, com os quais é pródiga e pelos quais muito sacrifica. Ela protege de acordo com a grandeza.

Faz brotar suas criaturas do nada, sem lhes dizer de onde vêm e para onde vão. Elas devem apenas seguir; pois somente ela sabe o caminho.

São poucos os motores que a impulsionam, mas eles jamais se desgastam, permanecendo sempre eficientes e diversificados.

Seu espetáculo é sempre novo, pois ela cria constantemente novos espectadores. A vida é sua invenção mais bela, e a morte seu artifício para obter mais vida.

Ela envolve o homem na obscuridade, mas o incita constantemente à luz. Ela o torna dependente da terra, indolente e pesado, mas sempre volta a sacudi-lo de seu torpor.

Ela cria as carências porque ama o movimento. E é admirável que, com tão pouco, adquira tanto movimento! Toda carência é um benefício; ela se satisfaz rapidamente, porém rapidamente também ressurge. Cada carência a mais que ela nos dá é uma nova fonte de prazer. Mas logo o equilíbrio se restabelece.

Cada instante é, para ela, o destino de uma longa caminhada; e a todo instante ela se encontra em seu destino.

Ela é a própria vaidade; mas não para nós, para quem ela se tornou algo da maior importância.

Ela permite que cada um de seus filhos nela ensaie e experimente, que os tolos a julguem, que milhares passem por ela apáticos, sem nada enxergar; contudo, extrai de todos sua alegria e seu proveito.

Obedecemos às suas leis, mesmo quando lhes resistimos. Com ela agimos, mesmo quando queremos agir contra ela.

Ela transforma em um benefício tudo o que nos oferece, pois o torna antes de tudo imprescindível. Demora-se, para que a desejemos; apressa-se, para que não nos saciemos dela.

Ela não possui linguagem ou discurso, mas cria línguas e corações por meio dos quais sente e fala.

Sua coroa é o amor. Somente por meio deste nos aproximamos dela. Ela cria abismos entre os seres, mas todos desejam se entrelaçar. Isolou todas as coisas para reuni-las novamente. E, com alguns goles do cálice do amor, compensa-nos por uma vida inteira de esforços.

Ela é tudo. Pune e recompensa a si mesma; se alegra e se aflige consigo mesma; é arisca e dócil, amável e assustadora, impotente e onipotente. Nela, tudo está sempre presente. Desconhece passado e futuro. Para ela, o presente é a eternidade. Ela é bondosa. Eu a louvo, e louvo todas as suas obras. Ela é sábia e serena. É impossível extrair-lhe qualquer explicação, ou arrancar-lhe alguma dádiva que não seja por ela voluntariamente concedida. Ela é astuciosa, mas por uma boa causa; e é melhor não notar sua astúcia.

Ela é um todo e, no entanto, está sempre incompleta. E poderá sempre conduzir as coisas tal como as conduz.

Para cada um de nós ela aparece em uma forma particular. Ela se disfarça em milhares de nomes e termos, mas é sempre a mesma.

Ela me colocou dentro dela, assim como me levará para fora. Eu confio nela. Talvez ela mude comigo. E não detestará sua obra. Não é dela que falo. Não: do verdadeiro e do falso, de tudo ela já falou. Tudo é culpa dela, tudo é mérito dela.

* * *

Esclarecimento acerca do ensaio aforístico A natureza (*1828*)

O referido ensaio, extraído do espólio epistolar da eternamente honrada duquesa Anna Amalia,[1] foi-me confiado há pouco. Sua letra me é muito conhecida, pois, na década de oitenta, servia-me dela com frequência em meus próprios trabalhos.[2]

Se sou eu o autor dessas considerações não consigo, de fato, me lembrar, mas elas bem que condizem com as ideias que se formavam em meu espírito naquela época. Gostaria de denominar "comparativa" aquela etapa de meus conhecimentos, que se compeliam a manifestar-se na direção de um "superlativo" ainda não alcançado. Observa-se nela uma inclinação para um certo tipo de panteísmo, na medida em que aí se concebia uma essência imperscrutável incondicionada, humorística e autocontraditória subjacente aos fenômenos do mundo – o que pode muito bem ser visto como um jogo a ser amargamente levado a sério.

Todavia, o que falta para completar a composição é a intuição das duas grandes forças motrizes de toda natureza: os conceitos de *polaridade* e *ascensão*, sendo aquela pertencente à matéria compreendida como algo material

1 Anna Amalia (1739-1807), duquesa de Sachsen-Weimar-Eisenach.

2 Goethe se refere a seu secretário e escrivão Phillip Friedrich Seidel, que esteve a seu serviço entre 1775 e 1788.

e esta última à matéria compreendida como algo espiritual; aquela está em perpétua atração e repulsão, esta em um esforço constante de elevação. Como, porém, a matéria jamais pode existir ou efetivar-se sem o espírito, e tampouco este pode fazê-lo sem aquela, também a matéria é capaz de elevar-se, e também o espírito não deixa de atrair e repelir; do mesmo modo, apenas aquele que separou o bastante, para depois unir novamente, e que uniu o bastante, para separar novamente, é capaz de pensar.

Naqueles anos em que o mencionado ensaio deve ter sido redigido, eu me ocupava sobretudo com a anatomia comparada e, em 1786, esforçava-me enormemente para suscitar nos outros a simpatia pela minha convicção de que *não se podia negar a presença do osso intermaxilar no homem*. Até mesmo os mais inteligentes não queriam reconhecer a importância dessa afirmação e os melhores observadores[3] negavam que ela estivesse correta, de modo que, assim como em muitas outras coisas, tive de prosseguir em silêncio e por conta própria em meu caminho.

Persegui incessantemente a versatilidade da natureza no reino vegetal e, no ano de 1788,[4] na Sicília, cheguei à teoria da metamorfose das plantas pela via tanto da intuição quanto do conceito. A metamorfose do reino animal estava muito próxima desta, e, em 1790, em Veneza, revelou-se para mim que a origem do crânio residia nas vértebras. Passei a me empenhar com entusiasmo na construção do tipo; em 1795, em Jena, ditei o esquema para Max Jacobi,[5] e logo vi, com alegria, que outros naturalistas alemães me sucediam nesse campo.

Se nos lembrarmos da sublime consecução pela qual todos os fenômenos naturais foram gradualmente concatenados para o nosso entendimento, e, em seguida, relermos cuidadosamente o ensaio acima, do qual partimos – então, não poderemos contrapor, sem um sorriso, e sem nos alegrarmos

---

3 Sobretudo Samuel Thomas Sömmering (1755-1830), Petrus Camper (1722-1789) e Friedrich Blumenbach (1752-1840).

4 Na verdade, o ano é 1787.

5 Karl Wigand Maximilian Jacobi (1775-1858): filho do filósofo Friedrich Heinrich Jacobi. Aqui, Goete se refere ao ensaio *Primeiro esboço de uma introdução geral à anatomia comparada baseada na osteologia*.

com esse progresso de cinquenta anos, aquela fase comparativa, tal como a denominei, com a superlativa, que aqui se conclui.

Weimar, 24 de maio de 1828.

* * *

Análise e síntese
(1833)

O senhor Victor Cousin,[1] na terceira preleção deste ano sobre a história da filosofia, enaltece o século XVIII sobretudo porque este, quando se trata de fazer ciência, dedica-se principalmente à análise, precavendo-se contra sínteses prematuras, *i. e.*, contra hipóteses. Contudo, depois de ter assentido a esse procedimento de maneira quase exclusiva, ainda observa, ao final: que não se deve negligenciar completamente a síntese, mas a ela retornar de tempos em tempos, com cautela.

Ao considerarmos essas declarações, ocorreu-nos, antes de tudo, que a respeito da síntese ainda restou algo significativo a ser empreendido pelo século XIX; pois os amantes e conhecedores das ciências devem observar, com todo o rigor, que nós descuidamos de comprovar, explicar e elucidar as sínteses falsas, *i. e*, as hipóteses que nos foram transmitidas, e de restituir ao espírito seu antigo direito de *confrontar diretamente a natureza*.

Queremos, aqui, identificar duas dessas sínteses falsas, a saber: a decomposição da luz e sua polarização. Ambas são palavras vazias, que nada dizem ao indivíduo pensante e, no entanto, são repetidas muito frequentemente pelos homens de ciências.

---

1 Victor Cousin (1782-1867), filósofo e escritor francês. A obra mencionada por Goethe é o *Cours de Philosophie: introduction à l'histoire de la philosophie*. v.I. Paris: Pichon et Didier, 1828.

Na consideração da natureza, não nos basta empregar o método analítico, isto é, o de expor o máximo de particularidades possível de um objeto qualquer que nos seja dado e assim conhecê-lo, mas devemos também aplicar essa mesma análise às sínteses já existentes, a fim de averiguar se também procedemos corretamente e de acordo com o verdadeiro método.

Por isso, destrinchamos minuciosamente o modo de proceder de Newton. Ele comete o equívoco de estabelecer como fundamento um fenômeno único – e ainda por cima artificial –, construir sobre ele uma hipótese e, a partir desta, procurar esclarecer os fenômenos mais variados e ilimitados.

Na teoria das cores, utilizamos o método analítico e apresentamos, na medida do possível, todos os fenômenos tal como como são conhecidos em uma determinada ordem, a fim de investigar até que ponto se pode encontrar aqui um universal sob o qual eventualmente se deixem subordinar; e acreditamos, assim, ter aberto o caminho para cumprir aquele dever do século XIX.

O mesmo fizemos para apresentar todos aqueles fenômenos que se produzem por meio do duplo reflexo. Deixamos ambos para um futuro mais ou menos próximo, com a consciência de termos reconduzido aquelas investigações à natureza e lhes restituído a verdadeira liberdade.

Voltemo-nos, agora, para uma outra consideração mais geral: um século que se dedica somente à análise, e teme, por assim dizer, a síntese, não está no caminho certo; pois apenas as duas juntas, tal como o expirar e o inspirar, dão vida à ciência.

Uma hipótese falsa é melhor que nenhuma; pois o fato de ela ser falsa não causa dano algum. No entanto, quando ela se consolida, quando é admitida de modo geral e se transforma em uma espécie de credo do qual ninguém duvida e tampouco tem permissão para investigar, nisso consiste, propriamente, o mal de que padecem séculos inteiros.

A teoria newtoniana deve ser mencionada. Já em sua época, foi confrontada por suas deficiências, mas os outros grandes méritos do autor, bem como sua posição na esfera civil e letrada, não permitiram que a oposição se erguesse. Entretanto, foram especialmente os franceses os maiores culpados pela disseminação e ossificação dessa teoria. No século XIX, portanto, são eles que deveriam favorecer uma análise fresca daquela hipótese confusa e enrijecida, a fim de corrigir o equívoco.

A questão principal, na qual parece que não se pensa quando se emprega exclusivamente a análise, é a de que toda análise pressupõe uma síntese. Um monte de areia não se deixa analisar; mas, se ele consistisse em diversas partes, como em areia e ouro, por exemplo, então a lavagem seria uma análise na qual o que é leve seria levado pela água e o que é pesado ficaria retido.

Assim, a mais nova química consiste sobretudo em separar o que a natureza uniu; nós suprimimos a síntese da natureza a fim de conhecê-la em elementos separados.

O que é uma síntese superior senão um ser vivo? E para que devemos nos atormentar com anatomia, fisiologia e psicologia, senão para formarmos apenas um conceito limitado de todo o complexo, conceito este que se restabelece continuamente, não importa em quantas partes seja decomposto?

Por isso, o grande risco a que está sujeito a analista é o de *empregar seu método em algo que não possui qualquer síntese em seu fundamento*. Pois, nesse caso, todo seu trabalho será como o esforço das Danaides, do qual vemos aqui os exemplos mais tristes. Pois, no fundo, ele desempenha sua tarefa apenas para, ao final, chegar novamente à síntese. Se, porém, na base do objeto com o qual ele lida não houver nenhuma, então se esforçará em vão para descobri-la. Todas as observações sempre serão, para ele, apenas obstáculos, quanto mais cresça seu número.

Antes de tudo, portanto, o analista deveria investigar, ou melhor, dirigir sua atenção para saber se de fato há uma síntese secreta ou se aquilo com que está se ocupando é apenas um agregado, uma justaposição, um combinado, ou seja lá quais forem as modificações possíveis para todas essas coisas. Uma suspeita desse tipo proporciona um daqueles capítulos do saber nos quais não se consegue avançar. A esse respeito, poder-se-ia elaborar considerações bastante férteis sobre geologia e meteorologia.

* * *

Justifica-se o empreendimento[1]
(1817)

Quando o homem, convidado à observação vivaz, trava uma disputa com a natureza, sente inicialmente um enorme impulso para subjugar os objetos. Mas não demora muito até que estes o constranjam, e o fazem com tanta violência que ele percebe ter bons motivos para também reconhecer sua autoridade e respeitar sua influência. E, mal ele se convence dessa influência recíproca, logo se apercebe de um duplo infinito: nos objetos, a variedade do ser e do vir-a-ser, assim como as relações vivas que se entrecruzam; e, em si mesmo, a possibilidade de um desenvolvimento infinito, à medida que ele torna tanto sua sensibilidade quanto seu juízo sempre aptos para novas formas do assimilar e do contrapor-se. Tais estados nos proporcionam um elevado prazer, e determinariam a felicidade da vida caso não se opusessem obstáculos internos e externos ao belo caminho para a perfeição. Os anos, que inicialmente davam, começam a tirar;[2] satisfaz-se cada um à sua medida com

---

1 Este texto, assim como os dois subsequentes (*Introduz-se o propósito* e *Prefacia-se o conteúdo*), compõe a introdução à série de escritos intitulada *Sobre a ciência da natureza em geral, em particular sobre a Morfologia*, que possui dois volumes publicados em seis fascículos entre os anos de 1817 e 1824. Neles, Goethe pretende apresentar a ciência morfológica e fundamentar o seu método. [N. T.]

2 Alusão à *Ars poetica* de Horácio, verso 175: "*multa ferunt anni uenientes commoda secum/ multa recedentes adimunt*": "Os anos, à medida que vêm, trazem consigo vantagens sem número/ à medida que se vão, levam consigo um sem-número delas". Aristóteles; Horácio; Longino, *A poética clássica*. Trad. Jaime Bruna. São Paulo: Cultrix, 1997, p.60.

o que foi adquirido, e regozija-se tanto mais na tranquilidade quanto mais raro o interesse puro, sincero e estimulante é suscitado a partir do exterior.

Quão poucos são aqueles que se sentem entusiasmados por algo que apenas para o espírito aparece propriamente. Os sentidos, o sentimento e o ânimo exercem um poder muito maior sobre nós, e com razão: pois fomos destinados para a vida, e não para a ponderação.

Infelizmente, é raro encontrarmos, mesmo entre aqueles que se dedicam ao conhecimento e ao saber, um interesse digno de apreço. Para quem delibera, atenta para aquilo que é singular, observa com minúcia e distingue uma coisa de outra, aquilo que provém de uma ideia e a ela reconduz é, de certo modo, um fardo. Sente-se em casa, à sua maneira, em seu labirinto, sem preocupar-se em seguir uma linha que o conduza mais rapidamente do começo ao fim; um metal que não pode ser cunhado ou avaliado parece-lhe uma posse importuna. Em contrapartida, aquele que se encontra em um ponto de vista mais elevado ignora facilmente o particular e absorve, em uma generalidade mortal, aquilo que apenas isoladamente possui vida.

Encontramo-nos nesse conflito já há muito tempo. A seu respeito, muito já se realizou, muito já se destruiu; e eu não cairia na tentação de abandonar ao oceano de opiniões minhas concepções acerca da natureza em uma frágil embarcação caso não tivéssemos sentido tão vivamente, nas últimas horas de perigo,[3] o valor que contêm as páginas nas quais anteriormente fomos levados a depositar uma parte de nossa existência.

Assim, que agora venha à luz, como um esboço, ou mesmo um conjunto fragmentado, aquilo que, em minha intrepidez juvenil, sonhei como uma obra, e que possa servir e surtir efeito tal como é.

É isso que eu tinha a dizer antes de confiar à boa vontade de meus contemporâneos esses rascunhos de muitos anos, cujas partes isoladas estão, contudo, ora mais, ora menos concluídas. Muito daquilo que ainda haveria por dizer será mais bem introduzido à medida que o empreendimento avançar.

Jena, 1807.

* * *

3 Referência ao saque de Weimar ocorrido no dia 14 de outubro de 1806, após a batalha de Jena, durante a invasão napoleônica. [N. T.]

Introduz-se o propósito
(1817)

Quando observamos os objetos da natureza, em especial os seres vivos, e desejamos alcançar uma compreensão da relação entre seu ser e seu agir, acreditamos que a melhor maneira de obter tal conhecimento seja por meio da separação das partes – pois esse caminho é, de fato, capaz de nos levar muito longe. Aos amantes do saber devemos evocar à memória, em poucas palavras, as contribuições da química e da anatomia tanto para um conhecimento mais detido quanto para uma visão mais ampla da natureza.

Mas esse empenho na separação, prosseguindo incessantemente, traz também algumas desvantagens. O vivo, de fato, se decompõe em elementos; mas não se pode, a partir destes últimos, reconstituí-lo e vivificá-lo novamente. Se isso é válido para muitos corpos inorgânicos, tanto mais o será para os orgânicos.

Por esse motivo, evidenciou-se também, nos homens de ciências de todas as épocas, um impulso para conhecer as formas vivas como tais, apreendendo suas partes externas, visíveis e palpáveis, em suas conexões, e admitindo-as como um indício da parte interna, de modo a, com isso, dominar o todo em alguma medida, por meio da intuição. Quão intimamente esse anseio científico se une ao impulso para a arte e a imitação nem sequer precisa ser explicado em pormenor.

Assim, no curso da arte, do saber e da ciência, encontram-se diversas tentativas de fundar e desenvolver uma teoria que convém denominar morfologia. Na parte histórica da presente obra,[1] trataremos das diversas formas nas quais essas tentativas aparecem.

Para referir-se ao complexo da existência de um ser real, o alemão possui a palavra *Gestalt*. Nessa expressão, ele abstrai daquilo que é móvel e admite que algo correspondente é estabelecido, acabado e fixado em seu caráter.

Se observarmos todas as figuras, em especial as orgânicas, veremos que em parte alguma surge algo que perdura, algo estático e acabado, mas, pelo contrário, tudo balança em movimento constante. Por isso, nossa língua costuma empregar, de modo bastante apropriado, a palavra *Bildung*,[2] tanto para o que foi produzido como para o que está em vias de produzir-se.

Se queremos, então, introduzir uma morfologia, não devemos falar de *Gestalten*; agora, se precisarmos da palavra, então pensemos com ela, no máximo, somente a ideia, o conceito ou algo retido na experiência por um instante.

O que está formado logo se transforma novamente, e, se quisermos em alguma medida alcançar uma intuição viva da natureza, teremos de nos manter igualmente móveis e flexíveis, segundo o exemplo que ela fornece de antemão.

Se, pela via anatômica, decompusermos um corpo em suas partes e estas naquilo em que se deixam separar, chegaremos, por fim, àqueles primeiros elementos denominados *partes similares*. Não trataremos deles aqui; antes, atentaremos para uma máxima mais elevada dos organismos, que exprimiremos do modo que se segue:

---

1 Paralelamente à parte histórica da *Teoria das cores*, Goethe pretendia redigir também uma "História da morfologia". Embora esse projeto não tenha se concretizado, ele permaneceu expresso em textos como "O autor compartilha a história de seus estudos botânicos" e "Princípios de filosofia zoológica". [N. T.]

2 Ambos os termos, *Bildung* e *Gestalt*, podem ser traduzidos por *forma*. A palavra *Gestalt* é, às vezes, traduzida por *figura*. *Bildung*, por sua vez, é um termo bastante complexo da língua alemã, muitas vezes traduzido por *formação*, tanto em sentido material (formação corporal, rochosa etc.) quanto em sentido não material (formação educacional, cultural etc., podendo às vezes ser traduzido diretamente por *educação* ou *cultura*). A distinção entre *Bildung* e *Gestalt* feita por Goethe nessa passagem talvez possa ser reproduzida pela distinção entre *formação* e *forma*, uma vez que a primeira palavra parece possuir um caráter dinâmico que não se mostra nesta última.

Um ser vivo não é um particular, mas uma pluralidade; ainda que se nos manifeste como um indivíduo, mantém-se como um conjunto de substâncias vivas independentes que, segundo a ideia e o plano, são iguais, mas, segundo a aparência, podem ser tanto iguais ou semelhantes quanto desiguais ou dissemelhantes. Essas substâncias, em parte, já se encontram originalmente unidas e, em parte, encontram-se e reúnem-se posteriormente. Elas separam-se e procuram-se novamente umas às outras, resultando, desse modo, em uma infinita produção de todos os tipos e em todas as direções.

Quanto mais imperfeita a criatura, mais iguais ou semelhantes entre si são as partes, e mais se assemelham ao todo. Quanto mais perfeita a criatura, mais dissemelhantes serão as partes umas das outras. Naquele caso, o todo é mais ou menos igual às partes; neste último, o todo é dissemelhante das partes. Quanto mais semelhantes forem as partes entre si, menos subordinadas estarão umas às outras. A subordinação entre as partes é indício de uma criatura mais perfeita.

Uma vez que, em todas as formulações universais, por mais bem pensadas que sejam, resta algo de inapreensível para aquele que não as emprega, ou que a elas não pode submeter os exemplos necessários, queremos inicialmente oferecer apenas algumas, já que todo nosso trabalho está voltado para a apresentação e implementação desta e de outras ideias e máximas.

Não há qualquer dúvida de que uma planta, ou mesmo uma árvore, embora nos apareça como um indivíduo, consista em meros particulares, que são iguais e semelhantes entre si e em relação ao todo. Muitas são as plantas que se reproduzem por mergulhia. A partir do olho da última variedade de uma árvore frutífera germina um ramo, que produz novamente uma certa quantidade de olhos iguais; e, por esse mesmo caminho, ocorre a reprodução por meio da semente. Ela é o desenvolvimento de uma inumerável quantidade de indivíduos iguais a partir do seio da planta-mãe. Aqui, logo se vê que o mistério da reprodução por meio da semente já está expresso no interior daquela máxima; e, refletindo-se corretamente, descobriremos que mesmo o grão de semente, que parece existir como uma unidade individual, é já um conjunto de seres iguais e semelhantes. O feijão é normalmente tomado como um exemplo claro do processo de germinação. Se considerarmos um feijão ainda antes de germinar, em seu estado inteiramente embutido, primeiramente encontraremos, após sua abertura, os dois cotilédones, que se comparam à placenta, ainda que essa comparação seja infeliz; pois trata-se de duas verdadeiras folhas, apenas inchadas e preenchidas de uma massa farinhenta, e que também se tornam verdes, quando expostas à luz e ao ar. Além disso, já se revelam também as plúmulas, que são outras duas folhas, mais bem formadas e aptas a um desenvolvimento ulterior. Se a esse respeito pensarmos que, por trás de cada pecíolo, repousa um olho, se não efetivamente, ao menos segundo a possibilidade; veremos, na semente que aparece para nós como algo simples, um conjunto de muitos particulares, que podem se definir como iguais segundo a ideia e semelhantes segundo a aparência.

Assim, que algo que seja igual segundo a ideia possa aparecer, segundo a experiência, como igual ou semelhante, ou mesmo como inteiramente desigual e dissemelhante, nisso consiste propriamente a vida móvel da natureza, que pretendemos esboçar em nossas páginas.

Convém ainda introduzirmos aqui, para outras diretrizes, uma instância do reino animal do nível mais baixo. Existem infusórios que, aos nossos olhos, se movimentam na umidade apresentando figuras bastante simples; porém, tão logo essa umidade resseca, esses infusórios rebentam e espalham uma multidão de grãos que, provavelmente, segundo um curso natural, teriam se decomposto também na umidade, produzindo uma descendência infinita. Mas basta, por ora, de tratarmos desse ponto, pois toda nossa exposição deverá ressaltá-lo novamente.

Quando se observam as plantas e os animais em seus estados mais imperfeitos, quase não se pode diferenciar um do outro. Um ponto de vida, seja ele fixo, móvel ou semimóvel, é algo quase imperceptível aos nossos sentidos. Não nos atrevemos a decidir se esses primeiros inícios, determináveis para ambos os lados, hão de conduzir às plantas, por meio da luz, ou aos animais, por meio da sombra, muito embora não faltem observações e analogias a esse respeito. Podemos apenas dizer, todavia, que as criaturas que surgem progressivamente a partir de uma afinidade quase indistinguível entre a planta e o animal aperfeiçoam-se em dois sentidos opostos, de modo que, por fim, glorificam-se a planta na árvore, imóvel e duradoura, e o animal no ser humano, na mobilidade e liberdade máximas.

Gemação e prolificação são, de novo, duas máximas principais dos organismos que derivam daquele princípio da coexistência de muitos seres iguais e semelhantes e que, de fato, apenas de forma dupla o exprimem propriamente. Buscaremos percorrer esses dois caminhos através de todo o reino orgânico e, com isso, muitas coisas serão ordenadas e alinhadas de maneira extremamente clara.

Quando observamos o tipo vegetativo, logo se apresenta nele um acima e um abaixo. As posições inferiores são ocupadas pelas raízes, cuja ação se dirige à terra, pertencendo à umidade e a sombra; ao passo que, na direção diametralmente oposta, o caule, o tronco, ou aquilo que indica sua posição aspira ao céu, à luz e ao ar.

Tendo considerado essa prodigiosa árvore e aprendido a investigar mais de perto o modo como ela cresce em direção ao alto, deparamos novamente com um importante fundamento da organização: que nenhuma vida pode se realizar em uma superfície e manifestar nela sua força produtora; mas, antes, toda atividade vital requer um invólucro que a protege dos elementos externos brutos, tais como a água, a luz ou o ar, e conserva sua delicada essência, a fim de que ela realize aquilo que compete especificamente a seu íntimo. Esse invólucro pode aparecer como uma casca, uma pele ou uma capa, e tudo aquilo que deve surgir para a vida ou realizar-se vivamente deve estar envolto em um invólucro. E, assim, tudo aquilo que se dirige para fora pertencerá precocemente, e de maneira gradual, à morte e à decomposição. A casca das árvores, a pele dos insetos, os pelos e as plumas dos animais, e mesmo a epiderme dos seres humanos são invólucros que se separam, perecem e se sacrificam continuamente à não vida; por trás deles, formam-se sempre novos invólucros, sob os quais a seguir a vida produz, mais ou menos superficialmente, seu tecido criador.

Jena, 1807.

* * *

Prefacia-se o conteúdo
(1817)

Da presente coletânea, apenas o ensaio sobre a metamorfose das plantas foi impresso, o qual, tendo surgido isoladamente no ano de 1790, experimentou uma recepção fria, quase antipática. Essa rejeição, contudo, foi inteiramente natural: a teoria dos germes embutidos, o conceito da pré-formação, ou do desenvolvimento sucessivo daquilo que existiria desde o tempo de Adão se apoderara de todos, até mesmo das melhores cabeças; de maneira tão engenhosa e determinada quanto decisiva, também Lineu propôs, especificamente em relação à formação das plantas, um modo de representação adequado ao espírito da época.

Por isso, meu sincero esforço não surtiu efeito algum; e, satisfeito por ter encontrado o fio condutor de meu caminho solitário e sereno, eu apenas observava mais cuidadosamente a relação, ou a ação recíproca entre os fenômenos normais e anormais, atentava rigorosamente para aquilo que a experiência oferecia em particular e de bom grado, e, nesse ínterim, dediquei um verão inteiro a uma série de experimentos que deveriam ensinar-me como impossibilitar a frutificação mediante o excesso de nutrição, e como acelerá-la mediante a redução desta.

Aproveitei a oportunidade de dispor de uma estufa, que podia iluminar ou escurecer conforme desejasse, para conhecer o efeito da luz sobre as plantas. Ocupavam-me principalmente os fenômenos do embranquecimento e do desbotamento; experimentos com lâminas de vidros coloridos foram igualmente realizados.

Tendo adquirido habilidade suficiente para avaliar a formação e transformação orgânicas na maior parte dos casos do mundo vegetal, bem como para identificar e deduzir a sucessão de suas formas, senti-me impelido a conhecer mais detalhadamente também a metamorfose dos insetos.

Isto ninguém nega: que o curso da vida de tais criaturas é um contínuo transformar-se, visível aos olhos e tangível às mãos. O conhecimento que anteriormente obtive ao cultivar o bicho-da-seda durante muitos anos havia permanecido comigo; eu o ampliava à medida que observava e reproduzia em ilustrações (das quais restaram-me as mais valiosas folhas) diversos gêneros e espécies, do ovo à mariposa.

Aqui, não encontrei qualquer contradição em relação ao que nos foi legado em diversas obras, de modo que precisei somente elaborar um esquema tabelar segundo o qual se pudesse organizar logicamente numa série as experiências particulares, e visualizar nitidamente, de um só relance, o extraordinário curso vital de tais criaturas.

Também desses esforços terei de prestar contas, e o farei com toda a naturalidade, uma vez que minha opinião não se opõe a qualquer outra.

Simultaneamente a esse estudo, minha atenção estava voltada para a anatomia comparada dos animais, em especial dos mamíferos; a seu respeito suscitava-se já um grande interesse. Buffon e Daubenton contribuíram muito; Camper apareceu como um meteoro de espírito, ciência, talento e atitude; Sömmering mostrou-se digno de admiração; Merck voltou seus esforços sempre ativos para esses objetos; com estes três encontrava-me na melhor companhia: com Camper por meio de cartas, com os outros pessoalmente, ainda que com longos períodos de ausência.

Seguindo os passos da fisiognomia, a mobilidade e o significado das formas deveriam ocupar nossa atenção alternadamente; também a esse respeito, muitas coisas foram ditas e trabalhadas por Lavater.

Mais tarde, em minhas passagens mais longas e frequentes por Jena, logo pude desfrutar, graças ao inesgotável talento instrutivo de Loder,[1] de alguns conhecimentos sobre a formação humana e animal.

---

1 Georges-Louis Leclerc, conde de Buffon (1707-1788): importante naturalista francês, autor da monumental *História natural, geral e particular, com a descrição do*

Aquele método que havia sido adotado na observação das plantas e dos insetos conduziu-me por esse caminho. Pois, também aqui, na separação e comparação das formas, a formação e a transformação deveriam vir à tona alternadamente.

Aquele período foi, contudo, mais obscuro do que agora se pode imaginar. Afirmava-se, por exemplo, que dependia apenas do ser humano andar confortavelmente sobre quatro patas, e que os ursos, se se mantivessem por um tempo em posição ereta, tornar-se-iam humanos. O irreverente Diderot arriscou certos palpites a respeito de como se poderiam criar faunos com pés de cabra que, em certos eventos e condecorações de gala, vestissem uma farda e levassem os grandes e ricos nos cupês.

Durante muito tempo, a diferença entre o ser humano e os animais não pôde ser revelada; finalmente, acreditamos ter diferenciado o macaco de nós, de maneira incontestável, pelo fato de ele possuir seus quatro dentes incisivos em um osso empírica e efetivamente distinguível; com isso, todo o saber oscilava, entre o sério e o jocoso, das tentativas de confirmar uma meia-verdade às de atribuir ao falso uma aparência qualquer, assim permanecendo e ocupando-se com uma atividade arbitrária e aborrecida. Essa grande confusão, todavia, suscitou a disputa a respeito de como se deveria considerar a beleza: se como algo real, inerente ao objeto, ou como algo relativo, convencional, ou mesmo individual, a ser atribuído àquele que a contempla e reconhece.

Nesse tempo, dediquei-me inteiramente à osteologia. Pois é no esqueleto que o caráter decisivo de cada forma se conserva de maneira segura e por toda a eternidade. Reunia, a meu redor, despojos antigos e recentes; e, ao viajar, sondava atentamente, em museus e gabinetes, aquelas criaturas cuja forma pudesse ser-me instrutiva, no conjunto ou no detalhe.

---

gabinete do rei (1749-1789). Louis Jean Marie Daubenton (1716-1799): naturalista francês, principal colaborador de Buffon na elaboração da *História natural*; Petrus Camper (1722-1789): naturalista e artista holandês; Thomas Sömmering (1755-1830): médico e anatomista alemão; Johann Kaspar Lavater (1741-1801): filósofo e teólogo suíço, fundador da fisiognomia; Justus Ferdinand Christian von Loder (1753-1832), médico e naturalista alemão, professor de anatomia em Jena e Halle.

Com isso, logo senti a necessidade de estabelecer um tipo no qual pudessem ser demonstrados todos os mamíferos, com base em sua conformidade ou diversidade; e, assim como anteriormente havia buscado a planta originária, esforçava-me agora para encontrar o animal originário – o que, afinal, significa: o conceito, ou a ideia do animal.

Minha investigação árdua e laboriosa foi se tornando mais fácil, e mesmo mais suave, à medida que Herder empreendia o esboço dos *Ideais para uma filosofia da história da humanidade*. Nossas conversas diárias tratavam dos primórdios do oceano primitivo e das criaturas orgânicas que, desde tempos imemoriais, se desenvolveram a partir dele. Debatíamos sempre sua origem e seu contínuo e incessante formar-se, e nossos bens científicos foram diariamente depurados e enriquecidos por meio da troca de ideias e da disputa.

Com outros amigos também conversei vivamente acerca desses objetos, dos quais me ocupo apaixonadamente, e tais conversas não deixaram de produzir uma influência e um benefício recíprocos. Talvez não seja presunçoso imaginarmos que muito do que disso se origina, tendo se propagado no mundo científico por meio da tradição, possa agora proporcionar frutos dos quais desfrutemos, embora nem sempre se deva denominar jardim aquilo em que nascem enxertos.

No presente, graças à ampliação progressiva da experiência e ao aprofundamento cada vez maior da filosofia, vêm sendo utilizadas muitas coisas que, à época em que os textos a seguir foram escritos, eram inacessíveis para mim e para outros. Por isso, espero que o conteúdo destas páginas seja considerado historicamente, mesmo que agora elas devam ser vistas como supérfluas; pois elas, então, haverão de valer como testemunho de uma atividade consequente, perseverante e serena.

* * *

A metamorfose das plantas (1790)[1]

Introdução

§1

Qualquer pessoa que observe o crescimento das plantas até um certo ponto facilmente notará que algumas de suas partes exteriores se transformam e assumem, às vezes, ora mais, ora menos, quando não inteiramente, a forma das partes adjacentes.

§2

Assim, por exemplo, a flor simples normalmente se transforma em uma flor dupla quando, em vez de filetes e anteras, se desenvolvem pétalas que ou são perfeitamente idênticas na forma e na cor às demais pétalas da corola, ou ainda carregam em si traços visíveis de sua origem.

---

1 O ensaio foi publicado pela primeira vez em 1790, com o título *Versuch die Metamorphose der Pflanzen zu erklären* (Gotha: Carl Wilhelm Ettinger, 1790). [Ed. bras.: *A metamorfose das plantas*. Trad. Fábio Mascarenhas Nolasco. São Paulo: Edipro, 2019.] Em 1817, foi publicado novamente no primeiro volume de *Zur Morphologie* (Stuttgart: Cotta, 1817), com pequenas correções e alterações. [N. T.]

§3

Se notarmos ser possível à planta, dessa maneira, dar um passo para trás, invertendo a ordem do crescimento, estaremos mais atentos ao curso regular da natureza, o que nos levará a conhecer as leis da transformação com base nas quais ela produz uma parte a partir de outra e apresenta as formas mais variadas mediante a modificação de um único órgão.

§4

A afinidade secreta entre as diversas partes exteriores da planta – tais como as folhas, o cálice, a corola, os filetes –, que se desenvolvem sucessivamente e como que uma a partir da outra, é já há muito conhecida pelos pesquisadores em seus aspectos gerais, tendo sido também estudada em seus aspectos particulares. O processo por meio do qual um único e mesmo órgão se apresenta modificado de diversos modos foi denominado *metamorfose das plantas*.

§5

Essa metamorfose se manifesta de três maneiras: *regular*, *irregular* e *ocasional*.

§6

A metamorfose *regular* também pode ser chamada de *progressiva*: pois é ela que, das primeiras folhas seminais até a última formação do fruto, pode ser observada em sua atuação contínua e gradual, e, mediante a transformação de uma forma em outra, como em uma escala mental, ascende até aquele ponto mais elevado da natureza, qual seja, a reprodução mediante os dois sexos. Foi isso que observei atentamente durante muitos anos e que me proponho a esclarecer neste ensaio. Também por isso, na demonstração que se segue, consideraremos a planta apenas na medida em que ela possua um ciclo anual e progrida infalivelmente da semente à fecundação.

§7

A metamorfose *irregular* também poderia ser chamada de *regressiva*. Pois se, no primeiro caso, a natureza se apressa em direção ao grande objetivo; aqui, ela retrocede uma, ou algumas etapas. Do mesmo modo como ela, no primeiro caso, por meio de um impulso irresistível e um esforço intenso, forma as flores e as prepara para a obra do amor, aqui, ela como que esmorece e, indecisa, abandona sua criatura em um estado indefinido, frágil, que normalmente agrada aos olhos, mas, internamente, é impotente e inefetivo. A partir das experiências que teremos a oportunidade de realizar com essa metamorfose, poderemos revelar aquilo que a metamorfose regular nos oculta e ver claramente aquilo que podíamos apenas inferir. Com isso, esperamos alcançar nosso propósito da maneira mais segura.

§8

Em contrapartida, não voltaremos nossa atenção para a terceira metamorfose, realizada *ocasionalmente* e a partir do exterior, sobretudo por insetos, pois ela poderia nos desviar do caminho simples que devemos seguir e deslocar nosso objetivo. Talvez se encontre, em outro lugar, a ocasião para falarmos dessas excrescências monstruosas e, contudo, restritas a certos limites.

§9

Ousei elaborar o presente ensaio sem recorrer a gravuras ilustrativas, que poderiam parecer necessárias em certos aspectos. Reservo-me o direito de inseri-las posteriormente, algo que pode ser feito com toda a facilidade, uma vez que ainda resta matéria suficiente para elucidar e expandir este breve e ainda apenas provisório trabalho. Então, não será necessário proceder com passos tão moderados como fazemos agora. Poderei aqui tratar de temas afins e atribuir um lugar adequado para as diversas passagens recolhidas de autores que pensam do mesmo modo. Não deixarei de utilizar sobretudo os relatos dos mestres contemporâneos de quem essa nobre ciência deve se orgulhar. A estes concedo e dedico estas páginas.

I. Das folhas seminais

§10

Já que nos propusemos a observar as etapas sucessivas do crescimento da planta, voltemos nossa atenção imediatamente para o instante em que a planta desponta da semente. Nessa fase, podemos identificar com facilidade e precisão as partes que lhe pertencem diretamente. Ela, por assim dizer, abandona seus invólucros na terra (algo que tampouco investigaremos agora) e, em muitos casos, tendo as raízes se fixado no solo, faz emergir à luz os primeiros órgãos de seu crescimento superior, que já se encontravam ocultos sob o tegumento da semente.

§11

Esses primeiros órgãos são conhecidos pelo nome *cotilédones*. Também foram chamados de válvulas seminais, partes do núcleo, lóbulos seminais, folhas seminais, buscando-se, com isso, designar as diferentes formas sob as quais as percebemos.

§12

Eles frequentemente possuem um aspecto disforme, são como que preenchidos por uma matéria bruta, e são tão espessos quanto largos. Seus vasos são irreconhecíveis e quase indistinguíveis da massa do todo. Quase não possuem qualquer semelhança com uma folha, e podemos ser induzidos a tomá-los por órgãos singulares.

§13

Em muitas plantas, porém, sua forma aproxima-se muito da de uma folha. Eles se tornam mais planos; adquirem em grau elevado a cor verde quando expostos ao ar e à luz; e os vasos neles contidos se tornam mais identificáveis, mais semelhantes às nervuras da folha.

§14

Por fim, aparecem como verdadeiras folhas: seus vasos são aptos ao desenvolvimento mais sutil, e sua semelhança com as futuras folhas não nos permite tomá-los por órgãos singulares. Nós os identificamos, antes, como as primeiras folhas do caule.

§15

Como não se pode conceber uma folha sem nó, nem um nó sem olho, podemos deduzir que o ponto no qual o cotilédone está fixado é o primeiro verdadeiro ponto nodal da planta. Isso nos é confirmado por aquelas plantas que emitem olhos jovens imediatamente sob as asas dos cotilédones, e, a partir desses primeiros nós, desenvolvem ramos completos (tal como ocorre, por exemplo, com a *uicia faba*).

§16

Os cotilédones geralmente são duplos – e, aqui, devemos fazer uma observação que nos parecerá ainda mais importante na sequência, a saber: que as folhas desse primeiro nó muitas vezes formam um par, enquanto as futuras folhas do caule são alternadas. Mostra-se aí, portanto, uma aproximação e uma união das partes que a natureza posteriormente separa e afasta uma da outra. Algo ainda mais notável se dá quando os cotilédones aparecem como se fossem várias pequenas folhas reunidas em torno de um mesmo eixo, e o caule, desenvolvendo-se gradualmente a partir do centro, produz cada uma das futuras folhas em torno de si, algo que se observa com muita precisão no crescimento das espécies de coníferas [*pinus*]. Uma coroa de agulhas forma, aqui, algo como um cálice. Mais adiante, haveremos de nos lembrar desse caso ao observarmos fenômenos semelhantes.

§17

Por ora, deixaremos de lado as partes isoladas e totalmente disformes do núcleo daquelas plantas que germinam com apenas uma folha.

§18

Em contrapartida, notamos que, mesmo os cotilédones que mais se assemelham a uma folha, se comparados às futuras folhas do caule, são sempre subdesenvolvidos. Sobretudo seu contorno é extremamente simples, e nele se veem poucos indícios dos recortes, assim como tampouco se deixam notar, em sua superfície, pelos ou outros vasos próprios das folhas mais desenvolvidas.

II. Formação das folhas do caule, de nó em nó

§19

Podemos, a partir de agora, observar com precisão a formação sucessiva das folhas, já que os efeitos progressivos da natureza ocorrem todos diante de nossos olhos. Algumas, ou muitas das futuras folhas já estão presentes na semente, e permanecem encerradas entre os cotilédones. Em seu estado redobrado, são conhecidas pelo nome de plúmulas. Em diversas plantas, sua forma varia em relação à dos cotilédones e das folhas posteriores; mas, normalmente, já diferem dos primeiros pelo fato de se formarem planas, delicadas e, no geral, como verdadeiras folhas; são inteiramente coloridas de verde, repousam sobre um nó visível e sua afinidade com as futuras folhas do caule não pode mais ser negada; em relação a estas, contudo, ainda estão comumente aquém, visto que seu contorno, ou seu bordo, ainda não está inteiramente formado.

§20

Entretanto, o desenvolvimento ulterior continua a ocorrer inexoravelmente através de toda a folha, de nó em nó, à medida que sua nervura central se alonga e as nervuras laterais que nela se originam estendem-se mais ou menos para as margens. Essas diferentes relações das nervuras entre si constituem a principal causa da variedade de formas das folhas. A partir de agora, as folhas aparecem talhadas, com ranhuras profundas, compostas por diversas folhas pequenas (neste último caso, prefiguram ramos pequenos e perfeitos). A tamareira nos dá o exemplo mais notável dessa diversificação variada, sucessiva e pronunciada da mais simples forma da folha. Em uma sequência de muitas folhas, a nervura central avança, a folha simples e em forma de leque se fende, se divide, e uma folha altamente complexa, que rivaliza com um ramo, se desenvolve.

§21

À medida que a própria folha se forma, forma-se também o pecíolo, o qual, ou está diretamente ligado à sua folha, ou constitui um pequeno pedúnculo à parte, que se separa facilmente na sequência.

§22

Em várias plantas, tais como, por exemplo, nas do gênero citrus [*agrumen*], vemos que esse pecíolo independente também possui uma tendência a assumir a forma de uma folha. Posteriormente, sua organização nos convidará a algumas observações que, por ora, evitaremos.

§23

Tampouco podemos, por enquanto, nos ocupar com a observação detalhada das estípulas; observaremos apenas de passagem que elas, sobretudo quando constituem uma parte do pecíolo, também estão sujeitas a singulares metamorfoses quando ocorrem as transformações ulteriores daquele.

§24

Agora, como as folhas devem sua primeira nutrição principalmente às partes aquosas mais ou menos modificadas que extraem do caule, seu maior desenvolvimento e refinamento devem-se à luz e ao ar. Assim como aqueles cotilédones gerados no invólucro encerrado da semente se encontram cheios de uma seiva bruta, por assim dizer, e muito pouco, ou apenas grosseiramente organizados e informes, também as folhas das plantas que crescem sob a água se mostram mais grosseiramente organizadas do que aquelas que estão expostas ao ar livre. Inclusive, a mesma espécie vegetal, quando cresce em lugares baixos e úmidos, desenvolve folhas mais lisas e menos elaboradas do que quando são transportadas para regiões mais altas, onde produzem folhas ásperas, providas de pelos e mais delicadamente trabalhadas.

§25

Do mesmo modo, a anastomose dos vasos que se originam nas nervuras, buscam-se reciprocamente com suas extremidades e formam a película foliar. Quando não efetivamente causada, é ao menos muito estimulada por ares mais puros. Quando as folhas de muitas plantas que crescem sob a água são filiformes, ou assumem a forma de chifres, somos tentados a atribuir esse fato à falta de uma anastomose completa. Isso é algo que nos ensina manifestamente o crescimento do *ranunculus aquaticus*, cujas folhas geradas sob a água são compostas de nervuras filiformes, mas aquelas que se desenvolvem acima da água anastomosam-se por completo e formam uma superfície bem composta. Com efeito, pode-se observar com exatidão a transição das folhas em parte anastomosadas, em parte filiformes dessas plantas.

§26

As experiências nos ensinaram que as folhas absorvem diferentes tipos de gases e os combinam com os humores que contêm dentro de si; também não resta quase nenhuma dúvida de que elas devolvem essas seivas mais puras para o caule e, com isso, estimulam o desenvolvimento dos olhos mais próximos. Os gases que se formam nas folhas de diversas plantas, e até mesmo na cavidade dos juncos, foram investigados, e disso se pôde obter uma absoluta convicção.

§27

Notamos, em várias plantas, que um nó surge a partir do outro. Isso salta aos olhos no caso dos caules que se fecham de nó em nó, tais como nos cereais, nas gramíneas e nos juncos, mas nem tanto no das plantas que se mostram inteiramente fistulosas no centro e preenchidas por uma medula, ou melhor, um tecido celular. Depois que se contestou (e, segundo nos parece, por motivos muito preeminentes) a posição privilegiada em relação às outras partes internas da planta disso que, antigamente, se denominava medula,[2] que se recusou sua aparente e suposta influência no crescimento, e que não mais se hesitou em atribuir à face interna do segundo córtice (o assim chamado *cambio vascular*) todo impulso e toda força produtiva, devemos, agora, nos convencer de que um nó superior, nascendo de um anterior e recebendo indiretamente, por meio deste, as seivas, deve obtê-las mais puras e filtradas, beneficiar-se também da ação das folhas que ocorre nesse intervalo, formar-se de maneira mais refinada e fornecer seivas mais puras às suas folhas e seus olhos.

§28

Desse modo, à medida que os líquidos mais rudimentares escoam continuamente e outros mais puros se introduzem, a planta se aperfeiçoa gradualmente, até alcançar o ponto prescrito pela natureza. Ao final, vemos as folhas em sua maior extensão e seu desenvolvimento máximo, e logo nos damos conta de um novo fenômeno, que nos ensina que o estágio até agora observado terminou e um segundo se aproxima: o estágio da *florescência*.

III. Transição para a inflorescência

§29

Vemos a transição para a inflorescência ocorrer de maneira *mais rápida* ou *mais lenta*. No último caso, em geral notamos que as folhas do caule começam novamente a se contrair de sua extremidade para o centro, a per-

2 Johann Hedwig, "Von den wahren Ursprunge der männlichen Begattungswerkzeuge der Pflanzen", em N. G. Leske; C. F. Hindenburg (orgs.), *Leipziger Magazin zur Naturkunde, Mathematik und Ökonomie*. Leipzig: Gelehrten, 1781, St. 3. [N. A.]

der sobretudo suas diversas segmentações exteriores e, por outro lado, a dilatar-se mais ou menos em suas partes inferiores, onde se ligam ao caule; ao mesmo tempo, quando não vemos manifestamente alargados os espaços entre os nós do caule, este ao menos se mostra muito mais fino e delicado em comparação com seu estado anterior.

§30

Notou-se que a nutrição frequente impede a inflorescência de uma planta, enquanto a nutrição moderada, e até mesmo escassa, a acelera. Com isso, mostra-se ainda mais nitidamente a ação das folhas do caule das quais falamos. Enquanto ainda houver seivas mais brutas a serem purgadas, os potenciais órgãos da planta terão de se formar como instrumentos para essa necessidade. Se o afluxo de nutrição for excessivo, aquela operação deverá sempre se repetir, tornando quase impossível a inflorescência. Em contrapartida, quando se subtrai à planta a nutrição, aquela ação da natureza será facilitada e abreviada; os órgãos dos nós se tornam mais refinados; a ação das seivas não corrompidas se torna mais pura e poderosa; e a metamorfose das partes se torna possível, ocorrendo ininterruptamente.

IV. Formação do cálice

§31

Muitas vezes, vemos essa metamorfose ocorrer *rapidamente*; nesse caso, o caule, tornando-se subitamente mais refinado e alongado, avança para cima a partir do nó da última folha formada, e reúne, em sua extremidade, várias folhas em torno de um eixo.

§32

O fato de que as folhas do cálice são precisamente os mesmos órgãos que, até então, víamos formados como folhas do caule, e agora encontram-se reunidas em torno de um ponto central comum, possuindo, com frequência, uma forma muito alterada – é algo que, segundo nos parece, pode ser demonstrado da maneira mais clara.

§33

Já dissemos que nos cotilédones há uma atuação semelhante da natureza, e vimos várias folhas, ou mesmo vários nós, reunidos e dispostos um ao lado do outro em torno de um ponto. As espécies de pinheiros, ao se desenvolverem a partir da semente, apresentam uma auréola de inequívocas agulhas[3] já muito desenvolvidas se comparadas com o que comumente ocorre nos outros cotilédones; e vemos, na primeira infância dessa planta, já sugerida, por assim dizer, aquela força da natureza por meio da qual, em sua idade mais avançada, a inflorescência e a frutificação deverão se efetuar.

§34

Além disso, em várias flores, vemos as folhas do caule inalteradas e aglomeradas logo abaixo da corola, formando uma espécie de cálice. Como ainda conservam sua forma perfeita, podemos aqui nos referir à aparência e à terminologia botânica que as designou como folhas da flor, *folia floralia*.

§35

Com atenção ainda maior devemos observar o caso já mencionado, no qual a transição para a inflorescência ocorre *lentamente*; as folhas do caule contraem-se cada vez mais, modificam-se e insinuam-se como que furtivamente no cálice, tal como se pode facilmente observar nos cálices das flores radiadas, em particular naqueles dos girassóis e das calêndulas.

§36

Vemos essa força da natureza, que reúne várias folhas em torno de um eixo, efetuar uma união ainda mais íntima, e até mesmo tornar essas fo-

3 O termo, aqui, se refere às folhas aciculares dos pinheiros. [N. T.]

lhas reunidas e modificadas ainda mais irreconhecíveis, à medida que as une umas às outras às vezes completamente, mas com frequência apenas em parte, e as produz geminadas nas laterais. As folhas ainda delicadas, assim reunidas e tão fortemente comprimidas umas às outras, tocam-se da maneira mais precisa; unem-se por anastomose, devido à influência das seivas extremamente puras e, de agora em diante, presentes na planta; e nos apresentam os *cálices* campanulados, ou assim chamados *monossépalos*, cujas incisões, ou divisões, mais ou menos profundas que possuem em sua parte superior denunciam claramente sua origem composta. Disso nos instruímos quando observamos comparativamente um certo número de cálices cindidos com outros polissépalos, sobretudo quando examinamos, com precisão, os cálices de certas flores radiadas. Assim, veremos, por exemplo, que o cálice da calêndula (mencionada nas descrições sistemáticas como *simples* e *pluripartida*) é composto de diversas folhas grudadas e sobrepostas umas às outras, nas quais se insinuam, por assim dizer, as folhas do caule contraídas tal como observamos anteriormente.

§37

Em muitas plantas, o número e a forma das sépalas do cálice que se alinham em torno do eixo do pedúnculo, tenham elas crescido juntas ou separadas, são constantes, assim como as partes restantes e subsequentes. Nessa constância baseiam-se o incremento, a segurança e a reputação da ciência botânica, que, nos últimos tempos, temos visto crescer cada vez mais. Em outras plantas, o número e a formação dessas partes não são igualmente constantes, mas mesmo essa inconstância não pôde enganar o afiado dom da observação dos mestres dessa ciência, que, pelo contrário, por meio de determinações exatas, procuraram incluir também esses desvios da natureza como que em um círculo mais estreito.

§38

É, portanto, dessa maneira que a natureza forma o cálice: diversas folhas e, por conseguinte, diversos nós, que ela normalmente teria produzido *um após o outro* e a certa distância *um do outro*, *unem-se* em torno de um único ponto e, na maioria das vezes, em número e ordem determinados. Se a inflorescência fosse impedida devido a um afluxo excessivo de nutrição, elas se afastariam umas das outras e apareceriam em sua primeira forma. Sendo assim, a natureza não forma um novo órgão no cálice, mas apenas une e modifica os órgãos já conhecidos por nós, preparando-se, com isso, para uma etapa mais próxima de seu objetivo.

V. Formação da corola

§39

Vimos que o cálice é produzido pelas seivas refinadas que são geradas gradualmente na planta, sendo ele, agora, destinado a servir como órgão de um aperfeiçoamento ulterior. Isso já se torna plausível para nós mesmo quando explicamos suas operações apenas mecanicamente. Pois quão delicados e aptos para a filtração mais pura não devem se tornar os vasos, que, como já vimos, se contraem e comprimem uns contra os outros no grau mais elevado.

§40

Podemos notar, em mais de um caso, a transição do cálice para a corola; pois, embora a cor do cálice normalmente permaneça verde, semelhante à das folhas do caule, ela, com frequência, se altera em uma ou outra de suas partes, seja nas pontas, nas bordas, na parte posterior, ou mesmo na face interna, permanecendo a externa ainda verde; e vemos sempre um refinamento associado a essa coloração. Desse modo, surgem cálices duvidosos, que, com a mesma razão, podem ser tomados por corolas.

§41

Já observamos que, dos cotilédones para cima, ocorre uma grande expansão e um grande desenvolvimento das folhas, sobretudo em sua periferia;

e, daí para o cálice, ocorre uma contração de suas margens. Assim, observamos que a corola se produz por meio de uma nova expansão. Geralmente, as pétalas são maiores do que as sépalas; e podemos notar que os mesmos órgãos que se contraíam no cálice e, doravante, são pétalas, expandem-se novamente e se aperfeiçoam a grau elevado, devido à influência de seivas mais puras e filtradas novamente pelo cálice, apresentando-nos, assim, órgãos novos e completamente diferentes. Sua refinada organização, sua cor, seu cheiro, tornariam sua origem totalmente irreconhecível para nós, caso não pudéssemos surpreender a natureza em diversos casos extraordinários.

§42

Assim, muitas vezes se encontra, no interior do cálice de um cravo, por exemplo, um segundo cálice, que é, em parte, inteiramente verde, apresentando uma predisposição para formar um cálice monossépalo e fendido; e, em parte, laciniado, com pontas e bordas que se transformam em verdadeiros princípios de pétalas, delicados, expandidos e coloridos, por meio dos quais reconhecemos, mais uma vez, e com toda a clareza, a afinidade entre a corola e o cálice.

§43

A afinidade entre a corola e as folhas do caule também se mostra de mais de uma maneira: pois, em várias plantas, aparecem folhas do caule mais ou menos coloridas já muito antes de se aproximarem da inflorescência; outras, por sua vez, com a proximidade da inflorescência, tornam-se inteiramente coloridas.

§44

Às vezes, a natureza passa imediatamente para a corola, como que pulando o cálice. Nesses casos, temos igualmente a oportunidade de observar que as folhas do caule se transformam em pétalas. No caule da tulipa, por exemplo, às vezes vê-se uma pétala quase completamente formada e colorida. Ainda mais notável é o caso em que tal folha permanece parcialmente verde, com uma de suas metades pertencendo ao caule e a ele presa, enquanto a outra metade colorida se ergue com a corola, fendendo-se a folha em duas partes.

§45

Uma opinião muito verossímil é a de que a cor e o perfume das pétalas devem ser atribuídos à presença da semente masculina[4] nas mesmas. É provável que ela ainda não esteja aí suficientemente isolada, mas diluída e misturada com outros líquidos; e o belo fenômeno das cores nos conduz à ideia de que a matéria que preenche as pétalas, embora esteja em elevado grau de pureza, ainda não se encontra em seu grau máximo, no qual ela nos aparece branca e incolor.

VI. Formação dos estames

§46

Isso se torna, para nós, ainda mais verossímil quando consideramos a estreita afinidade que existe entre as pétalas e os estames [*Staubwerkzeug*]. Se a afinidade entre todas as partes restantes fosse tão evidente, ou fosse observada de modo tão geral e indubitável quanto esta, a presente exposição bem poderia ser considerada supérflua.

§47

Em alguns casos, tais como na *canna* e em diversas plantas dessa família, a natureza nos mostra essa transição regularmente. Uma pétala verdadeira e pouco modificada contrai-se na margem superior, surgindo então uma antera, na qual a folha restante assume o lugar do filete.

4 O grão de pólen.

§48

Nas flores que frequentemente aparecem duplicadas, podemos observar essa transição em todas as suas etapas. Em várias espécies de rosas, vê-se, dentro das pétalas perfeitamente formadas e coloridas, outras pétalas contraídas, em parte no meio, e em parte nas laterais; essa contração é causada por uma pequena calosidade que pode ser vista mais ou menos como uma antera perfeita, e é precisamente nesse grau que a folha se aproxima da forma mais simples de um estame. Em algumas papoulas duplas, as anteras perfeitamente formadas repousam sobre as folhas pouco modificadas das corolas fortemente duplicadas; em outras, as folhas são mais ou menos contraídas pelas calosidades semelhantes a anteras.

§49

Agora, se todos os estames se transformarem em pétalas, as flores tornar-se-ão estéreis; mas, se os estames se desenvolverem em uma flor, mesmo enquanto ela se duplica, a frutificação ocorrerá.

§50

Um estame surge, portanto, quando os órgãos que, até o momento, vimos se expandirem como pétalas reaparecem em um estado de forte contração e, ao mesmo tempo, de extremo refinamento. Com isso, a observação apresentada é novamente confirmada, fazendo que nos tornemos cada vez mais atentos a essa ação alternada entre contração e expansão, por meio da qual a natureza alcança, por fim, seu objetivo.

VII. Nectários

§51

Por mais rápida que seja, em algumas plantas, a transição da corola para os estames, notamos que a natureza nem sempre pode transpor esse percurso com um só passo. Ela antes produz órgãos intermediários que, tanto pela forma quanto pela função, se aproximam ora de uma parte, ora de outra; e, na maioria das vezes, embora suas conformações sejam extremamente distintas, podem ser reunidas sob a mesma ideia, a saber: que *consistem em transições lentas das pétalas para os estames.*

§52

A maior parte daqueles órgãos diversamente formados a que Lineu atribuiu o nome nectários reúnem-se sob esse conceito; e, também aqui, temos a oportunidade de admirar a grande sagacidade desse homem extraordinário, que, sem compreender claramente a função dessas partes, fiou-se em seu instinto e ousou atribuir o mesmo nome a órgãos aparentemente muito distintos.

§53

Pétalas diferentes já nos mostram sua afinidade com os estames pelo fato de conterem, em si mesmas, sem que sua forma se altere perceptivelmente, pequenas cavidades, ou glândulas, que secretam um líquido melífero. Que este último seja um fluido fecundante ainda não elaborado, ou imperfeitamente determinado, é algo que podemos supor, em certa medida, com base nas considerações já apresentadas; e essa suposição alcançará um grau ainda mais elevado de probabilidade devido às razões que apresentaremos na sequência.

§54

Os assim chamados nectários manifestam-se, às vezes, como partes que subsistem por si mesmas. Nesse caso, sua conformação se assemelha ora à da pétala, ora à do estame. Assim, por exemplo, os treze filamentos que vemos sobre os nectários da *parnassia*, cada um com seus pequenas glóbulos vermelhos, são extremamente semelhantes aos estames. Outros, manifestam-se como filetes sem anteras, tais como na *uallisneria* e na *feuillea*; nos *pentapetes*, os encontramos já em forma de folhas, alternando-se regularmente com os estames em um círculo. No mais, são designados, nas descrições sistemáticas, como *filamenta castrata petaliformia*. Na *kigellaria* e na passiflora, vemos essas mesmas formações indefinidas.

§55

As próprias *paracorolas* parecem igualmente merecer o nome de nectários, no sentido já indicado. Pois, se a formação das pétalas ocorre por meio de uma expansão, as corolas secundárias, por sua vez, se formam por meio de uma contração, e, portanto, da mesma maneira que os estames. Assim, vemos, no interior das corolas perfeitamente formadas e expandidas, paracorolas pequenas e contraídas, tal como no narciso, no nério e na agrostema.

§56

Vemos, ainda, em diversos gêneros, outras alterações das pétalas mais notáveis e curiosas. Em diversas flores, observamos que suas folhas possuem uma pequena depressão na parte interna inferior, preenchida por um líquido melífero. Essa pequena cavidade, sendo mais aprofundada em outras espécies e famílias de flores, produz um prolongamento em forma de uma espora ou de um chifre na parte posterior da pétala, modificando, ora mais, ora menos, a forma restante da mesma. Isso pode ser observado, com precisão, em diversas espécies e variedades da arquilégia.

§57

No acônito e na nigela, por exemplo, esse órgão se encontra no grau mais elevado de transformação, bastando, contudo, pouquíssima atenção para que se observe sua semelhança com as pétalas. Na nigela, sobretudo, ele tende a se desenvolver novamente como pétala, e a flor se duplica em virtude da metamorfose dos nectários. No acônito, um exame atento nos fará reconhecer a semelhança entre os nectários e as pétalas abauladas sob as quais se escondem.

§58

Uma vez tendo dito, antes, que os nectários são transições das pétalas para os estames, a presente ocasião nos permitirá fazer alguns comentários a respeito das flores irregulares. Assim, as cinco pétalas externas do melianto, por exemplo, poderiam ser consideradas como verdadeiras pétalas, enquanto as cinco pétalas internas do mesmo seriam definidas como uma corola secundária, constituída por seis nectários; destes, o superior se assemelharia ao máximo à forma da pétala, e o inferior (que também, agora, já se chama nectário) dela se distanciaria ao máximo. Nesse mesmo sentido, a carena das flores papilionáceas poderia ser denominada nectário, na medida em que, entre as pétalas dessa flor, ela é a que mais se aproxima da forma dos estames, além de se distanciar muito da forma foliar do assim chamado vexilo. Com isso, explicaremos muito facilmente os corpos peniciliformes fixados na extremidade da carena de algumas espécies da polígala, e poderemos elaborar uma ideia clara a respeito da função dessas partes.

§59

Seria desnecessário assegurar aqui firmemente que a intenção dessas considerações não é a de confundir aquilo que foi separado e disposto em categorias pelo esforço daqueles que se ocupam de observar e ordenar. Apenas desejaríamos, por meio dessas observações, tornar mais explicáveis os desvios das formações vegetais.

VIII. Ainda acerca dos estames

§60

Por meio das observações microscópicas, o fato de que as partes sexuais das plantas, assim como as demais, são produzidas pelos vasos espirais foi posto fora de toda dúvida. Disso extraímos um argumento em favor da identidade interna das diversas partes da planta, que, até agora, apareceram para nós em formas tão variadas.

§61

Ora, uma vez que os vasos espirais se situam no meio no feixe de vasos sucosos, sendo por eles envolvidos, poderemos, em alguma medida, compreender melhor aquela forte contração se concebermos os vasos espirais, que realmente se parecem com molas elásticas, em sua força mais elevada, de modo que aquela contração se torna predominante e a expansão dos vasos sucosos se torna subordinada.

§62

Os feixes vesiculares encurtados já não podem mais se expandir, nem buscar novamente uns aos outros formando, por meio de anastomose, uma rede; os vasos tubulares, que normalmente preenchem os espaços intermediários da rede, já não podem mais se desenvolver. Aqui, todas as causas que levaram as folhas do caule, do cálice e as pétalas a se expandirem em largura desaparecem inteiramente, e surge um filamento frágil, extremamente simples.

§63

As finas películas das anteras quase não se formam, e, agora, os vasos extremamente delicados terminam entre elas. Se admitirmos que aqueles mesmos vasos que antes se prolongavam, se estendiam e voltavam a buscar uns aos outros encontram-se, nesse momento, em um estado elevado de contração; se, de agora em diante, virmos brotar deles o pólen extremamente desenvolvido que, por meio de sua atividade, substitui aquilo que é subtraído em extensão aos vasos que os produzem; se ele, doravante desprendido, buscar as partes femininas que cresceram opostamente aos estames pela mesma ação da natureza; se a elas aderir e transmitir suas influências: não seremos avessos a denominar a união dos dois sexos uma anastomose espiritual, e acreditaremos, ao menos por um instante, ter aproximado um do outro os conceitos de crescimento e geração.

§64

A matéria sutil que se desenvolve nas anteras aparece como um pó; no entanto, esses grãozinhos de pó são apenas vasos que armazenam um líquido extremamente refinado. Concordamos, desse modo, com a opinião daqueles que afirmam que esse líquido é absorvido pelos pistilos aos quais aderem os grãozinhos de pó, com o que se efetua a fecundação. Isso se torna ainda mais verossímil pelo fato de que algumas plantas não segregam pólen, mas um mero fluido.

§65

Lembramo-nos, aqui, do líquido melífero dos nectários, bem como de sua provável afinidade com o fluido elaborado nas vesículas seminais. Talvez os nectários sejam órgãos de preparação; talvez seu fluido melífero seja absorvido pelos estames e, em seguida, mais bem determinado e perfeitamente elaborado; opinião esta que se torna ainda mais provável pelo fato de que, depois da fecundação, não se nota mais esse líquido.

§66

Não deixaremos de notar, aqui, ainda que apenas de passagem, que os filetes, assim como as anteras, concrescem de diversas maneiras, mostrando os exemplos mais formidáveis, por nós já mencionados diversas vezes, da anastomose e da ligação das partes da planta que, no princípio, estavam efetivamente separadas.

IX. Formação do estilete

§67

Como até agora esforcei-me para tornar explícito, tanto quanto possível, a identidade interna das diferentes partes da planta que se desenvolvem uma após a outra, em face dos grandes desvios da forma exterior, pode-se facilmente supor que, a partir de agora, minha intenção seja a de também explicar pelo mesmo caminho a estrutura das partes femininas.

§68

Em primeiro lugar, consideraremos o estilete separado do fruto, tal como o encontramos com frequência na natureza; e o faremos melhor assim, uma vez que ele se mostra distinto do fruto nessa forma.

§69

Notamos, assim, que o estilete está no mesmo estágio de crescimento em que encontramos os estames. Pudemos, inclusive, observar que os estames são produzidos por meio de uma contração; o caso dos estiletes é frequentemente o mesmo, e os vemos formados, se nem sempre com a mesma medida dos estames, apenas um pouco mais curtos ou mais compridos do que estes. Em muitos casos, o estilete quase se parece com um filete sem antera, e a afinidade entre suas conformações é, exteriormente, maior do que a existente entre outras partes. Uma vez que ambos são produzidos pelos vasos espirais, vemos ainda mais nitidamente que nem a parte feminina, nem a masculina, é um órgão particular; e se, por meio dessa consideração, sua exata afinidade com a parte masculina se tornar bastante explícita para nós, consideraremos mais apropriada e elucidativa aquela ideia de denominar a copulação uma anastomose.

§70

Com muita frequência, vemos que o estilete se forma a partir de diversos estiletes individuais concrescidos, e as partes de que é composto quase não se deixam reconhecer nas extremidades, onde nem sempre estão separadas. Essa concrescência, cujos efeitos já observamos muitas vezes, se opera aqui com a maior facilidade; e, de fato, ela tem de ocorrer, pois, antes de seu desenvolvimento completo, as partes delicadas estão comprimidas no centro da inflorescência, podendo unir-se umas às outras da maneira mais íntima.

§71

Em diversos casos regulares, a natureza nos mostra ora com maior, ora com menor nitidez, a afinidade íntima entre esse órgão e as partes precedentes da inflorescência. Assim, por exemplo, o pistilo da íris, com seu estigma, apresenta-se na forma perfeita de uma pétala. O estigma umbeliforme da sarracênia mostra-se, ainda que de maneira não tão evidente, composto de várias pétalas; porém, não chega a perder sua cor verde. Se quisermos recorrer ao auxílio do microscópio, encontramos diversos estigmas perfeitamente formados como cálices de uma ou mais pétalas, tal como ocorre, por exemplo, no crócus, ou na zaniquélia.

§72

De maneira regressiva, a natureza frequentemente nos mostra o caso em que ela converte os estiletes e os estigmas novamente em pétalas; o *ranunculus asiaticus*, por exemplo, se duplica ao transformar os estigmas e os pistilos do ovário em verdadeiras pétalas, enquanto os estames, situados logo atrás da corola, encontram-se normalmente inalterados. Alguns outros casos importantes aparecerão mais à frente.

§73

Reiteramos, aqui, aquela observação que fizemos, segundo a qual os estiletes e os filetes estão no mesmo estágio de crescimento; e esclarecemos, com isso, mais uma vez, aquele princípio da expansão e contração recíprocas. Desde a semente até o mais elevado desenvolvimento das folhas do caule, observamos, primeiramente, uma expansão; em seguida, vimos surgir o cálice, por meio de uma contração; as pétalas, por meio de uma expansão; as partes sexuais, por meio de uma nova contração; e, em breve, perceberemos a maior expansão no fruto e a maior contração na semente. Com esses seis passos, a natureza conclui infalivelmente a eterna obra da reprodução bissexuada dos vegetais.

X. Dos frutos

§74

A partir de agora, consideraremos os frutos, e logo nos convenceremos de que eles têm a mesma origem e estão subordinados às mesmas leis. Trata-se aqui, mais precisamente, daqueles invólucros que a natureza forma para encerrar as assim chamadas sementes cobertas, ou, antes, para desenvolver, no âmago de tais invólucros, um número maior ou menor de sementes por meio da reprodução. Não nos será exigido muito esforço para mostrar que esses conceptáculos podem ser igualmente explicados a partir da natureza e da organização das partes observadas até o momento.

§75

A metamorfose regressiva leva-nos, aqui, a atentarmos novamente para essa lei da natureza. Nos cravos, por exemplo, que são flores tão conhecidas e apreciadas precisamente por causa de suas anomalias, observa-se com frequência que as cápsulas da semente modificam-se novamente em folhas semelhantes às sépalas, e que, na mesma medida em que isso ocorre, os estiletes dispostos verticalmente diminuem em comprimento; com efeito, há cravos em que o ovário se transformou em um perfeito e autêntico cálice, mesmo que suas incisões ainda carreguem, nas pontas, leves resquícios dos estiletes e estigmas; e, a partir do âmago desse segundo cálice, desenvolve-se uma corola mais ou menos completa no lugar das sementes.

§76

Além disso, a própria natureza nos revelou de maneiras muito diversas, por meio de formações constantes e regulares, a fecundidade que permanece oculta em uma folha. É assim que uma folha da tília consideravelmente modificada, embora ainda perfeitamente reconhecível, produz, a partir de sua nervura central, um pequeno pecíolo e, neste, uma flor e um fruto perfeitos. No rusco, o modo como as flores e os frutos repousam sobre as folhas é ainda mais notável.

§77

De maneira ainda mais potente e, por assim dizer, prodigiosa, se mostra a fecundidade das folhas do caule dos fentos, que, por meio de um impulso íntimo, e talvez sem uma ação determinada dos dois sexos, desenvolvem e disseminam inúmeras sementes, ou melhor, germes, capazes de crescimento; aqui, portanto, uma folha rivaliza em fertilidade com uma planta desenvolvida, ou com uma árvore grande e cheia de ramos.

§78

Se mantivermos presentes essas observações, não deixaremos de reconhecer a forma foliar nos carpelos, apesar da variedade de sua formação, de sua determinação particular e da conexão entre eles. Assim, por exemplo, a vagem seria uma folha simples dobrada sobre si e colada em suas margens; as síliquas consistiriam em várias folhas crescidas umas sobre as outras; os invólucros compostos seriam explicados pela reunião de diversas folhas em torno de um ponto central, com suas partes internas abertas umas contra as outras e suas margens ligadas umas às outras. Podemos nos convencer disso a olhos vistos quando essas cápsulas compostas separam-se umas das outras após a maturação, pois cada uma de suas partes aparece como uma vagem ou uma síliqua aberta. Em espécies diversas de um mesmo gênero, vemos um processo semelhante ocorrer regularmente; por exemplo, na *nigella orientalis*, as cápsulas do fruto aparecem na forma de vagens concrescidas pela metade e reunidas em torno de um eixo; enquanto, na *nigella damascena*, aparecem completamente geminadas.

§79

A natureza nos oculta ao máximo essa semelhança com a folha ao formar carpelos macios e suculentos, ou duros e lenhosos; mas ela não poderá escapar à nossa atenção se soubermos segui-la cuidadosamente em todas as suas transições. Aqui, terá sido suficiente apresentarmos a ideia geral dessa semelhança e indicarmos a harmonia da natureza por meio de alguns exemplos. A grande variedade de receptáculos da semente nos fornece matéria para muitas observações futuras.

§80

A afinidade dessas cápsulas com as partes precedentes evidencia-se também por meio do estigma, que, em muitos casos, repousa diretamente sobre a cápsula e está inseparavelmente ligado a ela. Já mostramos a afinidade entre o estigma e a forma da folha, e podemos, aqui, mencioná-la novamente, uma vez que, nas papoulas duplicadas, se pode notar que os estigmas das cápsulas da semente se transformam em pequenas folhas coloridas, delicadas e perfeitamente semelhantes a pétalas.

§81

A última e maior expansão que a planta efetua em seu crescimento se mostra no fruto: ela é, com frequência, muito grande, quando não imensa, tanto na força interior como na forma exterior. Visto que ela habitualmente se realiza após a fecundação, a semente, agora mais determinada, ao atrair para si as seivas de toda a planta em função de seu crescimento, parece direcioná-las principalmente para a cápsula daquela; por meio disso, seus vasos se nutrem, se alargam e, com frequência, são preenchidos e distendidos em seu mais alto grau. Pode-se concluir, a partir do que foi dito anteriormente, que ares mais puros possuem uma participação importante nesse processo, o que a experiência nos confirma quando se observa que as vagens inchadas da *colutea* contêm ar puro.

XI. Dos invólucros imediatos das sementes

§82

Em contrapartida, vemos que a semente se encontra no grau mais elevado de contração e formação de seu interior. Nota-se, em diversas sementes, que elas transformam folhas em seus invólucros mais próximos, ajustando-se ora mais, ora menos a elas; na maioria das vezes, por meio de sua força, a semente encerra-as completamente em si e transforma inteiramente sua forma. Como vimos anteriormente muitas sementes se transformarem em uma única folha, ou se desenvolverem a partir desta, não nos admiraremos se um único embrião se revestir com um invólucro foliar.

§83

Vemos vestígios dessas formas foliares incompletas ajustadas à semente em diversas sementes aladas, como nas do ácer, do olmo, do freixo e da bétula. Um exemplo muito notável de como o embrião contrai pouco a pouco os invólucros mais largos e os ajusta a si encontramos nos círculos das sementes diversamente formadas da calêndula. O círculo mais externo conserva, ainda, uma forma semelhante à das folhas do cálice; ocorre apenas que um óvulo, ao expandir a nervura, encurva a folha, e essa curvatura é dividida, interna e longitudinalmente, em duas partes, por meio de uma membrana. O círculo seguinte já se mostra mais modificado, a ponto de desaparecerem por completo a largura da pequena folha e a membrana; em contrapartida, a forma se alonga um pouco menos, o óvulo que se encontra na face posterior aparece mais nitidamente, e as pequenas protuberâncias sobre o mesmo são mais acentuadas; essas duas fileiras parecem ou inteiramente infecundas, ou fecundadas apenas de maneira incompleta. Depois destas, segue-se a terceira fileira de sementes, em sua verdadeira forma, com sua curvatura acentuada e um invólucro perfeitamente ajustado, além de inteiramente desenvolvido em todas as suas estrias e protuberâncias. Vemos, aqui, mais uma vez, uma violenta contração das partes mais alargadas e mais semelhantes às folhas, o que ocorre, aliás, por meio da força interior da semente, do mesmo modo como vimos a pétala contrair-se por meio da força das anteras.

XII. Retrospectiva e transição

§84

Teríamos, assim, seguido a natureza em seus passos de maneira tão ponderada quanto possível, e acompanhado a forma exterior da planta em todas as suas metamorfoses, desde seu desdobramento a partir da semente até sua nova formação. E, sem a pretensão de querer descobrir as primeiras causas dos fenômenos naturais, voltamos nossa atenção para a manifestação exterior das forças por meio das quais a planta transforma gradualmente um único e mesmo órgão. Para não abandonarmos a via já tomada, consideramos apenas a planta anual; observamos somente as transformações das folhas que acompanham os nós; e, destas, derivamos todas as formas. Mas, agora, a fim de darmos a este ensaio o acabamento exigido, torna-se ainda mais necessário falarmos dos *olhos*, que permanecem ocultos sob cada folha e se desenvolvem sob certas circunstâncias, embora, sob outras, pareçam desaparecer completamente.

XIII. Dos olhos e de seu desenvolvimento

§85

Cada nó possui, por natureza, a força para produzir um ou diversos olhos; e isso ocorre, com efeito, nas proximidades das folhas que o revestem, que parecem preparar a formação e o crescimento dos olhos, além de participar ativamente em sua produção.

§86

No desenvolvimento sucessivo de um nó a partir de outro; na formação de uma folha em cada nó, e de um olho em sua proximidade; consiste a primeira, simples, lenta e progressiva reprodução do vegetal.

§87

É conhecido o fato de que esse olho possui, em seus efeitos, uma grande semelhança com a semente madura; e que, com frequência, a forma completa da futura planta é mais reconhecível naquele do que nesta.

§88

Embora, no olho, não se possa observar tão facilmente um ponto radicular, ele se encontra aí presente, assim como na semente, e se desenvolve com facilidade e rapidez sobretudo por influência da umidade.

§89

O olho não precisa de qualquer cotilédone, pois já está conectado com sua planta-mãe perfeitamente organizada, e dela obtém alimento suficiente, enquanto estiver a ela ligado. Após a separação, ele o obterá ou da nova planta na qual foi enxertado, ou através das raízes que logo se formam quando um ramo é plantado na terra.

§90

O olho consiste em nós e folhas muito ou pouco desenvolvidos, que devem prolongar o futuro crescimento. Os ramos laterais que nascem dos nós da planta podem sem vistos como pequenas plantas singulares, que ficam sobre o corpo da mãe, assim como esta se fixa na terra.

§91

A diferenciação e a comparação entre ambas já foram realizadas muitas vezes; e, sobretudo recentemente, de maneira tão perspicaz e com tanta precisão, que apenas com aprovação incondicional poderemos aqui citá-las.[5]

§92

Acerca disso, mencionaremos somente o seguinte: nas plantas desenvolvidas, a natureza diferencia nitidamente os olhos e as sementes. Mas, se

5 Joseph Gärtner, *De fructibus et seminibus plantarum*. v.1. Stuttgart; Tübingen: Academiae Carolinae, 1788, cap.1. [N. A.]

descermos até as plantas não desenvolvidas, a diferença entre ambos parece dissolver-se mesmo aos olhos do observador mais perspicaz. Há sementes e brotos incontestes; porém, o ponto em que as sementes efetivamente fecundadas, isoladas da planta materna por meio da ação dos dois sexos, coincidem com os brotos, os quais simplesmente brotam da planta e dela se desprendem sem uma causa observável, pode muito bem ser apreendido pelo entendimento, mas de modo algum pelos sentidos.

§93

Considerando-se tais coisas, pode-se inferir o seguinte: que as sementes, embora se diferenciem dos olhos por seu estado encerrado e dos brotos pelo motivo visível de sua formação e separação, são-lhes, contudo, extremamente afins.

XIV. Formação das inflorescências e frutificações compostas

§94

Até o momento, procuramos explicar, por meio da transmutação das folhas nodais, as inflorescências simples e as sementes produzidas e fixadas às cápsulas; e, em uma investigação mais detida, descobriremos que, nesses casos, nenhum olho se desenvolve, pelo contrário: a possibilidade de um tal desenvolvimento é inteira e absolutamente suprimida. Para explicarmos, porém, tanto as inflorescências compostas quanto as frutificações comuns em torno de um único cone, um único fuso, sobre um único solo etc., precisaremos recorrer ao desenvolvimento dos olhos.

§95

Com muita frequência, notamos que os caules, quando não se preparam ou economizam durante um longo tempo para uma única inflorescência, já fazem brotar suas flores a partir dos nós, e assim prosseguem, ininterruptamente, até sua extremidade. Entretanto, os fenômenos que aqui se dão podem ser explicados pela teoria que expusemos anteriormente. Todas as flores que se desenvolvem a partir dos olhos devem ser vistas como plantas inteiras, que repousam sobre a planta materna assim como esta repousa sobre a terra. Como elas obtêm dos nós seivas mais puras, as primeiras folhas dos raminhos parecem muito mais bem formadas que as primeiras folhas da planta materna, que sucedem os cotilédones; com frequência, até mesmo a formação do cálice e da flor se torna imediatamente possível.

§96

Por meio de uma nutrição mais abundante, esses botões que se formam a partir dos olhos teriam se tornado ramos e suportado o mesmo destino do caule materno, ao qual, sob tais circunstâncias, teria de submeter-se.

§97

Ora, assim que esses botões começam a se desenvolver de nó em nó, nota-se aquela mesma alteração nas folhas caulinares que já observamos, na lenta transição para o cálice. Elas contraem cada vez mais e, por fim, desaparecem quase inteiramente. Denominam-se, então, *bracteas*, à medida que se distanciam mais ou menos da forma foliar. De maneira correspondente, o pedúnculo afina-se, os nós aproximam-se mais uns dos outros e todos os fenômenos aos quais nos referimos se sucedem; apenas que, na extremidade do caule, não resulta qualquer inflorescência definida, uma vez que a natureza já terá exercido esse seu direito a cada olho.

§98

Uma vez tendo observado cuidadosamente esse caule adornado com uma flor em cada nó, logo poderemos explicar uma *inflorescência comum*: mas isso se recorrermos ao que foi dito acerca do surgimento do cálice.

§99

A natureza forma um *cálice comum* a partir de *diversas* folhas, compelindo--as umas às outras e reunindo-as em torno de um eixo; com o mesmo impulso forte de crescimento, ela desenvolve de uma só vez *um único caule infinito*, por assim dizer, *com todos os seus olhos em forma de botões* aglomerados *da maneira mais estreita possível*, e cada florzinha fecunda o vaso seminal já preparado sobre ela. Nessa enorme contração, as folhas nodais nem sempre se perdem; nos cardos, a folhinha acompanha fielmente a florzinha, que se desenvolve a seu lado, a partir do olho. Sugerimos que se compare o que foi descrito neste parágrafo com a forma do *dipsacus laciniatus*. Em diversas gramíneas, cada um dos botões é acompanhado por uma tal folhinha, que, nesse caso, é chamada de gluma.

§100

Desse modo, será visível para nós *que as sementes que se desenvolveram em torno de uma inflorescência comum são verdadeiros olhos, formados e desenvolvidos pela ação de ambos os sexos*. Se apreendermos com firmeza esse conceito e considerarmos nesse sentido diversas plantas, em seu crescimento e sua frutificação, então, nada nos convencerá melhor disso, por meio de algumas comparações, que sua aparência exterior.

§101

Em seguida, tampouco nos será difícil explicar a frutificação das sementes, revestidas ou não, frequentemente reunidas no meio de uma única flor, em torno de um fuso. Pois é totalmente indiferente se uma única flor circunda uma frutificação comum e os pistilos geminados sugam as seivas fecundantes das anteras da flor e as infundem nos grãos de semente; ou se cada semente possui seu próprio pistilo, sua própria antera, suas próprias pétalas.

§102

Estamos convencidos de que, com algum exercício, não é difícil explicar por esse caminho as variadas formas das flores e dos frutos; apenas nos será certamente exigido, para tal fim, que se opere confortavelmente com os conceitos estabelecidos *supra* de expansão e contração, compressão e anastomose, como se fossem fórmulas algébricas, e que se saiba aplicá-los onde convêm. Nesse caso, como muito depende de que se observem cuidadosamente e se comparem umas com as outras as diversas etapas que a natureza percorre tanto na formação dos gêneros, das espécies e das variedades quanto no crescimento de cada planta particular, então seriam agradáveis, e não sem utilidade, segundo essa perspectiva, uma coleção de ilustrações dispostas uma ao lado da outra para esse propósito, bem como o emprego de uma terminologia botânica para as diversas partes da planta. Há dois casos de plantas perfoliadas que contribuem muito para a teoria antes apresentada e, se nos forem expostos à vista, revelar-se-ão decisivos.

XV. Rosa perfoliada

§103

O exemplo da rosa perfoliada nos mostra da maneira mais evidente aquilo que, até o momento, procuramos apreender apenas com a imaginação e o entendimento. Aqui, o cálice e a corola ordenam-se e desenvolvem-se em torno do eixo, mas, em vez de o ovário *contrair-se* no centro, e de os órgãos reprodutores masculinos e femininos *organizarem-se* junto dele e a seu redor, o pedúnculo, metade *avermelhado*, metade *esverdeado*, dirige-se para o *alto*; nele, desenvolvem-se *sucessivamente* as pétalas menores vermelho-escuras e redobradas, algumas trazendo em si traços das anteras. À medida que o pedúnculo continua a crescer, logo reaparecem nele os espinhos; as pétalas individuais que vêm na sequência diminuem e, por fim, transformam-se, diante de nossos olhos, em folhas caulinares coloridas, metade vermelhas, metade verdes; uma sequência de nós regulares se forma, e de seus olhos surgem novamente, apesar de imperfeitos, pequenos botões de rosa.

§104

Esse mesmo exemplar nos oferece ainda uma prova visível daquilo que foi antes mencionado, a saber: que todos os cálices são apenas *folia floralia* contraídas em suas margens. Pois, aqui, o cálice regular reunido em torno do eixo consiste em cinco folhas perfeitamente desenvolvidas, tripla ou quintuplamente compostas, iguais àqueles que os ramos da roseira normalmente produzem em seus nós.

XVI. Cravo perfoliado

§105

Se tivermos observado corretamente esse fenômeno, um outro, que se manifesta no cravo perfoliado, tornar-se-á ainda mais notável. Vemos uma flor perfeita, provida de um cálice e, ainda, de uma corola duplicada, além de inteiramente finalizada com um ovário no centro, embora não inteiramente formado. A partir dos lados da corola, desenvolvem-se quatro novas flores perfeitas, afastadas da flor-mãe por meio de caules que possuem três ou mais nós; elas também possuem cálices e são novamente duplicadas, não exatamente através de pétalas singulares, mas de uma corola de pétalas cujas agulhas cresceram geminadas; ou, como na maioria das vezes, através de pétalas que cresceram geminadas como raminhos e se desenvolveram em torno de um pedúnculo. Apesar desse enorme desenvolvimento, estão presentes em algumas os filetes e as anteras. Podem-se ver os invólucros do fruto com os estiletes, e o receptáculo da semente desdobra-se novamente em folhas; com efeito, em uma dessas flores, os envoltórios da semente estavam inteiramente ligados, formando um cálice perfeito, e continham em si novamente as condições para formar uma flor inteiramente duplicada.

§106

Enquanto vimos, na rosa, uma inflorescência semideterminada, de cujo centro um caule brotava novamente e, nele, novas folhas caulinares se desenvolviam, encontramos agora, nesse cravo, cujo cálice é bem formado e a corola completa, e cujos *ovários* situam-se realmente *no centro, olhos desenvolvendo-se a partir do círculo das pétalas da corola* e apresentando verdadeiros ramos e flores. Assim, ambos os casos nos mostram que a natureza normalmente conclui seu crescimento nas flores, realizando, por assim dizer, um cálculo, que a impede de prosseguir passo a passo em direção ao infinito a fim de alcançar mais rapidamente o objetivo, por meio da formação da semente.

XVII. A teoria da antecipação de Lineu

§107

Se é verdade que tropecei aqui e ali, nesse caminho, descrito por um de meus predecessores como perigoso e assustador[6] (ainda que ele o tenha trilhado sob a condução de seu grande mestre), se ainda não o aplanei o suficiente, e tampouco o livrei de todos os obstáculos para o bem de meus sucessores, espero, contudo, não ter empreendido esse esforço em vão.

§108

É chegado o momento de nos recordarmos da teoria que Lineu elaborou justamente para a explicação desses fenômenos. A seu olhar apurado não puderam escapar as observações que também deram origem à presente exposição. Se agora podemos prosseguir de onde ele parou, devemo-lo aos esforços conjuntos de tantos investigadores e pensadores que retiraram muitos obstáculos e afastaram muitos preconceitos do caminho. Uma comparação precisa entre sua teoria e aquela que expusemos deter-nos-ia por um tempo demasiado longo. Os conhecedores a farão facilmente sozinhos, e, para torná-la clara àqueles que ainda não refletiram acerca desse objeto, ela precisaria ser excessivamente detalhada. Observemos apenas brevemente o que impediu Lineu de avançar e seguir até o objetivo final.

§109

Ele iniciou suas considerações com as árvores, que são plantas compostas e de longa duração. Observou que uma árvore, quando é colocada em um vaso mais amplo e nutrida em excesso, produz, ao longo de muitos anos, ramos e mais ramos; ao passo que, quando encerrada em um vaso mais estreito, produz rapidamente flores e frutos. Ele viu que aquele desenvolvimento sucessivo se produz, aqui, de uma só vez, de maneira comprimida. Deu, então, a essa ação da natureza o nome de *prolepsis* – uma *antecipação*, pois

6 Johannes Jacob Ferber. "Praefatio", em *Disquisitio de prolepsi plantarum*. [N. A.]

a planta, por meio dos seis passos que observamos, parece adiantar-se em seis anos. Desse modo, ele também expôs sua teoria a respeito dos botões das árvores sem dar às plantas anuais especial atenção, porquanto pôde muito bem notar que sua teoria não se adequava tão bem a estas quanto àquelas. Segundo sua doutrina, seria preciso admitir que toda planta anual estaria, na verdade, determinada pela natureza a crescer por seis anos, mas anteciparia esse prazo mais longo, de uma só vez, na inflorescência e na frutificação para, em seguida, murchar.

§110

Nós, em contrapartida, acompanhamos primeiramente o crescimento da planta anual; agora, a aplicação dessas considerações às plantas mais duradouras pode ser feita com mais facilidade, visto que um botão da mais velha árvore em vias de desabrochar deve ser visto como uma planta anual, ainda que tenha se desenvolvido a partir de um tronco já há muito existente e que possa ter, ele mesmo, uma duração maior.

§111

A segunda causa que impediu Lineu de prosseguir foi o fato de ele ter considerado, com demasiada tenacidade, os diversos círculos concêntricos do corpo da planta – isto é, os córtices externo e interno, o lenho, a medula – como partes igualmente atuantes, vivas e necessárias no mesmo grau, e de ter atribuído a esses diversos círculos do tronco a origem das partes das flores e dos frutos, já que aquelas, assim como estas, parecem envolver-se umas nas outras e desenvolver-se umas a partir das outras. Mas essa foi apenas uma observação superficial, que, se tomada mais de perto, não se confirma de modo algum. Pois o córtice externo não está apto a novas produções, e, nas árvores mais duradouras, se forma uma massa separada que deverá endurecer na parte de fora, enquanto o lenho deverá endurecer na parte de dentro. Em muitas árvores, o córtice externo cai, e, em outras, pode ser retirado sem lhes causar qualquer prejuízo; portanto, ele não produzirá nem um cálice, nem qualquer parte viva da planta. O segundo córtice é, então, aquele que contém toda a força de vida e de crescimento. Na medida em que for danificado, o crescimento também será perturbado; é ele que, quando se observa com maior precisão, produz todas as partes externas da planta seja gradualmente, no caule, seja de uma só vez, na flor e no fruto. A ele Lineu atribuiu apenas a tarefa subordinada de produzir as pétalas. Ao lenho, em contrapartida, coube a importante tarefa de produzir os estames; embora ele seja, como bem se pode notar, uma parte que se estabilizou por meio da solidificação e, apesar de mais duradoura, foi privada de sua ação vital. A medula deveria, por fim, efetuar a função mais importante: produzir os órgãos sexuais femininos e numerosos descendentes. As dúvidas que foram suscitadas em relação à grande importância atribuída à medula, bem como os contra-argumentos que lhe foram dirigidos, são, também para mim, importantes e decisivos. O estilete e o fruto se desenvolveriam a partir da medula apenas aparentemente, pois essas formas, quando as vemos pela primeira vez, encontram-se em um estado parenquimatoso, mole, indeterminado e semelhante à medula, além de estarem comprimidas precisamente no meio do caule, onde nos habituamos a ver apenas a medula.

XVIII. Recapitulação

§112

Desejo que a presente tentativa de explicar a metamorfose das plantas possa contribuir de algum modo para a solução dessas dúvidas e oferecer a ocasião para novas considerações e conclusões. As observações em que ela se funda já foram feitas isoladamente, e também reunidas e ordenadas em série;[7] logo se decidirá se o passo que agora demos se aproxima da verdade. Reunamos, o mais brevemente possível, os principais resultados da exposição feita até aqui.

§113

Se observarmos uma planta, na medida em que ela exprime sua força vital, veremos que isso ocorre de duas maneiras: primeiramente, por meio

7 August J. G. K. Batsch, *Anleitnug zur Kenntnis und Geschichte der Pflanzen* [Guia para o conhecimento e a história das plantas]. Halle: Gebauer, 1787, parte I, cap.19.

do *crescimento*, enquanto ela produz o caule e as folhas; depois, por meio da *reprodução*, que se completa nas estruturas da flor e do fruto. Se examinarmos mais de perto o crescimento, veremos que, à medida que a planta avança de nó em nó, de folha em folha; à medida que ela cresce, ocorre também uma reprodução que, por ser sucessiva, mostrando-se numa sequência de desenvolvimentos singulares, diferencia-se da reprodução por meio da flor e do fruto, a qual se dá *de uma só vez*. Essa força germinante, que se manifesta progressivamente, assemelha-se, da maneira mais próxima, àquela que desenvolve de uma só vez uma grande reprodução. Pode-se, sob diversas circunstâncias, forçar uma planta a *crescer* constantemente; e pode-se, em contrapartida, *acelerar a inflorescência*. O primeiro caso ocorre quando as seivas mais brutas da planta afluem em maior escala; o segundo, quando predominam na mesma as forças mais sutis.

§114

Ao definirmos o *crescer* como uma reprodução sucessiva e os estados de *inflorescência* e *frutificação* como uma reprodução simultânea, indicamos também o modo como ambas se manifestam. Uma planta que *cresce* expande-se mais ou menos, desenvolve um pedúnculo ou caule, possui os espaços entre os nós normalmente perceptíveis e suas folhas expandem-se para todos os lados a partir do caule. Em contrapartida, uma planta que *floresce* contrai-se em todas as suas partes, seu comprimento e sua largura são, por assim dizer, suprimidos, e todos os seus órgãos, desenvolvidos muito próximos uns aos outros, encontram-se em um estado altamente concentrado.

§115

Quer a planta cresça, floresça ou frutifique, são, contudo, sempre os *mesmos órgãos* que, sob variadas determinações e frequentes alterações em sua figura, cumprem a prescrição da natureza. O mesmo órgão que, no caule, expandiu-se como folha, assumindo uma forma extremamente diversa, contrai-se agora no cálice, expande-se novamente na pétala, contrai-se nos órgãos sexuais, para, enfim, expandir-se pela última vez como fruto.

§116

Essa ação da natureza está, ao mesmo tempo, vinculada a uma outra: à *reunião de diversos órgãos em torno de um centro* segundo certas quantidades e proporções que, em muitas flores, a depender das circunstâncias, excedem-se e modificam-se amplamente de diversos modos.

§117

De igual modo, contribui para a *formação* das flores e dos frutos *uma anastomose*, por meio da qual as partes extremamente sutis e concentradas da frutificação conectam-se da maneira mais íntima, quer ao longo de todo o tempo de sua duração, quer somente durante um período desta.

§118

No entanto, esses fenômenos da *aproximação, centralização* e *anastomose* não são próprios apenas da inflorescência e da frutificação; antes, pode-se perceber algo semelhante nos cotilédones e, futuramente, outras partes da planta nos fornecerão um rico material para semelhantes considerações.

§119

Assim como procuramos explicar, aqui, a partir de um único órgão – a saber, *a folha*, que habitualmente se desenvolve em cada nó –, a aparência diversa do órgão da planta que cresce e floresce, também ousamos deduzir da forma da folha os frutos, que costumam encerrar firmemente, em si mesmos, suas sementes.

§120

É evidente que precisaríamos de uma palavra geral para designar esse órgão metamorfoseado em formas tão diversas, de modo a podermos, com isso, comparar todas as manifestações de sua forma: no momento, devemos nos contentar com o hábito de confrontar os fenômenos nos sentidos progressivo e regressivo. Pois tanto se pode dizer que um estame é uma pétala contraída quanto, a respeito da pétala, que ela é um estame em estado de expansão; tanto que uma sépala é uma folha caulinar contraída que se aproxima de um certo grau de refinamento quanto, a respeito de uma folha caulinar, que ela é uma sépala expandida por meio da afluência de seivas mais brutas.

§121

O mesmo se pode dizer do caule, isto é, que ele consiste na inflorescência e na frutificação expandidas; assim como havíamos qualificado estas últimas como caules contraídos.

§122

Além disso, tomei ainda em consideração, na conclusão do ensaio, o desenvolvimento dos *olhos*, por meio dos quais procurei explicar as flores compostas e as frutificações nuas.

§123

E, dessa maneira, esforcei-me para apresentar, do modo mais claro e completo possível, uma concepção que, para mim, é muito convincente. Se, apesar disso, ela ainda não se tornou totalmente evidente, se está ainda sujeita a algumas contradições, e se o modo de explicação apresentado não parece ser aplicável a todos os casos, então restará para mim o dever ainda maior de atentar para todos os apontamentos e, futuramente, tratar dessa matéria com maior precisão e minúcia, a fim de tornar esse modo de representação mais claro e conquistar-lhe uma aprovação mais geral do que ele talvez possa esperar no presente.

* * *

Destino do manuscrito
(1817)

Da Itália, rica em formas, parti para a informe Alemanha, trocando um céu claro e límpido por um sombrio. Os amigos, em vez de me consolarem e atraírem novamente para junto de si, levaram-me ao desespero. Meu encantamento pelos objetos mais distantes e praticamente desconhecidos, meu sofrimento, minhas lamúrias pelo que havia perdido, pareciam insultá-los; faltava-me toda simpatia, ninguém compreendia minha língua. Nesse penoso estado eu não sabia como me orientar, tão grande era a privação a que os sentidos externos deveriam se acostumar; assim, o espírito começou a despertar, procurando manter-se intacto.

Ao longo de dois anos, observei, reuni minhas ideias e refleti ininterruptamente,[1] procurando formar cada uma de minhas aptidões. Aprendi a discernir, até certo ponto, a maneira pela qual a favorecida nação grega procedeu para desenvolver a mais elevada arte em seu círculo nacional, esperando, com isso, alcançar gradualmente uma visão do todo e cultivar em mim um prazer artístico puro, livre de preconceitos. Além disso, ao observar a natureza, julguei ter aprendido seu modo de operar segundo leis para produzir um construto vivo que serve de modelo para toda obra artística. O terceiro assunto ao qual me dediquei foram os costumes dos povos. Para aprender a seu respeito, observei que, a partir do encontro entre

1 Durante sua viagem à Itália, entre 1786 e 1788.

a necessidade e a arbitrariedade, o impulso e a vontade, o movimento e a resistência, surge um terceiro elemento, que não é nem arte, nem natureza, mas ambas ao mesmo tempo, ou seja, algo necessário e acidental, proposital e fortuito. Assim compreendo a sociedade humana.

Enquanto movia-me para lá e para cá nesses domínios, empenhando-me em desenvolver meu conhecimento, comecei a tomar nota por escrito daquilo que se apresentava da maneira mais clara a meus sentidos; assim, as reflexões eram regularizadas, a experiência se ordenava e o instante era firmemente apreendido. Ao mesmo tempo, redigi um ensaio sobre arte, maneira e estilo, um outro para explicar a metamorfose das plantas e "O carnaval romano".[2] Em conjunto, eles mostram aquilo que se passava em meu íntimo naquele tempo e qual posição eu assumia em relação àquelas três grandes regiões globais do conhecimento. O primeiro a ser concluído foi o *Ensaio sobre a metamorfose das plantas*, no qual procurei remeter a um princípio simples e universal os fenômenos particulares e variados do magnífico jardim do mundo.

Existe, contudo, uma antiga verdade literária: a de que nos agrada aquilo que escrevemos, pois, caso contrário, não teríamos escrito. Satisfeito com meu novo fascículo,[3] lisonjeava-me por inaugurar, também no campo científico, uma feliz carreira autoral. Mas, também aqui, eu deveria encontrar aquilo que experimentara em meus primeiros trabalhos poéticos; no início, fui logo rejeitado; agora, infelizmente, os primeiros obstáculos já indicavam diretamente os futuros, de modo que, até os dias de hoje, vivo em um mundo do qual apenas a poucos consigo comunicar algo. Com o manuscrito, porém, se passou o seguinte:

Com o senhor Göschen, editor de minhas obras completas, tinha todos os motivos para estar satisfeito; lamentavelmente, a edição das mesmas surgiu em uma época em que a Alemanha nada mais sabia a meu respeito, nem queria saber, e, segundo creio ter notado, meu editor julgava que as vendas não andavam exatamente como ele desejava. Entretanto, eu havia prometido que lhe ofereceria meus trabalhos futuros antes de oferecê-los a

2 Ver em Johann W. Goethe, *Viagem à Itália*. Trad. Wilma Patrícia Maas. São Paulo: Editora Unesp, 2017, p.524-53.

3 O manuscrito da *Metamorfose das plantas*.

outros, uma condição que sempre considerei justa. Por isso, informei-lhe de que um pequeno escrito de conteúdo científico estava pronto, e eu desejava publicá-lo. Se ele, agora, não esperava mais nada de especial de minhas obras, ou se, nesse caso, como posso presumir, informou-se com especialistas para saber o que se deveria pensar a respeito de um tal salto para outro terreno – não pretendo investigar; basta dizer apenas que tive dificuldade para compreender por que ele se negara a publicar meu fascículo, já que, no pior dos casos, teria mantido consigo, por meio do sacrifício ínfimo de seis folhas de papel, um autor confiável, produtivo, facilmente contentável e que acabava de entrar novamente em cena.

Mais uma vez, encontrava-me na mesma situação em que estive quando ofereci ao livreiro Fleischer minha peça *Os cúmplices*; dessa vez, porém, não me desencorajei tão rapidamente. Tencionando criar um vínculo comigo, Ettinger, de Gotha, ofereceu-se para adquirir o manuscrito; assim, essas poucas folhas foram lançadas ao mundo, elegantemente impressas em caracteres latinos.

O público espantou-se: pois, devido a seu desejo de ser bem atendido, e sempre de maneira regular, exige que cada um permaneça em sua especialidade. Essa demanda é bem fundamentada: pois, quem pretende alcançar a excelência – tarefa infindável em todos os sentidos –, não deve tentá-lo por diversos caminhos, tal como Deus e a natureza podem fazê-lo. Quer-se, com isso, que um talento que se destacou em um determinado domínio, cujo estilo e a maneira de proceder são estimados e louvados por todos, não se afaste de seu círculo, e tampouco salte para um outro muito distante. Caso alguém ouse fazê-lo, não terá reconhecimento algum, e, mesmo que o faça corretamente, não lhe concederão qualquer aprovação especial.

Aqui, porém, o homem dinâmico sente existir para si mesmo, e não para o público; não quer fatigar-se e desgastar-se numa rotina qualquer, buscando sempre em outro lugar o descanso. Além disso, todo talento vigoroso é algo universal, que aponta para todas as direções e exercita sua atividade em toda parte, conforme desejar. Temos médicos que, com paixão, dedicam-se à construção, edificando jardins e oficinas; cirurgiões conhecedores da numismática que possuem preciosas coleções. Astruc,[4] cirurgião de Luís XIV,

4 Jean Astruc (1684-1766), médico francês.

aplicou a sonda e o bisturi, em primeiro lugar, ao Pentateuco. Quanto já não devem as ciências aos visitantes descontraídos, aos amantes interessados! Conhecemos também homens de negócios que são apaixonados leitores de romances e jogadores de cartas; sérios pais de família que preferem a farsa do teatro a qualquer outro entretenimento. Há muitos anos, nos é repetida à exaustão a eterna verdade segundo a qual a vida humana é feita de seriedade e diversão; e, portanto, o homem que merece ser denominado o mais sábio e feliz deve ser aquele que sabe mover-se entre ambas, em equilíbrio; pois cada um também deseja, incoerentemente, aquilo que lhe é oposto, a fim de possuir o todo.

Essa carência parece constranger o homem ativo de milhares de maneiras. Quem pode contestar nosso Chladni,[5] que é um orgulho para nossa nação? O mundo deve agradecer-lhe por ele ter entendido como extrair o som próprio de cada corpo e, por fim, torná-lo visível. E haveria algo mais distante dessa tarefa que a observação das rochas atmosféricas? É bela e digna a tarefa de examinar e conhecer as circunstâncias desses acontecimentos tão recorrentes nos dias de hoje; de revelar as partes essenciais desses produtos, ao mesmo tempo, terrenos e celestes; e de investigar a história desse magnífico fenômeno que atravessa todos os tempos. Mas de que modo esse assunto articula-se com aquele outro? Seria graças ao estrondo do trovão, que faz caírem os aerólitos? De forma alguma: foi graças ao fato de que um homem espirituoso e atento sentiu-se atraído por dois acontecimentos naturais extremamente distantes um do outro, ocupando-se, agora, de modo constante e ininterrupto, tanto com um quanto com outro. Que, de nossa parte, sejamos gratos e saibamos extrair o proveito que nos é concedido por meio disso.

* * *

5 Ernst Florens Friedrich Chladni (1756-1827). Realizou pesquisas no domínio da música e, posteriormente, passou a se ocupar do estudo dos meteoritos.

Destino do texto publicado (1817)

Aquele que se ocupa, sem alarde, de um objeto digno de ser investigado, esforçando-se com toda a seriedade para compreendê-lo, não faz ideia de que os homens atuais estão habituados a pensar de maneira inteiramente distinta da sua. Mas isso é, para ele, uma sorte: pois ele perderia a crença em si mesmo caso não pudesse mais crer no interesse alheio. Entretanto, assim que exprime sua opinião, ele logo percebe que diversas formas de pensar estão em conflito, confundindo tanto os instruídos quanto os ignorantes. O tempo presente está sempre dividido em facções que conhecem tão pouco a si mesmas quanto a seus antípodas. Nesse sentido, cabe a cada um realizar com entusiasmo aquilo de que é capaz, e chegar tão longe quanto possa chegar.

Assim, antes mesmo de ter sido criticado publicamente, fui inteiramente surpreendido por uma notícia de caráter privado. Em uma cidade alemã razoavelmente grande, formara-se uma sociedade de homens de ciências que, juntos, fundaram muitas coisas boas, tanto no sentido prático quanto no teórico. Nesse círculo, meu fascículo também foi lido com entusiasmo e tomado como uma novidade singular; todos, porém, estavam com ele insatisfeitos, assegurando ser impossível compreender de que se tratava. Um dos amigos com quem compartilhei, em Roma, meus interesses artísticos,[1] o qual

1 O amigo é Johann H. W. Tischbein (1751-1829), pintor e amigo de Goethe.

me estima e me tem confiança, sentiu-se mal ao ver meu trabalho criticado e repudiado dessa maneira, já que, durante a longa e contínua convivência que tivemos, me ouvira falar de modo inteiramente racional e ponderado acerca de diversos objetos. Ele leu o fascículo com atenção, e, embora não soubesse exatamente onde eu pretendia chegar, apreendeu o conteúdo com sensibilidade artística e simpatia, e atribuiu ao que fora exposto um significado inteligente, embora um tanto esquisito:

> O autor tem um propósito particular e oculto, que, no entanto, enxergo de modo perfeitamente claro: ele quer ensinar aos artistas como se pode criar ornamentos de flores trepadeiras e germinantes num movimento contínuo, à maneira dos antigos. A planta deve provir da folha mais simples, que se diversifica, fende e multiplica gradualmente; e, à medida que essas folhas se lançam adiante, tornam-se cada vez mais esguias, leves e bem formadas, até reunirem--se novamente na exuberância da flor, seja para depositar a semente, seja para iniciar um novo ciclo vital. Na Vila Médici, veem-se pilastras de mármore retorcidas dessa maneira, e somente agora compreendo corretamente com que intenção isso foi feito. A infinita abundância das pétalas é ainda superada pela flor; ao final, em vez do grão de semente, surgem, com frequência, figuras de animais e gênio, e esse fato, dada a magnífica sequência dos desenvolvimentos precedentes, não nos parece nem um pouco inverossímil. Estou ansioso para produzir ornamentos dessa maneira, já que, até aqui, imitei os antigos apenas de modo não intencional.

Nesse caso, porém, as pessoas instruídas não foram bem orientadas; toleravam a explicação, sempre que ela fosse necessária, mas julgavam que, quando não se tem em vista nada além da arte e do embelezamento, não se deve fazer as vezes de estar trabalhando para as ciências, no interior das quais essas fantasias não podem ter qualquer validade. Posteriormente, o artista assegurou-me que, a partir do modo como formulei as leis naturais, lhe foi possível unir o natural ao impossível, produzindo afortunadamente algo de provável. Àqueles senhores, contudo, jamais pôde apresentar novamente suas explicações.

Eu percebia rumores semelhantes vindos de outros lugares. Em parte alguma se queria admitir que a ciência e a poesia são conciliáveis. Esquecia-se que a ciência se desenvolvera a partir da poesia; e não se considerava que, após uma reviravolta completa dos tempos, ambas poderiam alegremente reencontrar-se, para o proveito mútuo, em um lugar mais elevado.

As amigas que, antes, desejavam afastar-me das montanhas solitárias e da contemplação dos rochedos imóveis tampouco ficaram satisfeitas com minha jardinagem abstrata. As plantas e as flores, que se deixam conhecer por meio da forma, da cor e do perfume, desapareciam, agora, em esquemas espectrais. Eu tentava atrair o interesse dessas almas generosas por meio de uma elegia, à qual concederei um lugar no contexto da presente exposição científica, na qual ela possivelmente se tornará mais inteligível que em uma sequência de poemas cheios de encanto e paixão.

Confunde-te, ó amada, a variadíssima mistura
Dessa multidão de flores espalhadas pelo jardim;
Ouviste muitos nomes, que, com sons bárbaros,
Substituem-se uns aos outros no ouvido.
Todas as figuras se assemelham, porém, não são iguais;
E, assim, o coro indica uma lei secreta,
Um enigma sagrado. Ó, querida amiga, pudera eu
Comunicar-te logo, com alegria, a palavra libertadora!
Observa o devir, o avançar gradual da planta,
Que, passo a passo, flores e frutos forma.
Da semente desenvolve-se, tão logo o sereno e fértil
Seio da terra a lança para a vida;
Em eterno movimento, logo oferece ao encanto da luz
E do sagrado a mais delicada formação da folha germinante.
Adormecida na semente, a força; um modelo incipiente aí reside
Em si encerrado, curvado sob o invólucro,
A folha, a raiz e o germe, semiformados e sem cor;
Silenciosa vida guarda o núcleo, seco e protegido,
Com esforço, brota para o alto, fiando-se na suave umidade,
E eleva-se em meio à noite que o cerca.

Mas pouco elaborada é a figura do primeiro fenômeno;
Também entre as plantas é visto como uma criança.
Logo em seguida, eleva-se um subsequente impulso,
Nó após nó, renovando sempre a primeira figura.
Nem sempre idêntica, é verdade; pois a próxima folha, desenvolvendo-se,
Manifesta-se sempre, como vês, de maneira variada,
Mais expandida, talhada, cindida em partes e pontas
Que, antes, repousavam no órgão inferior.
Assim, alcança primeiramente o mais perfeito acabamento,
Que, em muitas espécies, nos conduz ao deslumbramento.
Frisando e recortando, o abundante impulso parece
Agir livre e eternamente sobre a farta e impermeável superfície.
Aqui, porém, com mãos potentes, a natureza detém a formação
E a conduz brandamente à maior perfeição.
Comedida, as seivas conduz, os vasos estreita,
E logo se mostram, na figura, os efeitos mais delicados.
Tranquilo, recolhe-se o impulso das extremidades que se impelem,
E desenvolve-se por completo a nervura do talo [Stiel].
Desfolhado e veloz, contudo, ergue-se o mais delicado caule [Stengel],
E uma surpreendente imagem atrai o espectador.
Surgem, agora, anéis de folhas em círculo, contadas a dedo
Ou inumeráveis, a pequena folha junto às outras semelhantes.
Contraído ao redor do eixo, projeta-se o cálice protetor,
Que liberta, na mais sublime figura, a colorida coroa.
Assim, brilha a natureza em sublime e perfeita manifestação,
E nos mostra, ordenados, um membro após o outro.
Sempre te espantas diante do novo, tão logo se insinua a flor
Sobre a frágil estrutura da folha multiforme.
Mas esse esplendor é apenas o prenúncio de nova criação.
Sim, a pétala colorida sente a mão divina.
E, rapidamente, retrai-se; avançam, de duas em duas,
As formas mais sutis, à reunião determinadas.
Juntas, com toda a intimidade, permanecem os graciosos pares,
Ordenam-se, numerosos, em torno do sagrado altar.

Paira aqui o Himeneu; um magnífico sopro dissemina,
Com potência, suaves fragrâncias, que tudo vivificam.
Logo crescem, isolados, incontáveis rebentos [Keim],
Que residiam em segredo no seio materno do fruto intumescente.
Aqui, a natureza conclui o ciclo das forças eternas;
Mas logo um novo emenda-se no anterior,
Para que a cadeia se prolongue por toda a eternidade,
Vivificando o todo, bem como cada parte.
Volte agora, ó amada, seu olhar para a variegada multidão.
Que ao espírito já não se mostra confusa.
Cada planta anuncia as leis eternas,
Cada flor fala contigo cada vez mais alto.
Mas tu decifras a letra sagrada da deusa,
Por toda parte a vês, mesmo quando modificada em seus traços.
Arrasta-se demoradamente a lagarta; apressa-se, ocupada, a borboleta,
A definida figura o próprio homem, maleável, modifica!
Ó! Recordemos, então, como gradualmente brotara em nós,
Do germe daquilo que é familiar, algo encantadoramente habitual,
Com toda potência, a amizade revelou-se em nosso íntimo,
E, por fim, assim como Amor, gerou frutos e flores.
Pensa em quão variadamente a natureza nos concede, ao sentimento,
Ora esta, ora aquela figura, ainda a desdobrarem-se!
Alegra-te pelo dia de hoje! O amor sagrado anseia pelo fruto mais elevado
De iguais opiniões e concepções das coisas,
De modo que, em harmônica contemplação,
O par se reúna e alcance o mundo sublime.

Extremamente bem-vindo foi esse poema para a pessoa verdadeiramente amada,[2] que tinha razão em referir a si própria as imagens encantadoras; além disso, eu também sentia-me muito feliz, à medida que a alegoria viva de nossa perfeita afeição intensificava-se e concluía-se. Do restante da adorável

2 Christiane Vulpius (1765-1816), esposa de Goethe.

sociedade precisei suportar muitas coisas; elas parodiavam minhas metamorfoses com elaborações fabulosas de indiretas jocosas e provocadoras.

Sofrimentos mais sérios, contudo, me foram causados por amigos mais distantes, com os quais compartilhei meus exemplares livres com autêntico júbilo. Todos responderam-me mais ou menos com as palavras de Bonnet:[3] pois o modo como este último contempla a natureza conquistou as mentes e instituiu uma linguagem por meio da qual se acreditava, de fato, estar dizendo algo e compreendendo-se reciprocamente. À minha maneira de se expressar ninguém queria acomodar-se. Quando se acredita ter finalmente entendido, com muito trabalho e esforço, não apenas um determinado assunto, mas também a si mesmo, não ser compreendido é o maior dos martírios. Conduz à loucura escutar reiteradamente o mesmo equívoco, do qual a muito custo se escapou, e nada mais penoso pode haver que quando aquilo que deveria nos unir a homens inteligentes e instruídos é motivo de uma separação inconciliável.

Além disso, meus amigos não se expressavam da maneira mais cuidadosa, de modo que, ao já experiente autor, repetiu-se situação de ter de lidar com o desinteresse e o desgosto da parte justamente daqueles a quem os exemplares são oferecidos de presente. Quando um livro cai nas mãos de uma pessoa, seja por acaso, seja por sugestão de alguém, ela o lê, e até o compra; mas, se um amigo lhe confia sua obra sem qualquer desconforto, então é como se, apesar disso, quisesse constrangê-lo com sua superioridade intelectual. Assim, o mal radical emerge em sua figura mais terrível, como inveja e aversão às pessoas alegres que confiam a outras os assuntos do coração. Diversos escritores que consultei também tinham conhecimento desse fenômeno do universo imoral.

Aqui, devo elogiar um amigo e protetor que, durante o trabalho, bem como após sua conclusão, agiu com fidelidade. Este amigo é Karl von Dalberg,[4] um homem que mereceria ter recebido em tempos mais serenos a sorte que lhe foi concedida, qual seja: a de ter podido embelezar as posições mais elevadas com uma atividade incansável e desfrutar confortavelmente

---

3 Charles Bonnet (1720-1793), naturalista suíço.

4 Karl Theodor A. M. von Dalberg (1744-1817), filósofo e estadista alemão.

dessas vantagens com aqueles que lhe são próximos. Encontrava-se sempre ativo, interessado e disposto a incentivar os amigos; e, mesmo quando não conseguíamos assimilar inteiramente sua maneira de pensar, o encontrávamos, a qualquer hora e para qualquer assunto particular, sempre animado e solícito. Devo-lhe muito ao longo de todo meu trabalho científico, pois ele soube vivificar e colocar em movimento o modo estático de olhar a natureza que me era característico. Ele tinha a coragem de comunicar e conduzir ao entendimento, por meio de certas expressões versáteis, aquilo que era observado.

Uma resenha favorável nas *Göttinger Anzeigen*,[5] de fevereiro de 1791, pôde satisfazer-me apenas parcialmente. Admitia-se que eu havia tratado meu objeto com excepcional clareza, e o percurso de minha exposição foi apresentado de modo breve e preciso pelo crítico; porém, o que ela indicava não era mencionado, de modo que não pude tirar disso qualquer proveito. Visto que agora se admitia que meu trabalho havia aberto uma via para o conhecimento, eu desejava ardentemente que viessem a meu encontro: pois de modo algum interessava-me permanecer por aqui, pelo contrário; preferiria percorrer a região, instruído e esclarecido, tão logo me fosse possível. Mas, como as coisas não se deram conforme eu esperava e desejava, permaneci fiel àquilo que havia estabelecido anteriormente. Para esse fim, colecionava vegetais, conservava em álcool diversas curiosidades, e mandei fazer desenhos e gravuras em cobre; tudo isso deveria favorecer a continuação de meu trabalho. O objetivo era o de apresentar aos olhos os principais fenômenos, bem como o de induzir a aplicabilidade de minha exposição. Via-me, agora, inesperadamente conduzido a uma vida extremamente ativa. Segui meu príncipe e, portanto, as tropas prussianas rumo à Silésia, a Champanhe, ao cerco de Mainz. Esses três anos consecutivos foram extremamente proveitosos para minhas aspirações científicas. Eu via os fenômenos da natureza ao ar livre, não sendo necessário fazer que um raio de sol da espessura de um fio de linha penetrasse uma câmara escura para demonstrar que as cores se produzem por meio da combinação entre claridade e escuridão. Com isso,

5 Goethe refere-se à resenha escrita por Johann Friedrich Gmelin, publicada em *Göttingische Anzeigen von gelehrten Sachen*, 27, p.269, 1791.

eu mal notava o tédio infinito da campanha militar, que é extremamente maçante; ao passo que o perigo nos anima e diverte. Observava interruptamente e registrava continuamente minhas observações. Assim, eu, que dificilmente me animo a escrever, tive novamente a meu lado o bom gênio que, em Karlsbad, e mesmo antes, tanto me beneficiara com sua bela escrita.

Já que, naquele momento, estive privado de qualquer ocasião para buscar livros, utilizei ocasionalmente meu texto impresso para solicitar a meus amigos instruídos, a quem o objeto interessa, que me fizessem o favor de permanecer atentos, em seus amplos círculos de leitura, àquilo que já tinha sido escrito e publicado a respeito do tema: pois havia muito estava convencido de que não havia nada de novo sob o sol e de que já se podia ver indicado, nas obras da tradição, aquilo que nós próprios percebemos, pensamos, ou mesmo criamos. Somos originais apenas porque nada sabemos.

Aquele desejo, porém, foi inteiramente realizado quando meu querido amigo, Friedrich August Wolf, mencionou um autor que lhe é homônimo e há muito já seguia os rastos daquilo que eu agora perseguia. Que proveito disso extraí é o que se verá a seguir.

* * *

Descoberta de um respeitável precursor (1817)

Caspar Friedrich Wolff[1] nasceu em Berlim no ano de 1733, estudou em Halle e concluiu seu doutorado em 1759. Sua dissertação, intitulada *Theoria Generationis* [*Teoria da geração*], pressupõe diversas observações microscópicas e uma reflexão séria e detida, surpreendente para um jovem de 26 anos. Em seguida, exerceu sua profissão em Breslau, em cujo hospital militar ensinou Fisiologia e outras disciplinas. Chamado a Berlim, seguiu lecionando. Desejava oferecer a seus ouvintes um conceito completo da geração, e, por isso, em 1764, publicou o volume de um oitavo,[2] cuja primeira parte é histórica e polêmica e a segunda dogmática e didática. Logo em sequência, foi transferido como acadêmico para São Petersburgo, onde, segundo comentários e relatos dos anos de 1767 a 1792, mostrou-se um diligente colaborador. Todos os seus ensaios demonstram que permaneceu absolutamente fiel tanto ao per-

1 Caspar Friedrich Wolff (1733-1794) foi um importante naturalista alemão. Sua principal contribuição no campo da embriologia foi a de ter apresentado uma formulação teórica consistente da teoria da epigênese, a qual se contrapunha à teoria da pré-formação dos germes em voga na época e defendida pelo grande naturalista suíço Albrecht von Haller (1708-1777). A respeito do tema ambos tiveram uma famosa controvérsia.

2 Segundo o *Dicionário Houaiss*, trata-se de "um termo técnico que descreve o formato de um livro, que se refere ao tamanho das folhas produzidas ao dobrar uma folha inteira de papel, na qual várias páginas de texto foram impressas para formar as seções individuais de um livro".

curso de seus estudos quanto às suas convicções até o final de sua vida, no ano de 1794. Seus colegas mais próximos assim se exprimem a seu respeito:

> Ele trouxe para São Petersburgo a já consolidada reputação de um anatomista meticuloso e um fisiologista profundo, reputação que, na sequência, soube conservar e enriquecer por meio de um grande número de excelentes artigos, que foram difundidos pelas publicações da Academia. Ele já se tornara conhecido anteriormente graças a um ensaio sobre a geração, concebido com toda a profundidade e minúcia, bem como à disputa que, precisamente por causa desse ensaio, travou com o imortal Haller, a quem sempre tratou de maneira amigável e honrosa, não obstante a divergência entre suas opiniões. Querido e estimado por seus colegas, tanto por seu conhecimento quanto por sua integridade e gentileza, faleceu aos 61 anos de idade, e sua falta foi sentida em toda a Academia, junto à qual mostrara-se um membro ativo desde os 27 anos. Nem sua família, nem os papéis por ele deixados fornecem algo a partir do que se pudesse afigurar, em alguma medida, uma biografia detalhada. Mas a monotonia na qual viveu, sozinho e retraído, um pesquisador que passou seus anos sem sair de seu gabinete, oferece tão pouco material para uma biografia que, nesse caso, provavelmente, não perdemos muita coisa. A parte autêntica, significativa e útil da vida de tal homem reside em seus escritos; por meio deles, seu nome será legado à posteridade. Assim, na falta de uma biografia, ofereceremos o registro de seus trabalhos acadêmicos, que já poderá servir para um encômio, pois nos fará sentir, muito mais que o mais belo dos discursos, a dimensão da perda que sofremos com sua morte.

Foi assim que, há vinte anos, uma nação estrangeira honrou e homenageou publicamente nosso respeitável compatriota, que muito cedo fora mandado embora de seu país de origem por uma escola dominante à qual não poderia filiar-se; e alegro-me em poder confessar que, há mais de 25 anos, aprendo com ele, e junto dele. Quão pouco conhecido ele foi nessa época, contudo, na Alemanha, mostra-nos o nosso tão honesto e louvável Meckel,[3] mediante

3 Johann Friedrich Meckel (1781-1833), anatomista alemão. Traduziu o ensaio de Wolff intitulado *De formatione intestinorum* (1768-1769).

a ocasião de uma tradução do ensaio *Sobre a formação do canal intestinal nos ovos de frango incubados.*

Que as Parcas me permitam expor em pormenor o modo como, há tantos anos, caminho ao lado deste homem formidável; como procurei penetrar seu caráter, suas convicções e sua doutrina; até que ponto podia com ele concordar; e como sentia-me instigado a progredir cada vez mais, sem jamais perdê-lo de vista e permanecendo-lhe sempre grato. Por ora, trataremos apenas de sua concepção da transformação das plantas, já apresentada em sua dissertação e exposta em uma versão alemã extensa, tendo sido, porém, expressa e resumida da maneira mais clara nas publicações acadêmicas mencionadas anteriormente. Assim, permito-me aqui tomar emprestado, com toda minha gratidão, as seguintes passagens da tradução de Meckel, introduzindo apenas alguns comentários, a fim de indicar aquilo que pretendo desenvolver mais detalhadamente na sequência.

* * *

C. F. Wolff: sobre a formação das plantas (1817)

"Procurei explicar as partes das plantas que possuem maior similaridade entre si e, por isso, podem ser facilmente comparadas umas com as outras – a saber, as folhas, o cálice, as pétalas, o pericarpo, a semente, o caule, a raiz – em função de sua origem. Atestou-se, com isso, que as diversas partes que constituem a planta são extraordinariamente similares, sendo facilmente reconhecíveis em sua essência e sua maneira de originar-se. De fato, não é necessário grande sagacidade para observar que, sobretudo em certas plantas, o cálice é apenas um pouco diferente das folhas, e nada mais é, numa palavra, que um conjunto de várias folhas pequenas e imperfeitas. Isso se vê claramente em diversas plantas anuais de flores compostas nas quais as folhas se tornam gradualmente menores, mais imperfeitas e mais numerosas, e se aproximam mais umas das outras quanto mais elevada é sua posição no caule. Por fim, aquelas que se encontram logo abaixo da flor, extremamente pequenas e compactamente agrupadas, representam as folhas do cálice e, tomadas em conjunto, formam o próprio cálice.

"Não é menos evidente que o pericarpo é composto de várias folhas, com a única diferença de que as folhas, enquanto no cálice estão apenas agrupadas, aqui se fundem umas com as outras. A correção dessa opinião é comprovada não apenas pelo fato de que diversas cápsulas de semente rebentam e caem livremente sobre suas folhas, isto é, sobre as partes de que são compostas, como também a mera observação e a aparência exterior do pericarpo. Por fim, as próprias sementes, embora não possuam à primeira vista a menor semelhança com as folhas, não são nada além de folhas fundidas; pois os lóbulos em que se fendem são folhas, mas, entre todas as folhas da planta, são as que se desenvolvem da maneira menos perfeita, informe, diminuta, espessa, rígida, seca e pálida. Toda dúvida acerca da correção dessa afirmação é superada quando se vê como esses lóbulos, tão logo a semente é confiada à terra a fim de dar continuidade à vegetação interrompida na planta materna, transmutam-se nas mais perfeitas, verdes e suculentas folhas, os chamados cotilédones. Com base em algumas observações particulares, é no mínimo muito provável que a corola da flor e os estames também não sejam nada além de folhas modificadas. Com efeito, não raramente se observa as folhas do cálice transformarem-se em pétalas e, inversamente, as pétalas transformarem-se nas primeiras. Agora, se as folhas do cálice são verdadeiras folhas, e as pétalas não são nada além de folhas do cálice: então, não resta dúvida de que também as pétalas sejam verdadeiras folhas modificadas. De modo semelhante, vê-se também que, na poliandra de Lineu, os filetes com frequência se transmutam em pétalas, formando flores duplas, e que, inversamente, as pétalas se transformam em filetes, do que resulta que também os estames, segundo sua essência, sejam propriamente folhas. Examinando-se tudo refletidamente, pode-se dizer, em uma palavra: em toda a planta, cujas partes diferem à primeira vista de forma tão extraordinária umas das outras, não se vê nada além de folhas e caule, pertencendo a raiz a este último. Estas são as partes mais próximas, imediatas e compostas da mesma; as mais remotas e simples, a partir das quais as primeiras se formam, são os vasos e as vesículas.

"Se, então, as partes da planta, com exceção do caule, podem ser reconduzidas à forma da folha, não sendo nada além de modificações da mesma, segue-se facilmente que não haverá de ser muito difícil desenvolver a teoria da geração das plantas; e, ao mesmo tempo, já está indicado o caminho a ser tomado caso se queira apresentar essa teoria. Primeiramente, deve-se averiguar, mediante a observação, de que maneira as folhas comuns se formam, ou, o que significa o mesmo, como a vegetação comum acontece, sobre qual base repousa e mediante quais forças ela se efetiva. Se estivermos de acordo acerca disso, devem ser investigadas as causas, as circunstâncias e as condições que, nas partes superiores da planta (onde, ao que parece, se apresentam fenômenos novos e as partes aparentemente diversas se desenvolvem), modificam a tal ponto o modo de vegetação comum que, no lugar das folhas habituais, aparecem estas peculiarmente formadas. Procedi anteriormente conforme esse plano, e descobri que todas essas modificações fundam-se na gradual diminuição da força vegetativa, que diminui à medida que a vegetação perdura mais, até por fim desaparecer completamente; e que, por conseguinte, a essência de todas essas alterações das folhas consiste num desenvolvimento incompleto das mesmas. Foi-me fácil comprovar, por meio de muitos experimentos, essa diminuição gradual da vegetação e sua causa (cuja designação precisa seria aqui demasiado extensa), e explicar, exclusivamente a partir desse fundamento, todos os fenômenos novos apresentados pelas partes da flor e do fruto, que tão distintas parecem ser das folhas restantes, e mesmo esclarecer uma grande quantidade de detalhes a isso relacionados.

"Nisso consiste o objeto quando se trata de pesquisar a história de formação das plantas; agora, tudo é diferente quando nos voltamos para o reino animal."

* * *

Algumas observações (1817)

Ao propor algumas observações a respeito do texto precedente, devo cuidar para não adentrar tão profundamente a exposição da maneira de pensar e da doutrina daquele homem ilustre, como se fará no futuro. Segue-se, aqui, apenas o suficiente para estimular reflexões posteriores.

Ele reconhece expressamente a identidade entre as partes da planta em toda sua mobilidade; porém, o modo de experimentar por ele adotado o impede de dar o último, o principal passo. Porque a teoria da pré-formação e dos germes embutidos, por ele combatida, repousa sobre uma mera ilusão exterior ao sensível, sobre uma suposição que se crê pensar, mas que jamais se pode representar no mundo sensível; ele estabelece, como máxima fundamental de toda sua pesquisa, que não se pode admitir, reconhecer ou afirmar nada a não ser aquilo que se viu com os olhos e que se é capaz de sempre exibir novamente aos outros. Por isso, sempre se empenhou em explorar os princípios da formação da vida por meio de investigações microscópicas e, dessa forma, seguir os embriões orgânicos desde suas primeiras manifestações até sua maturidade. Ele, porém, por mais extraordinário que seja esse método, graças ao qual empreendeu tantas coisas, não pensou que há uma diferença entre ver e ver, que os olhos do espírito têm de atuar em viva e contínua aliança com os olhos do corpo, pois sempre se corre o risco de ver e, no entanto, não reter o que se viu.

Na metamorfose das plantas, ele viu que o mesmo órgão sempre se contraía e se tornava menor; mas, que esse contrair alternava-se com uma expansão, isso ele não viu. Observou que ele diminuía em volume, mas não que, ao mesmo tempo, se aprimorava, razão pela qual atribuiu o caminho do aperfeiçoamento paradoxalmente a uma atrofia.

Com isso, ele mesmo bloqueou o caminho que poderia conduzi-lo diretamente à metamorfose dos animais, afirmando, ao contrário, que algo totalmente distinto se passa com o desenvolvimento destes. Mas, como seu modo de proceder era o certo, e seu talento para a observação era o mais preciso; e como insistia na ideia de que o desenvolvimento orgânico deve ser bem observado, e de que sua história deve preceder a descrição de cada parte pronta, ele sempre chegava ao resultado correto, embora estivesse em contradição consigo mesmo.

Se ele, por isso, negava em um aspecto a analogia das formas de diversas partes orgânicas presentes no interior do animal, em outros, estava disposto a afirmar sua validade; no primeiro caso, era induzido à negação da analogia porque comparava uns com os outros determinados órgãos particulares que decerto nada possuem em comum entre si (por exemplo, o intestino e o fígado, o coração e o cérebro); já no segundo, era levado a afirmá-la quando confrontava um sistema com o outro, uma vez que nesse caso a analogia salta imediatamente aos olhos, o que o levou a alçar-se à opinião de que, sob essa ideia, poder-se-iam reunir diversos animais.

Posso agora concluir com tranquilidade, pois, devido ao mérito de nosso distinto Meckel, uma de suas obras mais importantes tornou-se disponível ao conhecimento de todos os alemães.

* * *

Três críticas favoráveis (1820)

Há algo de curioso em relação à autoria! Preocupar-se demais ou de menos com aquilo que se realiza são, ambas as coisas, um equívoco. Decerto, todo homem de espírito quer ser influente e, portanto, não deseja que sua época silencie a seu respeito. Em relação a meus trabalhos estéticos, não tenho de que me queixar até o momento; mas a verdade é que alcancei um acordo comigo mesmo, graças ao qual passei a experimentar pouca satisfação diante da aprovação e pouco aborrecimento diante da rejeição. A leviandade, o orgulho e a insolência próprios da juventude auxiliam a passar por tudo aquilo que seria, de algum modo, desagradável. Então, num sentido superior, o sentimento de que fazemos ou devemos fazer tudo sozinhos, ou de que, nessas produções, ninguém pode nos ajudar, confere ao espírito uma força tal que sentimos nos elevar acima de cada obstáculo. É também uma gentil dádiva da natureza que o próprio ato de produzir seja uma satisfação e traga, em si mesmo, sua recompensa, fazendo-nos acreditar não ser necessária qualquer outra exigência.

Nas ciências, porém, encontrei algo distinto: pois, nesse caso, para alcançar algo com alguma propriedade ou fundamento, é exigido trabalho, esforço e dedicação. Além disso, sentimos que uma pessoa sozinha não é suficiente. Basta lançarmos um olhar sobre a história para descobrirmos que foi necessária uma sucessão de homens talentosos ao longo de vários séculos para que algum conhecimento a respeito da natureza e da vida humana fosse adquirido. Ano após ano, vemos novas descobertas, e nos convencemos de que se trata de um domínio ilimitado.

Assim, uma vez que trabalhemos com seriedade não em prol de nós mesmos, mas de uma causa mais digna, exigimos que nossos esforços sejam reconhecidos, assim como reconhecemos os dos outros. Ansiamos por auxílio, colaboração e incentivo. Mas tampouco disso eu teria sentido falta se tivesse prestado mais atenção àquilo que se passava no universo acadêmico; ocorre que o esforço incansável para me formar em todos os sentidos, o qual me acometeu no momento exato em que os enormes acontecimentos do mundo nos inquietavam internamente e oprimiam externamente, foi a causa pela qual não pude perguntar o que pensavam de meus trabalhos científicos. Por esse motivo, excepcionalmente, apenas muito tarde tomei conhecimento de duas resenhas favoráveis – uma na *Gothaischen Gelehrten Zeitung*, de 23 de abril de 1791, e outra na *Allgemeinen Deutschen Bibliothek*, v.116, p.477;[1] e, tal como se um destino oportuno quisesse me reservar algo de agradável, ambas chegaram-me precisamente na época em que, em outro domínio, tratavam-me da maneira mais desdenhosa possível por toda parte.[2]

* * *

1 Aqui, Goethe cita apenas duas das três resenhas a que se refere o título do texto. A terceira é provavelmente aquela já mencionada em *Destino do texto publicado* [cf. esta edição, p.149], presente nas *Göttingische Anzeigen*.

2 Goethe refere-se provavelmente, aqui, à recepção negativa de sua *Teoria das cores*.

Outras gentilezas (*1820*)

Além desses incentivos, foi também gratificante a recepção de meu pequeno escrito na *Enciclopédia de Gotha*, a partir da qual parece-me ao menos resultar que alguma utilidade em geral foi atribuída a meu trabalho.

Jussieu, em sua *Introdução à teoria das plantas*, concebeu a metamorfose, mas apenas nos casos das flores duplas e monstruosas. O fato de que também aqui a lei da formação regular se faz presente não ficou claro.

Usteri, em seu adendo à Introdução da edição de Zurique da obra de Jussieu, do ano de 1791, promete esclarecer-se a respeito desse objeto, dizendo: *de metamorphosi plantarum egregie nuper Goethe V. Cl. egit, eius libri analysin uberiorem dabo.*[1] Infelizmente, os tempos turbulentos que vieram a seguir privaram-nos, e sobretudo a mim, das considerações desse homem excelente.

Willdenow,[2] em seus *Delineamentos da ciência botânica*, de 1792, não toma conhecimento algum de meu trabalho, que, contudo, não lhe é desconhecido, já que ele diz, na página 343: "a vida da planta é, assim, tal como o senhor

---

1 Em tradução livre: Sobre a metamorfose das plantas, o ilustre Goethe escreveu recentemente, e darei uma análise mais completa de sua obra.

2 Antoine Laurent de Jussieu (1748-1836), professor de botânica francês. Goethe refere-se à obra *Genera plantarum secundum ordines naturales disposita*, de 1789; Paulus Usteri (1768-1831), diretor do jardim botânico de Zurique; Karl Ludwig Willdenow (1765-1812), professor de botânica em Berlim. Goethe refere-se à obra *Grundriß der Kräuterkunde* [Compêndio de botânica].

Goethe diz de maneira muito elegante, um expandir e contrair, e essa alternância constitui os diversos períodos da vida". Posso bem aceitar o "elegante", sobretudo considerando-se o lugar digno em que se encontra a citação; o "*egregie*" do senhor Usteri é, porém, muito mais elegante e simpático.

Outros naturalistas também deram alguma atenção a meu trabalho. Batsch, para demonstrar sua afeição e gratidão, cunhou o termo *Goethia*, e foi bastante gentil ao classificá-lo sob o gênero *sempervivum*; entretanto, ele não foi mantido no sistema. Como agora se chama eu não saberia dizer.

Homens de boa vontade descobriram um belo mineral e, por afeição a mim e com o intuito de homenagear-me, nomearam-no *goethita*; devo muitos agradecimentos aos senhores Cramer e Achenbach, embora essa denominação tenha desaparecido rapidamente da orictognosia.[3] Ela também foi chamada de "brilho de rubi"; no presente, ela é conhecida pelo nome *lepidocrocita*.[4] Para mim, foi suficiente que, diante de um produto tão belo da natureza, tenham pensado em mim, mesmo que apenas por um instante.

Uma terceira tentativa de registrar meu nome na história das ciências foi feita, nos últimos tempos, pelo professor Fischer,[5] em memória à boa relação que tivemos anteriormente; ele que, em 1811, em Moscou, publicou a *Prodromum craniologiae comparatae*, na qual anota *Observata quaedam de osse epactali, sive Goethiano palmigradorum*,[6] e me concede a honra de atribuir meu nome a uma divisão do osso occipital, do qual tratei com alguma atenção em minhas pesquisas. É também pouco provável que essa atitude bem-intencionada logre seu objetivo, e, como sempre, terei de aceitar que uma homenagem tão gentil desapareça das denominações científicas.

Mas, embora o fato de que eu não seja mais lembrado entre as plantas, os minerais e os pequenos ossos deva, em alguma medida, ofender minha vaidade, poderei saná-lo de maneira satisfatória graças à atenção que recebi de um estimado amigo. Alexander von Humboldt enviou-me, junto com a

---

3 Segundo o *Dicionário Houaiss*: "Orictognosia é a ciência que ensina a conhecer e a distinguir os minerais e os fósseis".

4 Ou *pyrrhosiderita*.

5 Johann Gotthelf Fischer (1771-1853), anatomista alemão.

6 *Proêmio à craniologia comparada* e *Algumas observações acerca do osso epactal, ou goetheano, dos plantígrados.*

tradução alemã de suas *Ideias para uma geografia das plantas*, uma graciosa ilustração, na qual indica que também a poesia seria capaz de erguer o véu da natureza;[7] e, se ele o admite, quem o negará? Senti-me, por isso, no dever de exprimir publicamente meu agradecimento.

Na presente ocasião, talvez seja apropriado agradecer também a todas as academias de ciências e sociedades ativas de fomento às ciências que quiseram gentilmente admitir-me como membro. Se quiserem censurar-me por dizer tão abertamente tais coisas a respeito de mim mesmo, tomando essa atitude por um indecoroso autoelogio, em breve aproveitarei a oportunidade para contar livremente e sem reservas o modo tão antipático e desagradável com que são tratados, há 26 anos, meus esforços científicos em um outro domínio com este relacionado.[8]

Agora, porém, devo dar continuidade a meu divertido empenho no alegre reino vegetal! Pois, precisamente agora, que estou prestes a enviar estas páginas para impressão, receberei uma nova recompensa extremamente prazerosa por minha atuação e perseverança. Creio que, ao analisar a valiosa *História da botânica* de Kurt Sprengel,[9] a fim de obter uma visão ampla do desenvolvimento dessa ciência tão estimada, encontrei uma referência honrosa a meu trabalho. E como imaginar uma recompensa maior que obter a aprovação de homens que, nos domínios a que nos dedicamos, sempre consideramos os protagonistas.

É uma grande sorte quando, com o passar dos anos, não se tem do que reclamar em relação às mudanças da maneira de pensar de sua época. O jovem anseia atrair o interesse, o adulto demanda aprovação, o velho espera a aprovação; e, enquanto os primeiros normalmente recebem as partes que lhes são destinadas, este último se vê com frequência em desvantagem em relação à

7 O título completo da obra é *Ideen zu einer Geographie der Pflanzen nebst einem Naturgemälde der Tropenländer* [Ideias para uma geografia das plantas acrescidas de um quadro natural das regiões tropicais], e foi publicada em Tübingen; Paris: Cotta; Schoell, 1807. A referida ilustração é uma gravura do artista dinamarquês Bertel Thorwaldsen dedicada a Goethe, na qual Apolo ergue o véu de Ísis, a deusa da natureza.

8 O estudo da teoria das cores.

9 Kurt Sprengel (1766-1833), médico e botânico alemão.

sua recompensa; pois, se ele não sobreviver a si mesmo, outros viverão mais e tomar-lhe-ão a dianteira; assim, desenvolvem-se e disseminam-se maneiras de pensar e agir que ele não poderia prever.

A mim, porém, aquela almejada sorte agradou. Jovens trilharam o caminho do qual desfrutei, em parte graças a meus trabalhos preliminares, em parte pela via aberta pelo espírito do tempo. De agora em diante, hesitação e interrupção são quase impensáveis; melhor, talvez, a precipitação e o exagero que o retrocesso e a paralisação. Em tempos tão bons, dos quais desfruto com gratidão, quase não se recorda daquela época tacanha em que ninguém se dispunha a colaborar com um esforço sério e fiel. Alguns acontecimentos servirão, aqui, como exemplos e recordações.

Meu primeiro opúsculo dedicado à natureza mal havia causado alguma (e, diga-se, inconveniente) sensação quando, durante minhas viagens, encontrei um homem digno, já de certa idade, que passei a respeitar profundamente em todos os sentidos e, por ele ter sempre me incentivado, também a adorar. Após cumprimentar-me alegremente pela primeira vez, observou-me com alguma preocupação; ouvira que eu havia começado a estudar botânica, e seus motivos para me desaconselhar disso eram sérios: pois ele mesmo havia fracassado ao tentar se aproximar desse ramo da ciência. Em vez da natureza alegre, encontrou nomenclaturas e terminologias, além de um apreço por meticulosidades que de tão tacanho reprimia o espírito, paralisando e inibindo seus movimentos mais livres. Aconselhou-me, assim, de forma bem-intencionada, a não trocar os campos sempre florescentes da poesia pela flora provincial, pelos jardins botânicos ou pelas estufas, e menos ainda pelas plantas secas.

Mesmo tendo logo previsto quão difícil seria instruir e convencer o bem-intencionado amigo de meus esforços e objetivos, acabei confessando-lhe que um fascículo meu acerca da metamorfose das plantas havia sido publicado. Ele não me deixou terminar de falar, interrompeu-me, afirmando que agora sentia-se satisfeito, consolado e curado de seu erro. Compreendeu que eu tratava o assunto à maneira de Ovídio, e alegrava-se antecipadamente ao perceber o modo como eu apresentara encantadoramente os jacintos, os girassóis e os narcisos. A conversa voltou-se, então, para outros assuntos, que tinham sua total aprovação.

Naquele tempo, aquilo que se queria ou desejava era menosprezado de maneira decisiva quando estava inteiramente fora do horizonte da época. Todas as atividades eram tratadas de maneira isolada: a ciência, as artes, os negócios, os ofícios, e tudo o mais que se possa pensar movia-se num círculo fechado. Aquele que exercia uma atividade fazia-o com seriedade por si mesmo, e, por isso, também trabalhava apenas para si e à sua maneira; seu vizinho permanecia-lhe completamente estranho, e ambos se afastavam reciprocamente. Arte e poesia quase não se tocavam, e mal se podia pensar em uma viva interação entre elas. Poesia e ciência pareciam as maiores adversárias.

À medida que cada círculo de atuação particular se isolava, rompia-se também, em cada um deles, o modo de tratar seu objeto. Bastava um sopro de teoria para suscitar o pavor: pois havia mais de um século que se fugia desta como de um fantasma, e que, diante de uma experiência fragmentada, era preferível atirar-se nos braços das concepções mais grosseiras. Ninguém queria admitir que uma ideia ou um conceito pudesse fundamentar a observação, estimular a experiência, ou mesmo favorecer o ato de encontrar e descobrir.

Agora, deveria ser apresentada, em escritos ou nas conversas, alguma observação que agradasse a esses homens valorosos, para que a admitissem e assimilassem como algo isolado; assim, eles a louvariam, a tomariam por um lance de sorte e atribuiriam àquele que a compartilhou uma certa argúcia, pois, em certos casos, também eles dispunham de lucidez. Com isso, ao atribuírem a uma outra pessoa de fora do círculo uma ideia isolada, salvavam a inconsequência que lhes era própria.

* * *

Um acontecimento feliz
(1817)

Se é verdade que desfrutei dos momentos mais belos de minha vida na época em que investigava a metamorfose das plantas, adquirindo um conhecimento cada vez mais claro de seu desenvolvimento sucessivo; e que, tendo sido arrebatado por essa representação durante minha estadia em Nápoles e na Sicília, afeiçoei-me cada vez mais a essa maneira de considerar o reino vegetal e passei a praticá-la incessantemente por toda parte; foi, contudo, por ter proporcionado uma de minhas relações mais queridas, reservada pelo destino a meus últimos anos de vida, que esse prazeroso empenho tornou-se inestimável para mim. A ligação próxima que estabeleci com Schiller devo àqueles atraentes fenômenos, que dissolveram as desavenças que nos mantiveram afastados por tanto tempo.

Quando retornei da Itália – onde procurei formar-me em todos os campos da arte a fim de alcançar mais precisão e pureza, e sem preocupar-me com o que à época se passava na Alemanha –, deparei com o fato de que determinadas obras poéticas antigas e novas usufruíam de grande reputação e exerciam ampla influência. Infelizmente, eram obras que me repugnavam ao extremo, entre as quais menciono apenas o *Ardinghello*, de Heinse, e *Os bandoleiros*, de Schiller.[1] O primeiro autor era-me detestável por tentar

1 Wilhelm Heinse, *Ardinghello und die glückseligen Inseln* [Ardinghello e as ilhas bem-aventuradas]. 2v. Frankfurt: Meyer, 1787; Friedrich von Schiller, *Die Räuber*.

enobrecer e adornar a sensualidade e uma maneira abstrusa de pensar por meio de uma arte plástica; o segundo, por tratar-se de um talento pujante e imaturo que havia vertido sobre a pátria, em uma torrente abundante e admirável, os paradoxos éticos e teatrais dos quais, precisamente, eu buscava purificar-me.

Eram ambos homens de talento, e eu não os censurava pelo que haviam empreendido e realizado: pois nenhum ser humano pode recusar-se a agir de acordo com sua própria maneira de ser. Ele, primeiro, a ensaia de modo inconsciente e ingênuo; em seguida, o faz de forma cada vez mais consciente, a cada estágio de sua formação. É por isso que tantas coisas extraordinárias e estúpidas são espalhadas pelo mundo, gerando uma confusão após a outra.

Os rumores, porém, de que a nação se entusiasmara com aquelas extraordinárias aberrações e sua aprovação era generalizada, provindo tanto dos estudantes incultos quanto das cultivadas damas da corte, aterrorizou-me. Julguei, com isso, que todos os meus esforços estavam perdidos, e tanto a maneira segundo a qual me havia formado quanto os objetos para os quais me educara pareciam obsoletos e distantes. O que mais me causava dor era o fato de que todos os meus amigos próximos, Heinrich Meyer e Moritz, assim como os artistas que seguiam trabalhando da mesma maneira, como Tischbein e Bury,[2] pareciam-me igualmente ameaçados. Fiquei muito consternado. Se tivesse sido possível, eu bem teria abandonado meus estudos das artes plásticas e o exercício da arte poética; pois acaso haveria alguma chance de superar essas produções de natureza exaltada e forma ainda mais selvagem? Imaginem minha situação! Procurava acercar-me das intuições mais puras e comunicá-las; agora, via-me constrangido entre Ardinghello e Franz Moore.[3]

Frankfurt; Leipzig: Metzler, 1781. [Ed. bras.: *Os bandoleiros*. Trad. Marcelo Backes. Porto Alegre: L&PM, 2001.]

2 Johann Heinrich Meyer (1760-1832), pintor suíço, amigo de Goethe desde sua viagem à Itália; Karl Philipp Moritz (1757-1793), escritor e ensaísta alemão; Johann H. W. Tischbein (1751-1829), pintor alemão e amigo de Goethe, autor do quadro *Goethe na campagna romana*; Friedrich Bury (1763-1823), pintor alemão.

3 Protagonista de *Os bandoleiros*, de Schiller.

Moritz, que também havia voltado da Itália e permanecera um longo tempo comigo, apoiava-me apaixonadamente nessas convicções. Eu evitava Schiller, que morava perto de mim durante sua temporada em Weimar. O aparecimento de *Don Carlos*[4] não foi uma boa ocasião para nos aproximar; eu recusava toda tentativa feita por pessoas próximas tanto de mim quanto dele, e assim vivemos por algum tempo, um ao lado do outro.

Tampouco seu ensaio sobre graça e dignidade[5] foi um meio para a reconciliação. Schiller havia acolhido com alegria a filosofia kantiana, que tão alto eleva o sujeito, ao mesmo tempo que parece diminuí-lo; ela desenvolvia, em Schiller, o elemento extraordinário que a natureza havia colocado em seu ser, e ele, em meio ao sentimento mais sublime de liberdade e autodeterminação, era ingrato à Mãe grandiosa, que decerto não o tratava como madrasta.

Em vez de julgá-la independente, viva e capaz de produzir segundo leis desde suas camadas mais profundas até as mais elevadas, considerou-a a partir do ponto de vista de alguns traços empíricos naturais do ser humano. Algumas passagens ásperas, inclusive, pude referir diretamente a mim; e, como elas apresentavam minhas crenças sob uma falsa luz, senti ser isso ainda pior do que se nenhuma referência tivesse sido feita. O imenso abismo entre nossas maneiras de pensar abria-se de maneira cada vez mais definitiva.

Não se podia pensar em qualquer conciliação. Mesmo os conselhos ponderados de Dalberg,[6] que honrava Schiller com dignidade, foram improdutivos, uma vez que não era fácil refutar os argumentos por mim opostos a qualquer conciliação. Ninguém podia negar que, entre dois antípodas intelectuais, a separação é maior que o diâmetro da Terra, pois, estando em polaridade recíproca, jamais poderiam tocar-se. No entanto, o fato de haver entre eles uma relação será esclarecido a seguir.

Schiller mudou-se para Jena, onde igualmente não o vi. Na mesma época, Batsch[7] inaugurara, com inacreditável presteza, uma sociedade de

---

4 Peça de Schiller publicada em 1787.

5 "Sobre a graça e a dignidade" (Über Anmut und Würde), ensaio filosófico de Schiller publicado pela primeira vez na revista *Neue Thalia*, v.2, n.2, 1793.

6 Karl Theodor A. M. von Dalberg (1744-1817), bispo e político alemão.

7 August Johann G. K. Batsch (1761-1802), naturalista alemão.

naturalistas, com belas coleções e significativas instalações. Eu geralmente frequentava suas reuniões regulares, e, certa vez, encontrei Schiller. Por acaso, saímos de lá juntos ao mesmo tempo, e uma conversa iniciou-se. Ele parecia ter se interessado pelo que fora exposto, porém notou, com muita inteligência e sensatez, e para minha satisfação, que uma maneira tão fragmentada de tratar a natureza não poderia de forma alguma encorajar o público leigo a se aventurar nessa ciência.

A isso respondi que, talvez, mesmo para os iniciados ela permanecesse obscura, e que deveria haver uma maneira de considerar a natureza sem separá-la e cindi-la, mas apresentando-a como algo vivo e efetivo, partindo do todo para as partes. Ele quis compreendê-lo melhor, sem, contudo, esconder suas dúvidas, pois não podia admitir que essa concepção pudesse provir da experiência, tal como eu afirmava.

Chegamos à sua casa, e a conversa levou-me a entrar. Lá, expus animadamente a metamorfose das plantas, e fiz surgir diante de seus olhos, com traços de pena característicos, uma planta simbólica. Ele ouviu e observou tudo com grande interesse e convicta capacidade de apreensão. Quando terminei, porém, agitou a cabeça e disse: "isso não é uma experiência; isso é uma ideia". Fiquei perplexo e, de alguma forma, incomodado: pois isso indicava, da maneira mais estrita, o ponto que nos separava. Lembrei-me novamente da afirmação feita em "Graça e dignidade"; o antigo ressentimento ameaçou ressurgir; mas, afinal, controlei-me e respondi: "pois muito me agrada ter ideias sem o saber e poder, inclusive, vê-las com os olhos".

A intenção de Schiller, que tinha muito mais sabedoria de vida e tato para as coisas do que eu, e já tinha em mente a ideia de que eu colaborasse na revista *Horen*, era muito mais a de atrair-me que a de repelir-me. Ele replicou como um kantiano bem formado, e, como meu obstinado realismo proporcionava uma contraposição animada, muito se debateu, até que cessamos; nenhum de nós poderia declarar-se vencedor, e ambos julgavam-se insuperáveis. Proposições como a que se segue deixavam-me inteiramente descontente: "Como poderia haver um dia uma experiência adequada a uma ideia? Pois nisso reside o que é próprio desta última, a saber, que jamais uma experiência poderá concordar com ela". Mas, embora ele tomasse por uma ideia aquilo que eu dizia ser uma experiência, algum ponto negociável ou comum deveria prevalecer entre nós! O primeiro passo fora dado; Schiller possuía um forte magnetismo, e retinha junto a si todos aqueles que dele se aproximavam. Colaborei com seus projetos e prometi entregar às *Horen* muitas coisas que mantinha escondidas comigo. Sua esposa, que eu amava e estimava desde sua infância, fez sua parte para que nosso entendimento fosse duradouro; todos os nossos amigos em comum ficaram contentes; assim, selamos, em meio a uma grande disputa entre sujeito e objeto – a qual, talvez, jamais possa ser inteiramente solucionada –, uma ligação que perdurou ininterruptamente e trouxe muitas coisas boas tanto para nós quanto para os outros.

Após esse feliz começo, desenvolveram-se gradualmente, ao longo de uma convivência de dez anos, as disposições filosóficas que estavam contidas em minha natureza. Isso é algo que pretendo justificar tanto quanto me seja possível, uma vez que as principais dificuldades devem saltar à vista de todo conhecedor. Pois aqueles que, situados em um ponto de vista mais elevado, observam a cômoda segurança do entendimento humano, isto é, de um entendimento inato a um homem saudável, que não duvida nem dos objetos e de suas relações, nem da própria autoridade para conhecê-los, apreendê-los, julgá-los, avaliá-los e utilizá-los; tais pessoas, digo, certamente reconhecerão ser quase impossível a tarefa de descrever as transições para um estado mais puro, livre e confiante, transições estas que devem existir aos milhares. Nesse caso, não convém falar de uma formação gradual, mas de caminhos erráticos, secretos, furtivos; e, em seguida, de passagens involuntárias e saltos enérgicos para uma cultura superior.

Quem, afinal, poderá afirmar ter sempre frequentado as regiões mais elevadas da consciência ao dedicar-se à ciência, nas quais consideramos os objetos exteriores com toda ponderação e com uma atenção tão serena quanto aguçada, e, ao mesmo tempo, deixamos reinar nossa própria interioridade, com inteligente cautela e modesto discernimento, aguardando pacientemente uma intuição verdadeiramente pura e harmônica? Acaso o mundo não nos confunde? Acaso não nos confundimos, nós mesmos, nesses momentos? No entanto, podemos nutrir desejos inocentes, e não nos é proibido tentar uma aproximação afetuosa em relação ao que é inalcançável.

Os primeiros resultados de nossas exposições recomendaremos aos amigos que há muito estimamos e, ao mesmo tempo, à juventude alemã que almeja coisas boas e corretas.

A partir delas, esperamos poder atrair e conquistar novos interessados e futuros divulgadores.

* * *

Estudos posteriores e coleções
(Excerto)
(*1820*)

Minha teoria da metamorfose não poderia de modo algum ter sido composta como uma obra independente e fechada; na verdade, ela não poderia ter sido formulada senão como um modelo ou uma norma segundo a qual os seres orgânicos deveriam ser medidos e apreendidos. Assim, a fim de penetrar mais profundamente no reino vegetal, o mais imediato e natural que me convinha fazer seria procurar desenvolver um conceito detalhado das diferentes formas e de suas origens. Como, porém, eu também pretendia continuar por escrito o trabalho que havia iniciado, levando a cabo em pormenor aquilo que havia apenas indicado, coletei exemplos de formação, transformação e deformação que a natureza fornece com tanta generosidade. Daqueles que me pareciam instrutivos mandei fazer ilustrações, pinturas e gravuras, e assim preparei a continuação de meu primeiro trabalho, ao mesmo tempo que acrescentava regularmente os fenômenos notáveis aos diversos parágrafos de meu ensaio.

Por meio de minha relação com Batsch, aos poucos compreendi a importância dos parentescos entre as diferentes famílias de plantas, e agora a edição de Usteri das obras de Jussieu[1] tornou-se muito útil para mim. Deixei de lado os acotilédones, e passei a considerá-los apenas quando se aproximavam de uma forma definida. Contudo, não poderia ocultar-se de

---

1 As referências sobre estes nomes estão no ensaio anterior.

mim o fato de que os monocotilédones proporcionam a mais rápida visão do conjunto, pois, devido à simplicidade de seus órgãos, exibem abertamente os segredos da natureza, apontando tanto para a frente, para as fanerógamas mais desenvolvidas, quanto para trás, para as misteriosas criptógamas.

Na vida ativa, movido para lá e para cá por diversas ocupações, distrações e paixões, estava satisfeito em elaborar e utilizar para mim mesmo as coisas que havia adquirido. Com prazer acompanhava o jogo das vicissitudes da natureza sem expressar-me sobre o assunto. Os grandes esforços de Humboldt, bem como as obras minuciosas provindas de todas as nações, forneciam material suficiente para uma silenciosa reflexão. Por fim, surgiu novamente em mim a vontade de retornar à atividade; mas logo, quando meus sonhos aproximavam-se da realidade, as pranchas das gravuras se perderam, e não reencontrei o desejo e a coragem de refazê-las. Entretanto, essa maneira de representar capturou as mentes jovens, desenvolvendo-se de maneira mais viva e consistente do que pensei; de modo que agora considero válida toda desculpa que favorece minha indolência.

Hoje, porém, após tantos anos, quando olho para aquilo que me restou de meus esforços e considero o que ainda há das plantas, ou partes de plantas secas ou mesmo conservadas, dos desenhos e gravuras, das anotações marginais para meu primeiro ensaio, das coletâneas, excertos de livros e pareceres, e ainda das variadas publicações, compreendo bem que o objetivo que eu tinha em vista deveria permanecer inalcançável para mim, dada minha posição, bem como minha maneira de pensar e proceder. Pois a empresa não consistia em nada menos que apresentar aos olhos, agora detalhadamente, por meio de imagens, e de maneira ordenada e gradual, aquilo que eu havia elaborado de um modo geral e vertido em palavras para o trabalho do conceito, ou para a intuição interna, além de mostrar para o sentido externo que, a partir da semente dessa ideia, uma árvore da ciência botânica poderia se desenvolver com facilidade e alegria, ensombrando o mundo.

Neste momento, não me entristece de modo algum o fato de que eu não conseguiria realizar esse trabalho, pois, desde aquela época, a ciência se desenvolveu muito, estando agora disponíveis aos homens capazes, de maneira mais abundante e acessível, todos os meios para promovê-la. Desenhistas, pintores, gravuristas! Quão instruídos e versados não são eles, devendo também ser valorizados como botânicos. Aquele, porém, que pretende imitar e reproduzir, deve entender do assunto, compreendê-lo profundamente, senão haverá na ilustração apenas uma aparência, e não o próprio produto da natureza. Tais homens, porém, são necessários se o pincel, o cinzel e o buril devem dar conta das delicadas transições por meios das quais uma forma se transforma em outra; eles devem sobretudo perceber, primeiramente com os olhos do espírito, o esperado, ou aquilo que se seguirá necessariamente no órgão que se prepara, e descobrir a regra em seus desvios.

Aqui, portanto, tenho a esperança próxima de que, se um homem ativo, empreendedor e com discernimento situar-se no ponto central, ordenando, determinando e formando com segurança tudo o que seja proveitoso para esse intento, tal obra, que anteriormente parecia impossível, será realizada de maneira satisfatória.

Decerto, aqui, a fim de não prejudicarmos algo bom, como até agora fizemos, convém partir da verdadeira, saudável e puramente fisiológica metamorfose para, em seguida, apresentar o patológico, o incerto progredir e regredir da natureza e a verdadeira malformação das plantas. Com isso, haveremos de dar um fim a esse procedimento inibidor segundo o qual apenas se falava em metamorfose quando se tratava de formas irregulares ou de más-formações. No último caso, porém, o livro de nosso distinto Jäger[2] deve ser estimado como um trabalho preparatório e colaborativo. Com efeito, esse fiel e diligente observador teria antecipado todos os nossos desejos e realizado o trabalho que indicamos, caso ele quisesse ter perseguido tanto o estado doente quanto o estado sadio das plantas. [...]

* * *

2 Georg Friedrich Jäger (1785-1866), botânico alemão, autor de *Sobre a má-formação das plantas* [*Über die Mißbildung der Gewächse*], de 1814.

Considerações sobre a morfologia (1794-1799)[1]

Distinção e demarcação do campo no interior do qual se trabalhará.

Fenômeno da estrutura orgânica.

Fenômeno da estrutura mais simples, que parece consistir em um mero agregado das partes, mas que, com frequência, poderia ser igualmente explicada por meio da teoria da evolução ou da epigênese.

Intensificação desse fenômeno e unificação dessa estrutura na unidade animal.

Forma.

Necessidade de considerar em conjunto todos os modos de representação; de não indagar, em hipótese alguma, acerca das coisas e de suas essências, mas tratar apenas até certo ponto do fenômeno; e de comunicar aos outros aquilo que foi visto e conhecido.

Os corpos que denominamos orgânicos possuem a característica de produzirem, por si ou a partir de si, o seu semelhante.

Isso pertence ao conceito de um ser orgânico, e, para além disso, não podemos dar mais satisfações.

O novo, o idêntico, é, inicialmente, apenas uma parte do primeiro e, nesse sentido, provém dele. Isso favorece a ideia da evolução; no entanto, o novo não pode desenvolver-se a partir do antigo sem que este último tenha alcan-

1 Data estimada da redação do texto.

çado uma certa perfeição por meio da assimilação de nutrientes externos. Isso favorece o conceito da epigênese. Ambos os modos de representação são grosseiros e toscos diante da sutileza do insondável objeto.

A primeira coisa que nos salta aos olhos em um objeto vivo é sua forma, tomada em conjunto; em seguida, as partes dessa forma, sua figura e sua articulação.

Da forma em geral, bem como da articulação e proporção entre as partes, na medida em que são exteriormente visíveis, ocupa-se a história natural; mas, na medida em que se apresentam primeiramente aos olhos, o esforço que se faz ao dividir a forma [*Gestalt*] é denominado arte da dissecação. Ela não se ocupa somente da forma [*Gestalt*] das partes, mas também da própria estrutura interna das mesmas; e, nesse caso, com justiça, recorre à lente de aumento.

Assim, quando o corpo orgânico é mais ou menos destruído dessa maneira, tendo sua forma suprimida e podendo suas partes ser consideradas como matéria, então, cedo ou tarde, a química entra em cena, oferecendo-nos novas e belas explicações a respeito das partes ulteriores e de suas combinações.

Denominamos esforços fisiológicos aqueles que realizamos quando, a partir de todos esses fenômenos observados isoladamente, submetemos essa criatura destruída a uma palingenesia e a consideramos novamente viva e saudável.

Sendo a fisiologia aquela operação do espírito por meio da qual se pretende compor um todo, reunindo o vivo e o morto, o conhecido e o desconhecido, o que é completo e o que é incompleto, e fazendo-o por meio de intuições e deduções; um todo, ao mesmo tempo, visível e invisível, cujo lado exterior deve aparecer para nós apenas como um todo, enquanto o interior apenas como uma parte cujos efeitos e manifestações exteriores serão sempre um mistério para nós; então é fácil compreender por que a fisiologia esteve durante tanto tempo aquém de nossas expectativas, e por que, talvez, permaneça assim para sempre: porque o homem sente constantemente sua própria limitação e raramente quer admiti-la.

A anatomia elevou-se a tal grau de certeza e precisão que seus conhecimentos mais distintos já constituem, por si mesmos, uma espécie de fisiologia.

Os corpos se movem na medida em que possuem um comprimento, uma largura e um peso, e atuam sobre eles uma pressão e um choque, fazendo que, de uma maneira ou de outra, possam ser tirados do lugar. Por isso, os homens para os quais essas leis naturais eram conhecidas e vigentes aplicaram-nas, não sem algum proveito, aos corpos orgânicos e a seus movimentos.

Também a química observa as modificações das menores partes, bem como sua composição; seu trabalho e sua sutileza finais são de grande importância, o que, mais do que nunca, lhe dá razão para reivindicar seu direito de revelar as naturezas orgânicas.

Com tudo isso, ainda que se desconsidere aquilo que não abordarei aqui, vê-se facilmente que com razão empregamos todas as forças do ânimo quando aspiramos, em conjunto, ao conhecimento dessas coisas ocultas; e com razão precisamos de todas as ferramentas internas e externas, e fazemos uso de todos os benefícios quando nos atrevemos a realizar esse trabalho, sempre eterno. Mesmo uma certa unilateralidade não é prejudicial ao todo; cada qual considera seu próprio caminho o melhor sempre que o deixa bem aplainado e ordenado para que os próximos possam percorrê-lo com mais rapidez e conforto.

Recapitulação das diversas ciências:

a) Conhecimento das naturezas orgânicas segundo o hábito e as diferentes relações entre suas formas: *história natural*.
b) Conhecimento das naturezas materiais em geral enquanto forças e em suas circunstâncias locais: *teoria da natureza*.
c) Conhecimento das naturezas orgânicas segundo suas partes internas e externas, sem levar em consideração o conjunto vivo: *anatomia*.
d) Conhecimento das partes de um corpo orgânico na medida em que deixa de ser orgânico, ou na medida em que sua organização é vista como um composto de matéria ou como algo que dá origem somente à matéria: *química*.
e) Estudo do todo na medida em que vive, e a essa vida é atribuída uma força física particular: *zoonomia*.[2]

2 Essa definição provém de Erasmus Darwin (1731-1802), autor de *Zoonomia, ou As leis da vida orgânica* (1795-1799).

f) Estudo do todo na medida em que vive e age, e a essa vida é atribuída uma força espiritual: *psicologia*.
g) Estudo da forma tanto em suas partes quanto no todo, das suas semelhanças e diferenças, sem levar nada mais em consideração: *morfologia*.
h) Estudo do todo orgânico a partir da atualização de todas essas considerações e da associação das mesmas por meio da força do espírito: *fisiologia*.

Considerações sobre a morfologia em geral

A morfologia pode ser vista tanto como uma teoria por si mesma quanto como uma ciência auxiliar da fisiologia. Em seu conjunto, ela se apoia sobre a história natural, de onde extrai os fenômenos para seus próprios fins. O mesmo ocorre com a anatomia de todos os corpos orgânicos e, em especial, com a zootomia.

Como pretende apenas expor, e não explicar, ela absorve o mínimo possível das outras ciências auxiliares da fisiologia; e, embora não desconsidere as relações entre forças e distâncias do físico, bem como as proporções e combinações da matéria do químico, ela se torna, devido à sua limitação, apenas uma ciência particular, vista por toda parte como serva da fisiologia e coordenando-se com as ciências auxiliares.

Se nossa intenção for a de fundar a morfologia como uma ciência nova, não segundo o objeto (que já é conhecido), mas segundo o método e a abordagem, os quais devem não apenas conferir à própria teoria uma forma, como também apontar seu lugar entre as outras ciências, devemos, antes de tudo, indicar este último e mostrar a relação da morfologia com as outras ciências afins. Somente depois deveremos apresentar seu conteúdo e seu modo de exposição.

A morfologia deve conter a teoria da forma, da formação e da transformação dos corpos orgânicos. Ela pertence, por isso, às ciências naturais cujos objetivos particulares examinaremos a partir de agora.

A história natural admite a diversidade de formas dos seres naturais como um fenômeno conhecido. Entretanto, não pode ignorar que essa grande diversidade apresenta uma certa uniformidade, seja em geral, seja no particular. Ela não apenas expõe os corpos que lhe são conhecidos como também os ordena, ora em grupos, ora em séries, segundo suas formas, tal como as vemos, e suas qualidades, tal como as investigamos e conhecemos, permitindo-nos abarcar com a vista, por meio disso, a enorme multidão de seres. Sua tarefa é dupla: trata-se, por um lado, de sempre descobrir novos objetos, e, por outro, de ordenar os objetos sempre conforme sua natureza e suas qualidades, banindo, na medida do possível, toda arbitrariedade.

Assim, enquanto a história natural se guia pela aparência externa das formas, considerando-a em seu conjunto, a anatomia demanda o conhecimento da estrutura interna, a dissecação do corpo humano, tomado como o objeto mais digno de todos e como aquele cujo conhecimento exige o auxílio de muitos, uma vez que, sem uma compreensão precisa de sua organização, não se poderá alcançá-lo. Houve muitas contribuições para a anatomia das outras criaturas organizadas; porém, elas se encontram tão dispersas, e suas observações são, na maioria dos casos, tão incompletas, além de muitas vezes também equivocadas, que, para o naturalista, o conjunto permanece praticamente inutilizável.

A experiência que a história natural e a anatomia nos oferecem – em parte a ser seguida e ampliada, em parte a ser sintetizada e utilizada – levou-nos a empregar outras ciências, a aproximar as ciências afins e a estabelecer um ponto de vista próprio sempre com o objetivo de satisfazer a necessidade de obter uma visão fisiológica geral; e, com isso, embora estejamos habituados a proceder de maneira unilateral – e assim procedamos, efetivamente, conforme a natureza humana –, o caminho para os fisiologistas das épocas futuras foi muito bem preparado.

Da tarefa do físico, no sentido mais estrito, a teoria da natureza orgânica pôde extrair apenas as relações gerais entre as forças, bem como entre suas diferentes localizações no espaço dado. A aplicação de princípios mecânicos às naturezas orgânicas chamou ainda mais nossa atenção para a perfeição dos seres orgânicos, e quase se poderia dizer que, quanto menos aplicáveis forem os princípios mecânicos às naturezas orgânicas, mais perfeitas elas são.

Essa disciplina deve muito ao químico, que desconsidera a forma e a estrutura, atentando apenas para as qualidades da matéria e as proporções entre suas combinações; e mais ainda haverá de dever, uma vez que as novas descobertas permitem as mais finas composições e decomposições, podendo-se também esperar que, por meio disso, se possa observar cada vez mais de perto a obra infinitamente sutil de um corpo orgânico vivo. Assim, como já conquistamos, por meio da observação atenta da estrutura, uma fisiologia anatômica, também podemos esperar que, com o tempo, possamos elaborar uma fisiologia físico-química; e é de se desejar que ambas as ciências sempre progridam como se cada uma quisesse, por si mesma, dar conta de toda a tarefa.

Uma vez que ambas as ciências tendem a decompor as coisas, e que os compostos químicos efetivamente resultam de meras decomposições, é natural que essa maneira de conhecer e representar os corpos orgânicos não satisfaça todos os homens, já que alguns possuem a tendência de partir de uma unidade para, em seguida, desdobrar suas partes e reconduzi-las novamente à unidade, sem mediações. Com isso, a natureza dos corpos orgânicos oferece-nos uma bela oportunidade: pois, uma vez que o mais completo entre eles aparece como uma unidade separada de todos os outros seres; que nós mesmos somos conscientes de tal unidade; que percebemos o mais perfeito estado de saúde apenas pelo fato de que sentimos nosso todo, e não as partes desse todo; e que tudo isso somente pode existir na medida em que as naturezas são organizadas, e que estas apenas por meio desse estado que chamamos de vida podem organizar-se e manter-se em atividade: então, nada haveria de mais natural que a tentativa de fundar uma zoonomia, acompanhada do empenho para investigar as leis em função das quais uma natureza orgânica é destinada à vida. Com toda a razão atribuiu-se a essa vida, para fins de exposição, uma força. Foi possível e, na verdade, necessário admiti-la, pois a vida, em sua unidade, manifesta-se como uma força que não está contida em nenhuma parte em particular.

Uma natureza orgânica não pode ser vista como uma unidade por muito tempo; nós mesmos não podemos ser vistos como unidades por muito tempo. Assim, somos forçados a nos considerar de duas maneiras: ora como um ser que se deixa apreender pelos sentidos, ora como um ser que pode ser conhecido somente pelo sentido interno e percebido apenas por meio de seus efeitos.

Por isso, a zoonomia decompõe-se em duas partes não facilmente distinguíveis, a saber: a parte corporal e a parte espiritual. Elas não podem, de fato, separar-se uma da outra, mas aquele que se dedica a essas disciplinas pode partir de um lado ou de outro e, assim, atribuir a um ou ao outro a predominância.

Essas ciências, tal como foram aqui mencionadas, não apenas exigem, cada uma, um especialista para trabalhá-las, como até mesmo suas partes podem, sozinhas, ocupar a vida inteira de um homem. Disso resulta uma dificuldade ainda maior, pelo fato de que todas essas ciências são quase sempre exercidas por médicos cuja prática, ainda que, por um lado, os auxilie na formação da experiência, sempre os impede de progredir.

Com isso, percebe-se que, para o fisiologista, que deve reunir todas essas considerações, muitas coisas ainda precisam ser preparadas a fim de que ele possa, futuramente, unificar todas essas observações e conhecer de forma apropriada o grande objeto, na medida em que isso seja permitido ao espírito humano. Aqui, é necessária uma atividade adequada proveniente de todas as partes – algo que não falta, nem nunca faltou, e por meio do que cada um avançará tanto mais rápida e seguramente quanto mais souber trabalhar desde um lado, porém não unilateralmente, e reconhecer, com alegria, os méritos de todos os outros colaboradores, em vez de priorizar sua própria maneira de pensar, como normalmente acontece.

Depois de termos, assim, mencionado as diversas ciências que trabalham para auxiliar o fisiologista e apresentado suas relações, chegará o momento em que a morfologia deverá legitimar-se como uma ciência particular.

Ela também é vista dessa maneira; e deve legitimar-se como uma ciência particular na medida em que assume, como seu objeto principal, aquilo que é tratado pelas outras ciências de maneira casual e acidental; e na medida em que reúne aquilo que, nestas, se encontra disperso, estabelecendo um novo ponto de vista a partir do qual as coisas naturais são consideradas com leveza e conforto. Ela possui a grande vantagem de ser composta de elementos universalmente conhecidos; de não estar em conflito com nenhuma doutrina; de não precisar retirar nada do lugar para criar um espaço para si; de serem extremamente significativos os fenômenos com os quais se ocupa; e de serem adequados e agradáveis à natureza humana as operações do espírito por meio das quais ela combina os fenômenos – de tal modo que, nela, até mesmo um experimento malsucedido seria capaz de unir a graça à utilidade.

* * *

Trabalhos preliminares para uma fisiologia das plantas (1790)[1]

Conceito de uma fisiologia

A metamorfose das plantas, a base de uma fisiologia da mesma.
Ela nos mostra as leis segundo as quais as plantas se formam.
Ela nos faz atentar para uma dupla lei:

1) A lei da natureza interna, pela qual a planta se constitui.
2) A lei das condições externas, pelas quais a planta é modificada.

A ciência botânica nos leva a conhecer a diversificada formação das plantas e de suas partes, por um lado, e investiga as leis dessa formação, por outro.

Se o empenho de ordenar em um sistema a grande quantidade de plantas merece o mais elevado grau de aprovação apenas quando ele é necessário, quando isolam as partes mais imutáveis das que são mais ou menos mutáveis e acidentais, e, com isso, iluminam cada vez mais os parentescos mais próximos entre os diversos gêneros, é também decerto louvável o empenho de conhecer a lei segundo a qual aquelas formações se produzem. Embora nos pareça que a natureza humana não consegue nem apreender a infinita variedade da organização, nem compreender com clareza a lei segundo a

1 Redigido nessa data. O texto permaneceu incompleto.

qual ela se efetiva, é belo, contudo, empregar todas as forças e ampliar esse campo em ambos os lados, tanto a partir da experiência quanto por meio da reflexão.

Vimos que as plantas se reproduzem de diversas maneiras, e tais maneiras devem ser vistas como modificações de uma única maneira. Quando tratamos da metamorfose, nos ocupamos principalmente da reprodução e da geração contínua que se dá com o desenvolvimento de um órgão a partir do outro. Vimos que esses órgãos, embora externamente transitem da semelhança à maior dissemelhança, internamente possuem uma semelhança virtual para o entendimento.

Vimos também que, nas plantas desenvolvidas, esse germinar contínuo não pode progredir ao infinito, mas conduz gradualmente a um ápice, e, como se tivesse alcançado a extremidade oposta de sua força, produz um outro modo de reprodução, por meio da semente.

[...]

* * *

Begonia radicans
(1828)

Em setembro de 1786, vi um muro largo e alto, no jardim botânico de Pádua, inteiramente coberto por *begonia radicans*, com seus tufos de flores em forma de cálice em tom amarelo-vivo pendendo com inexprimível riqueza. A impressão que isso causou em mim foi tal que desenvolvi um afeto singular por essa planta, procurando observá-la com especial atenção sempre que a encontrava em jardins botânicos, nas instalações de Weimar, onde são cultivadas com esmero, ou mesmo em jardins particulares.

Trata-se de uma planta trepadeira, que parece tender a avançar infinitamente, não fosse o fato de que dela caem os órgãos que lhe possibilitariam prender-se, fixar-se e ajustar-se a alguma estrutura. Por isso, forçamos seu sentido ascendente atando-a a uma ripa ou um sarrafo, de modo a conservar sua postura ereta e permitir que suba a uma altura muito elevada.

Tendo sempre observado esse procedimento, decidi reproduzi-lo com as minhas plantas. Observei, entretanto, com certo desgosto, que os novos raminhos impeliam-se por trás da ripa em direção à parede, avançando sobre esta. De forma um tanto desajeitada, isso acabava prejudicando a disposição dos belos ramalhetes de flores e privava do prazer de sua presença o espectador, que desejava admirá-las pendendo umas sobre as outras.

Quando observo um ramo de *begonia*, vejo que dele surgem, em pares, folhas pinadas de maneira irregular. Embaixo destas, na parte de trás, mostram-se protuberâncias glandulares que, sob grande ampliação, possuem uma forma semelhante à de um cacho de uvas. As três fileiras descendentes centrais de pequenas bagas, ou bolhinhas, possuem mais ou menos quinze destas; as seguintes possuem menos; e assim se produz aquela protuberância em forma de cacho de uvas. Há dois órgãos desse tipo lado a lado, como foi dito, em cada nó sob o par de folhas, na face posterior. Inicialmente, as bolhas desses aparentes cachinhos são claras e belas, tal como as pude ver uma única vez, no final de agosto de 1828. Na próxima primavera, portanto, será preciso atentar para esse fenômeno; enquanto isso, decidi imergi-las em álcool, após o que elas conservaram sua forma, mas adquiriram uma cor marrom.

Frequentemente, aliás, esse órgão possui uma aparência suberosa amarronzada, seca, pectínea ou cerdosa, e mede cerca de uma linha[1] de altura. Ele é normalmente visto como uma protuberância inútil, ou mesmo nociva. No que diz respeito à forma, de modo geral, esse órgão não permanece sempre idêntico a si: ele se estende ao longo do caule, se isola num pequeno aglomerado, desaparece em cavidades e, em seu lugar, aparecem pequenas covinhas que descem até a madeira. Uma única vez eu o vi como um robusto aglomerado de nove linhas de comprimento, ramificando-se como verdadeiras raízes, e cujos delicados filamentos revelavam-se ao microscópio recobertas com uma fina penugem.

Convém perguntar se, sob as devidas condições, essas partes não passariam por verdadeiras raízes; ao menos não podemos resistir a ver esses órgãos como condutores de umidade, da qual parecem necessitar as trepadeiras de muitos anos e já muito distantes do solo e das raízes.

Em vários ramos jovens de uma *begonia* alta conduzida ao longo de um edifício, não há qualquer traço desse órgão; porém, em uma planta que permanecia de maneira imprópria num local úmido e pouco ensolarado, que crescera a uma altura de uma vara e mal se tornara um arbusto, os ramos eram providos desse órgão em vários de seus nós, tornando nítida a ação recíproca entre as coisas, a saber: o órgão é solicitado pela umidade que ele mesmo deve transferir para a planta.

Assim, afirmo para mim mesmo que essa planta é uma trepadeira que, contudo, não sobe, mas pende para baixo. Falhamos no modo de tratá-la

1 Padrão de medida equivalente a 1/10 de 1 polegada.

quando a forçamos a se dirigir para cima, onde é privada da nutrição que lhe é adequada. Se a levarmos a uma certa altura, deixando-a depois cair sobre um terraço ou um rochedo, ela poderá ser contemplada em toda sua beleza. Os ramos mais jovens fixam-se pela face posterior na rocha úmida, e absorvem umidade suficiente para atribuir à planta seu verde característico e produzir milhares de ramalhetes floridos. Com isso, os pequenos ramos também alcançam sua posição natural; pois agora nota-se que, quando um ramo se sustenta para cima em um muro, do que normalmente resulta o peso de uma grande quantidade de flores, ele acaba se curvando e voltando para a luz e o sol sua face posterior, que logo desenvolve esse órgão de nutrição. Dessa forma, no exato momento em que a formação completa da planta necessita de tais influências, o admirável órgão se resseca e se aniquila. Então, as folhas dos ramos também caem e os ramalhetes pendem em caules desfolhados, em vez de cobrirem-se de folhas e, depois, de flores.

A vinha, que, com seus garfos, consegue fixar-se em qualquer lugar, pode trepar e se ajeitar onde quer que lhe pareça bom e proveitoso, mas uma planta tão notadamente bela como a *begonia radicans* deve ser plantada num local elevado, deixando-a cair; se isso for feito num local ensolarado, ver-se-á por toda parte seus sinos dourados pendentes. Com efeito, até hoje, essa notável planta ornamental apenas com especial cuidado, e até certo ponto, pôde ser cultivada de maneira satisfatória.

Devo ainda acrescentar que quem deseje tratar dessa planta de forma monográfica terá o prazer de descobrir que, em cada um dos pecíolos das referidas folhas pinadas, logo embaixo, em sua base, encontram-se de seis a oito dessas glândulas; além disso, nos ramos, precisamente onde um nó se solta do outro, logo abaixo ou ao lado dos olhos, distingue-se a mais delicada fileira de pequenas cerdas, sendo o ramo provido de incontáveis pontos brancos em todos os espaços intermediários, de nó em nó; dessa forma, nenhuma parte dessa planta é privada do meio de extrair para si, seja a partir da atmosfera, seja a partir do meio que a cerca, aquela umidade de que necessita para sua nutrição.

* * *

Uma demanda injusta (1824)

Quiseram censurar-me pelo fato de não ter considerado a raiz quando tratei da metamorfose das plantas. Quando ouvi isso, pareceu-me estranho exigirem que eu tivesse feito há quarenta anos algo que até hoje não o foi. Tenho pela raiz tanto respeito quanto pelos alicerces da catedral de Estrasburgo e de Colônia, e não me é inteiramente desconhecida a sua constituição; pois concedi de bom grado ao amigo Boisserée,[1] como algo também do seu interesse, um desenho das fundações da catedral parcialmente escavadas em tempos remotos. Mas nossa verdadeira observação do edifício começa pela superfície da terra; denominamos planta do edifício aquilo que se assinala sobre o solo e, depois, se ergue para o alto da maneira mais diversificada. A parte mais profunda, sobre a qual repousa a parte elevada que busca os ares, é deixada a cargo do entendimento, da consciência e da convicção do mestre; nós, porém, com base na excelência e no rigor da construção, inferimos com justiça a qualidade da infraestrutura.

Ocorre o mesmo em relação à raiz. De fato, não me interessei por ela, pois que tenho eu a ver com um órgão que se mostra apenas na forma de fios, cordões, bulbos e nós, e não consegue se apresentar senão em uma desagradável alternância no interior dessa limitação? Um órgão em que se manifesta uma infinita variedade, porém jamais um aprimoramento, sendo

1 Sulpiz Boisserée (1783-1854), estudante de arquitetura gótica e amigo de Goethe.

esta a única coisa que poderia atrair-me, manter-me e fazer-me prosseguir no curso em direção a meu objetivo. Deixemos, pois, que cada um siga seu caminho regularmente e olhe para trás com modéstia, a fim de ver o que empreendeu ao longo de quarenta anos, tal como um gênio bom nos concedeu fazer.

Weimar, 27 de junho de 1824.

* * *

Genera et species palmarum, *de K. F. von Martius Fascículos I e II; Munique, 1823*[1] *(1824)*

Ambos os volumes contêm, em 49 pranchas litográficas, ilustrações de diversas espécies originárias do Brasil com as quais o autor deparou na viagem científica que realizou para lá há alguns anos.

Aquelas pranchas que apresentam os detalhes dos galhos, das folhas, das flores e dos frutos, são todas folhas de cobre cuidadosamente finalizadas e delicadamente gravadas com buril cintilante, conforme a técnica da gravura. Observando-se por este lado, pode-se seguramente compará-las com as belas gravuras osteológicas da obra de Albinus,[2] revelando-se talvez ainda mais graciosas e bem trabalhadas. A maioria foi feita por A. Falger, embora os nomes de J. Päringer e L. Emmert sejam também merecidamente indicados.

---

1 O texto é um comentário da obra *Genera et species palmarum*, de Karl Friedrich Philipp von Martius (1794-1868), naturalista alemão que, junto com o zoólogo Johann Baptist von Spix (1781-1826), veio ao Brasil para a missão científica da comitiva da imperatriz Leopoldina [ver nota ao texto *Sobre a tendência espiral*, p.207 deste volume]. A obra foi publicada entre os anos de 1823 e 1850, em três volumes, contendo 245 pranchas litografadas e coloridas. O livro *Viagem de Goethe ao Brasil*, de Sylk Schneider (Florianópolis: Nave Editora, 2022), contém uma tradução deste texto de Goethe acompanhada de reproduções das ilustrações presentes na obra de Martius.

2 Bernhard Siegfried Albinus (1697-1770), anatomista alemão. Goethe refere-se à obra *Tabulae ossium humanorum*. Leiden, 1753.

Dez desenhos elaborados com a técnica habitual do giz preto, de forma limpa e vigorosa, apresentam palmeiras de diversas espécies na sua totalidade, com o tronco e os galhos, acompanhadas de maneira apropriada das paisagens das regiões nas quais cada uma delas costuma crescer no Brasil. Os primeiros planos são muito ricos, e ainda informam o espectador a respeito de outras plantas e da vegetação extremamente exuberante do país. Meras indicações gerais daquilo que cada uma dessas folhas apresenta bastará para tornar compreensível o que foi dito.

Prancha 22. Figura principal: *oenocarpus distichus*; no primeiro plano, folhas e arbustos. No plano intermediário e ao fundo, veem-se embaixo pradarias entre montanhas arborizadas.

Prancha 24. *Astrocaryum acaule* e *oenocarpus batava* aparecem como figuras principais no primeiro plano; a paisagem de fundo apresenta, embaixo, a margem de um rio que flui tranquilamente, ao longo do qual, em ambos os lados, se estendem promontórios fartamente cobertos de árvores.

Prancha 28. *Euterpe oleracea* igualmente à margem de um rio que deságua no mar, de onde a maré reflui torrencialmente.

Prancha 33. Os primeiros objetos que saltam aos olhos nessa página são a *elaeis melanococca* e a *iriartea exorrhiza*. Depois, um plano intermediário cheio de árvores e, embaixo, a margem de um rio ou um lago; um crocodilo emergindo da água enfeita a paisagem.

Prancha 35. *Iriartea ventricosa*, juntamente com a vista de um estreito vale formado por montanhas arborizadas cada vez mais elevadas, de onde aflui um rio que produz, no primeiro plano, uma pequena cascata.

Prancha 38. Em primeiro lugar, *mauritia vinifera*; ao fundo, montanhas desertas; a superfície é esparsamente provida dessa espécie de palmeira.

Prancha 41. *Attalea compta* e *mauritia armata*; atrás, uma região quase deserta, onde se vê, a uma distância maior ou menor, apenas algumas árvores dessa espécie.

Prancha 44. À frente, *mauritia aculaeta* e, ao fundo, um espesso e impenetrável matagal, além de plantas arborescentes com folhas grandes.

Prancha 45. *Lepidocaryum gracile* e *sagus taedigera* em uma região florestal escura, que encerra todo o panorama.

Prancha 49. *Corypha cerifera*. A paisagem que serve de fundo apresenta uma planície fartamente coberta por árvores, sobretudo palmeiras; ao longe, proeminentes picos de montanhas.

Apesar das informações serem breves, a utilidade e o caráter instrutivo do conteúdo dessas folhas, após a sua apresentação, tornar-se-ão decerto evidentes para qualquer um. Entretanto, deve-se ainda acrescentar que também o sentido e o gosto artísticos com que o sr. von Martius organizou os objetos no conjunto das paisagens merecem o elogio de todos aqueles que consigam contemplar e julgar a obra a partir do ponto de vista da arte. Os especialistas tampouco estarão menos satisfeitos mediante o trabalho do sr. Hohe, que desenhou com a técnica habitual do giz as últimas folhas mencionadas sobre placas de pedra, conforme os modelos produzidos de próprio punho pelo sr. von Martius.

No que dissemos acima, consideramos essa obra sob tantas perspectivas louvável apenas a partir de uma única, a saber, a perspectiva artístico-estética. No entanto, podemos dizer que justamente esta deve ser de bom grado vista como um complemento para os ganhos de viagem desses homens distintos.

Os já há muito conhecidos relatos de viagem dos dois dignos pesquisadores, o sr. von Spix e o sr. von Martius (Munique, 1823),[3] ofereceram-nos um panorama de diversas paisagens locais muito oportunas de uma grande região do mundo, grandiosa, livre e ampla. Eles nos proporcionaram os conhecimentos mais variados de acontecimentos particulares, mantendo inteiramente ocupadas a imaginação e a memória. O que, porém, espalha um especial encanto sobre aquela representação dinâmica é uma pura e calorosa empatia com o sublime da natureza em todos os seus cenários, sentida com clareza e profunda devoção e, mesmo assim, expressa com distinta alegria.

Além disso, a partir de uma perspectiva elevada, a *Fisiognomia das plantas*[4] (Munique, 1824) concentra nossos olhares sobre o reino vegetal de uma superfície inabarcável do globo terrestre, apontando para o particular, para

3 SPIX. J.; MARTIUS, K. *Reise in Brasilien [Viagem ao Brasil]*. München, 1823-1831.

4 MARTIUS, K. *Die Physiognomie des Pflanzenreiches in Brasilien [Fisiognomia do reino vegetal no Brasil]*. Munique, 1824.

as condições climáticas e locais sob as quais os incontáveis membros da vegetação se desenvolvem e se agrupam, transportando-nos, ao mesmo tempo, em uma tal plenitude que apenas o botânico exímio, na medida em que subordina as formas a uma denominação fluente, tem condições de evocar.

Na última obra que consideramos em pormenor, as espécies mais raras de palmeiras são também representadas em toda sua riqueza para os eruditos conhecedores, com auxílio de uma elaborada linguagem técnica. Nas pranchas acima desenhadas, porém, elas foram feitas com cuidado para todo admirador da natureza, representando os traços principais e as formas do estado geral da natureza em todas as suas variações, isolados ou em comunidade em domicílios e assentamentos, situados em locais abertos ou escuros, em terras úmidas ou secas, elevadas ou baixas, de modo que o conhecimento, a imaginação e o sentimento são simultaneamente satisfeitos e estimulados. Assim, ao percorrermos o conjunto das mencionadas publicações, sentimo-nos inteiramente presentes e tal como nativos em uma parte do mundo tão distante.

* * *

Folha e raiz
(1825)

Folha e raiz possuem, enquanto partes da organização superior da planta, uma relação que não salta à vista tão nitidamente nos vegetais desenvolvidos, uma vez que a folha se desenvolve acima da terra e a raiz embaixo dela, e, portanto, surgem originalmente separadas uma da outra; no entanto, já observamos, no aparecimento de raízes aéreas, que também o tronco e o caule são predispostos a produzi-las. Seguem abaixo apenas algumas considerações para uma elucidação mais precisa desse ponto:

1) Naturalistas judiciosos já tomaram por raízes os filamentos longitudinais, pelos quais as folhas se conectam em sentido descendente com o tronco e o caule e, participando da vida do alburno, se desenvolvem e se alimentam. Considerando-se mais de perto, não é a mera imaginação que quer aqui encontrar semelhanças, mas é o entendimento que descobre verdadeiras analogias.
2) Como a folha e o olho são inseparáveis na ideia, e visto que cada folha tem atrás de si um olho, cada olho consiste em um aglomerado de folhas escamosas; em cada uma dessas folhas, porém, tanto na primeira quanto nas seguintes, deve-se pensar a planta inteira; disso se segue que devemos nos representar em toda parte um ponto radical, ou a possibilidade do aparecimento de uma raiz.

3) Há muitos anos, percebi que, quando retiramos com cuidado as folhas dos bulbos da pequena *fritillaria* cultivada em jardim e as secamos com papel mata-borrão (como se fosse para um herbário), desenvolvem-se, após um certo tempo, pequenos bulbos na extremidade inferior, que haverão de se reproduzir novamente. Lembro-me de ter realizado eu mesmo o experimento, embora o resultado tenha desaparecido de minha memória; contudo, seria muito fácil repeti-lo e esperar seu êxito.
4) Há pouco tempo, o guarda-florestal Von Fritsch entregou para conservação uma raiz que se desenvolveu notavelmente. Na ocasião do abate de uma velha tília cujo núcleo havia apodrecido, descobriu-se que um ramo da parte superior havia se enraizado profundamente nessa parte apodrecida e continuara a vegetar como se estivesse sobre o chão ou o solo. Procurei explicar esse fato da seguinte maneira: na ponta mais antiga da tília, que a qualquer hora provoca o colapso, um ponto radical havia se desenvolvido a partir do núcleo de um ramo fresco; ele imediatamente encontrou alimento na superfície úmida e condenada ao apodrecimento da velha árvore, cresceu, aproximou-se do núcleo apodrecido e contribuiu para aumentá-lo.

Os incontáveis ramos que se desenvolvem continuamente no tronco a partir da raiz demonstram quão rica é em rebentos jovens uma velha tília, de modo que seríamos levados a perguntar se, mediante um tratamento adequado, esses mesmos raminhos jovens não poderiam ser forçados a lançar raízes.

5) A onipresença da raiz revela-se, aliás, na propagação mediante o alporque, prática conduzida tão universalmente nos dias de hoje.

Weimar, 20 de março de 1825.

* * *

Sobre a tendência espiral
(1831)

Nos encontros dos naturalistas alemães realizados em Munique e Berlim,[1] nosso espirituoso e versado professor Martius[2] conseguiu, mediante algumas exposições científicas, sintetizar todas as aquisições realizadas até o momento a respeito da morfologia no reino vegetal ao atentar para aquela tendência da planta pela qual as flores e os frutos são efetivamente formados e determinados, a ser denominada *tendência espiral*. Conforme nos informam os anais da *Isis* dos anos de 1827 e 1828, ele se exprime a respeito do assunto da seguinte maneira:

---

1 Esses encontros reuniam médicos e naturalistas alemães para debater temas recentes das ciências naturais da época. Eles ocorriam anualmente, em diferentes cidades. O primeiro se passou em Leipzig, em 1822, e foi organizado por Lorenz Oken, editor do periódico científico *Isis*.

2 Karl Friedrich Philipp von Martius (1794-1868) foi um importante naturalista alemão. Em 1817, ele e o zoólogo Johann Baptist von Spix (1781-1826) vieram ao Brasil a pedido da Academia de Ciências da Baviera como integrantes da comitiva da imperatriz austríaca Leopoldina, que deveria se casar com dom Pedro I. A missão que receberam foi a de estudar a vegetação existente em terras brasileiras, além de registrar e coletar os materiais encontrados. Ambos permaneceram no Brasil por três anos, ao longo dos quais percorreram diversas regiões, sobretudo o Norte e o Nordeste, nomeando e classificando inúmeras espécies vegetais. A ideia de que o crescimento das plantas ocorre de acordo com uma "tendência espiral" teria sido originalmente concebida por Von Martius, a quem Goethe reconhece dever suas reflexões acerca do tema.

Esse avanço do conhecimento da vida dos vegetais é o resultado daquela concepção morfológica conhecida como metamorfose das plantas.

Todos os órgãos da flor – cálice, coroa, filetes [*Staubfäden*] e ovários – são folhas transformadas.

São, portanto, folhas iguais em sua essência, porém distintas segundo a potência de sua metamorfose.

Por conseguinte, a construção de uma flor depende da posição e do arranjo, peculiar a cada espécie, de um certo número de folhas metamorfoseadas.

Essas folhas – idênticas internamente, diversas exteriormente – situam-se em torno de um eixo comum junto à extremidade de um ramo ou um pedúnculo, até que, reunidas e conectadas mutuamente, alcancem um estado de repouso.

Até aqui, formulamos com nossas próprias palavras apenas aquilo que é mais essencial, e esperamos ter respeitado o sentido a elas atribuído pelo respeitável autor. Acrescentemos ainda o seguinte:

Posteriormente, o magistral professor trabalha a questão de tal maneira que os movimentos orgânicos daquilo que é em si mesmo idêntico e exteriormente diverso, ordenados segundo o número e a medida, possam ser denominados *rotações* orgânicas; e, mediante determinações de todo tipo, ele também perscruta seus fenômenos regulares e irregulares com tamanha minúcia que lhe é possível arriscar a elaboração de uma designação simbólica para referir-se aos detalhes, e, com isso, erigir um novo sistema natural.

O estudo do referido ensaio, uma conversa íntima com esse homem excepcional e a concepção de um modelo para tornar palpável a apreensão desse processo problemático da natureza habilitaram-nos a seguir essas ideias notáveis e a adquirir uma convicção que não hesitaremos em compartilhar após termos inserido as passagens a seguir, para melhor compreensão da questão.

Os vasos espirais são bastante conhecidos pelos botânicos em geral, sobretudo os botânicos anatomistas. Eles foram observados em sua variedade, diferenciados e nomeados, ainda que sua determinação própria seja considerada problemática. Aqui, porém, serão tomados como partes muito pequenas inteiramente idênticas ao todo ao qual pertencem; enquanto homeomerias,[3]

3 Uniformidade entre as partes que constituem um todo.

comunicam ao todo suas particularidades, e dele recebem em troca suas qualidades e sua função. É-lhes atribuída uma vida própria, além de uma força para se moverem sozinhos e assumirem uma certa direção; o excepcional Dutrochet chama essa força de *encurvamento vital* [*vitale Inkurvation*].[4]

Por enquanto, deixemos de lado as considerações acerca dessas partes constitutivas e sigamos o percurso de nossa exposição.

Devemos, então, admitir: entre os vegetais, predomina uma *tendência espiral* geral que, associada ao esforço vertical, faz que toda estruturação e formação das plantas se realizem segundo a lei da metamorfose.

Assim, as duas principais tendências, ou, se quisermos, os dois sistemas vivos por meio dos quais a vida da planta se realiza à medida que ela cresce, são o sistema vertical e o sistema espiral; nenhum deles pode ser pensado separadamente do outro, pois cada um atua vivamente apenas por meio do outro. Mas é necessário, para uma compreensão mais precisa, e sobretudo para fins de exposição, admiti-las e investigá-las separadamente, observando como cada uma se faz predominante em relação à outra, ora subjugando-a, ora sendo por ela subjugada, ou então colocando-se com ela em equilíbrio. Com isso, as características desse par inseparável tornar-se-ão cada vez mais evidentes para nós.

A tendência vertical manifesta-se desde o princípio da germinação; é por meio dela que a planta se enraíza na terra e, ao mesmo tempo, eleva-se para o alto. Ela se conserva do início ao fim, manifestando-se também como uma tendência solidificante, tanto nos fios e fibras alongados quanto na formação ereta e rígida do lenho. Trata-se também da mesma força natural que se impele incessantemente, de nó em nó, para cima ou para outras direções, arrasta consigo vasos espirais isolados e, assim, à medida que promove e intensifica cada vez mais a vida, produz, consequentemente, uma continuidade do todo até mesmo nas plantas trepadeiras e rasteiras.

Ela se mostra de maneira incontestável na inflorescência, ao formar o eixo de cada configuração das flores; e salta aos olhos quando se manifesta nitidamente na espádice e na espata, como bastão e suporte da consumação

4 René Joachim Henri Dutrochet (1776-1847), autor de *Recherches anatomiques et physiologiques* (Paris: J.-B. Baillière, 1824).

final do vegetal; por isso, mesmo nas novas concepções, a tendência vertical teve de ser levada em consideração e ser vista como o princípio masculino de sustentação.

A tendência espiral, em contrapartida, deve ser vista como o princípio de vida verdadeiramente produtivo; ela está intimamente associada à outra tendência, mas sua atuação está voltada principalmente para as extremidades; pode, contudo, aparecer logo na primeira germinação, como se observa em algumas trepadeiras bons-dias.

No entanto, ela se revela da maneira mais notável nos acabamentos e terminações. Vejamos, por exemplo, o modo como as chamadas folhas compostas muitas vezes terminam em cirros e gavinhas, e os pequenos ramos, nos quais os vasos cheios de seiva predominam sem que ocorra a solidificação, assumem a forma de um garfo, uma forquilha, ou algo semelhante, curvando-se mais rápida ou mais lentamente.

No curso do crescimento dos monocotilédones, ela é mais raramente evidente. A tendência vertical ou longitudinal parece prevalecer; folhas e caules são impelidos no sentido do comprimento pelas fibras eretas, e eu de fato nunca encontrei, nessa grande seção do reino vegetal, nem cirros, nem gavinhas.

Se, à medida que a planta cresce, a tendência espiral pode ou bem ocultar-se, ou bem emergir de alguma maneira perceptível, ao final, porém, ela reina em todas as disposições das flores e dos frutos, nas quais, envolvendo-se mil vezes em seu eixo, realiza o milagre de permitir que uma única planta origine, a partir de si mesma, uma prole infinita.

Com isso, retornemos ao nosso início e nos recordemos das palavras que originalmente nos levaram a ideias tão diversas.

Se o que foi dito nos oferecer o desejado esclarecimento da formação regular das plantas, tornar-se-á evidente, para aquele que seguir pesquisando e refletindo a respeito dessa questão, que as mesmas máximas servirão para julgar as anomalias mais diversas, que estão fora da lei das formas determinadas.

De uma investigação mais detida depende o conhecimento mais profundo e determinado que esperamos alcançar, uma vez que o próprio professor Martius não pode deixar de dar continuidade a esse tema tão importante, e que muitos jovens têm se esforçado de maneira intensa e exaustiva para compreender as determinações perceptíveis e calculáveis dessas rotações. Por ora, devemos mencionar, apenas de modo geral, nossa admiração pelo artigo publicado na primeira parte do 15º volume dos dossiês da *Nova Acta Leopoldina*.

O ensaio intitula-se: "Estudo comparativo das escamas das pinhas como introdução ao estudo da disposição da folha em geral", pelo doutor Alexander Braun.[5]

De nossa parte, porém, permanece apenas o desejo de adicionar que, nesse saber, mais uma vez conduzido por esse caminho à dispersão em infinitos detalhes, não deverá faltar a íntima integração por meio da qual a visão geral dessas experiências tão ricas preserve-se e permaneça ativa no interior do círculo de uma ciência passível de ser apreendida e transmitida à posteridade.

* * *

5 Esse texto de Alexander Heinrich Braun (1805-1877) encontra-se em: *Nova Acta Leopoldina*, v.12, seção I, 1831.

Sobre a tendência espiral[1]
Introdução histórica
(1831)

Depois de ter observado o mundo vegetal com base em minhas primeiras opiniões, e de ter me contentado em unir diversos elementos particulares sob um universal, senti-me, mais uma vez, fortemente estimulado pela ideia recém-observada de uma certa tendência espiral das plantas, a respeito da qual nosso professor Martius ofereceu uma conferência em Munique (1827) e outra, no ano seguinte, em Berlim, tendo, nesta última, apresentado um modelo para maior elucidação. Quando esse estimado homem me visitou em sua viagem de retorno, o assunto veio à tona; ele teve, pois, a gentileza de introduzir-me profundamente, por meio tanto de uma densa conferência quanto de alguns desenhos ligeiros, nesses mistérios recém-desbravados.

Não deixei aqui de considerar mais seriamente os conhecimentos informados na revista *Isis* de 1828 e 1829; mas, como ainda me faltava uma observação mais precisa, tive de recorrer imperativamente a uma cópia daquele modelo. Pela ocasião de meu aniversário, o condescendente amigo deu-me uma de presente, a qual se revelou muito útil para tornar palpável o modo como surgem o cálice, a corola e os órgãos de reprodução. Por meio disso, esse assunto foi levado às últimas consequências, por assim dizer, de modo

1 Neste segundo texto sobre a tendência espiral nas plantas, Goethe inclui observações de outros pesquisadores sobre o tema que incluímos em nossa tradução.

que, a fim de proceder à minha maneira, tive de retornar desse ponto até o princípio. Enquanto estive ocupado com essa tarefa, descobri casualmente que um inglês e um francês[2] haviam, de sua parte, se aproximado atentamente dessas concepções. Eu expunha, agora, o conceito, partindo do particular para o universal, e atentava aos exemplos que fortaleciam minhas ideias e cujos número e congruência recíproca deveriam fundamentar as inferências extraídas a partir dali, tal como pretendo apresentar neste ensaio.

A tendência espiral universal da vegetação, por meio da qual, em conexão com o esforço vertical, a estruturação e a formação das plantas realizam-se conforme à lei da metamorfose

Quando, em nossa observação da natureza, ocorre um fato que nos deixa perplexos, e julgamos que nossa maneira de pensar e representar não são inteiramente suficientes para dominá-lo, fazemos bem em olhar a nosso redor para ver se algo semelhante já fora abordado na história do pensamento e do entendimento.

No presente caso, convém lembrar das *homeomerias* de Anaxágoras, ainda que, em sua época, um homem como ele devesse se contentar em explicar o mesmo a partir do mesmo. Agora, porém, podemos ousar conceber algo semelhante com apoio da experiência.

Deixemos de lado o fato de que essas próprias homeomerias são mais facilmente aplicadas aos fenômenos simples e primordiais; aqui, porém, descobrimos realmente, nos graus superiores, que o órgão espiral atravessa toda a planta em suas menores partes, e percebemos simultaneamente uma tendência espiral, por meio da qual a planta realiza seu curso vital e, por fim, alcança a completude e a perfeição.

Não devemos, portanto, rejeitar por completo aquela representação, tomando-a por insuficiente; devemos, ao contrário, levar a sério o fato de que as coisas que um dia puderam ser ditas por um homem distinto sempre possuem valor, ainda que não consigamos imediatamente apreender e aplicar o que foi expresso.

2 David Don e René J. H. Dutrochet.

Com base nessa perspectiva recém-inaugurada, ousemos afirmar o seguinte: depois de termos compreendido perfeitamente o conceito da metamorfose, teremos de atentar para a tendência vertical, a fim de que possamos conhecer melhor o desenvolvimento da planta. Esta deve ser vista abstratamente como um bastão que fundamenta a existência e é capaz de conservá-la por um longo tempo. Esse princípio vital manifesta-se nas fibras longitudinais, que são como fios dobráveis dos quais fazemos diversos usos. É ele que prepara o lenho das árvores, mantém ereta a planta anual ou bienal, e até mesmo produz a expansão de nó em nó nas plantas rasteiras e trepadeiras.

Na sequência, porém, devemos observar o movimento espiral, que o envolve e com ele se entrelaça.

O sistema que ascende verticalmente produz, na formação vegetal, a parte durável, persistente, e que se solidifica a seu tempo. Nas plantas temporárias, produz as fibras; nas duradouras, a maior parte do lenho.

O sistema espiral é o responsável pela formação contínua, pela nutrição e pela multiplicação da planta; enquanto tal, é temporário, isolando-se de certa forma do outro. Quando atua em excesso, logo se torna ineficaz e está destinado a perecer. Quando ligado àquele, ambos concrescem em duradoura unidade, constituindo o lenho ou algum outro sólido.

Nenhum dos dois sistemas pode ser pensado sozinho; eles estão sempre juntos. Mas, em completo equilíbrio, produzem a mais perfeita das vegetações.

Uma vez que o sistema espiral é o sistema de nutrição, e que nele se desenvolve um olho após o outro, um influxo excessivo de nutrição o torna preponderante em relação ao sistema vertical, por meio do que o conjunto de sua sustentação, privado de uma estrutura óssea, por assim dizer, se precipita e se perde no desenvolvimento excessivo dos olhos.

Assim, por exemplo, jamais encontrei os ramos tortuosos e achatados do freixo (que podem ser chamados de báculos, nos casos de extrema anormalidade) em árvores velhas e altas, mas apenas nos freixos truncados, nos quais os ramos novos recebem do antigo tronco uma nutrição excessiva.

Outras monstruosidades, das quais trataremos detalhadamente mais adiante, também surgem quando aquela força vital vertical abandona o equilíbrio com a espiral e é por ela ultrapassada; com isso, a construção vertical enfraquece, vendo-se obstruída e praticamente aniquilada tanto nas plantas que produzem um sistema fibroso quanto naquelas que produzem o lenho. Em contrapartida, o sistema espiral, do qual dependem os olhos e os botões, é acelerado, os ramos da árvore são achatados e o caule da planta, desprovida do lenho, incha, e seu interior é aniquilado. Assim, a tendência espiral sempre se manifesta, mostrando-se nas torções, sinuosidades e entrelaçamentos. Se considerarmos alguns exemplos, poderemos elaborar um texto-base para a interpretação desses fenômenos.

Os vasos espirais, que já há muito são conhecidos e cuja existência é totalmente admitida, devem, pois, ser vistos apenas como órgãos individuais subordinados à tendência espiral como um todo. Foram buscados e encontrados por toda parte no vegetal, sobretudo no alburno,[3] onde até mesmo fornecem alguns sinais de vida. Nada é mais próprio da natureza que o fato de ela realizar, no mais particular, aquilo que ela tenciona no todo.

Enquanto lei fundamental da vida, essa tendência espiral deve aparecer primeiramente no desenvolvimento da planta a partir da semente. Antes de tudo, devemos atentar para o modo como se manifesta nos dicotilédones, quando as primeiras folhas da semente aparecem incontestes em par; pois, nessa planta, embora um parzinho mais bem formado de folhas surja após os dicotilédones repousando sobre a cruz, e tal ordem deva perdurar por algum tempo, é evidente que, em muitas plantas, as folhas caulinares que seguem acima e os olhos *potentia* ou *actu* situados atrás delas não se dão bem em uma tal sociedade, de modo que um sempre busca tomar a dianteira em relação ao outro. Com isso, surgem as mais extraordinárias disposições. Ao final, por meio de uma rápida concentração de todas as partes dessa série, deve ocorrer a concentração para a frutificação na flor e, por último, o desenvolvimento do fruto.

Na *calla*, as nervuras das folhas logo se desenvolvem nos pecíolos e arredondam-se gradualmente, até que, por fim, aparecem perfeitamente arredondadas, como pedúnculos. A flor é, obviamente, a extremidade superior

3 O alburno é a parte periférica do tronco das árvores.

da folha que perdeu toda coloração verde, e seus vasos, à medida que vão do ponto inicial até a periferia sem se ramificarem, enroscam-se de fora para dentro na espádice, que agora mantém a disposição vertical na inflorescência e na frutificação.

A tendência vertical manifesta-se desde o início da germinação; é por meio dela que a planta se enraíza no solo e, ao mesmo tempo, eleva-se para o alto. Deve-se observar até que ponto ela exerce seu direito no processo de crescimento, uma vez que a responsabilizamos inteiramente pela disposição alternada e perpendicular dos pares de dicotilédones, o que pode parecer problemático, já que não se pode negar uma certa ação espiral no movimento ascendente. Em todos os casos, mesmo que ela tenha se retraído, haverá de se revelar no estado de inflorescência, formando o eixo de cada formação das flores, porém manifestando-se mais nitidamente na espádice e na espata.

Os vasos espirais, que atravessam todo organismo vegetal, bem como os desvios de sua forma, foram gradualmente esclarecidos pelas pesquisas anatômicas. Enquanto tais, não serão objeto do presente estudo, uma vez que mesmo um estudante amador e iniciante pode instruir-se a seu respeito a partir dos materiais compilados, e o especialista que visa progredir pode aprender por si mesmo, seja a partir das principais obras a respeito, seja mediante a observação da natureza.

Durante muito tempo, suspeitou-se de que esses vasos vivificavam o organismo da planta, ainda que não se conseguisse explicar suficientemente bem sua verdadeira atuação.

Recentemente, muitos têm insistido seriamente na ideia de que eles devem ser reconhecidos e apresentados como sendo eles mesmos vivos. O ensaio a seguir haverá de atestá-lo.

Novo periódico filosófico de Edimburgo
[*The Edinbourgh New Philosophical Journal*, p.21, out.-dez. 1828][4]

4 Goethe cita, a seguir, passagens do ensaio de David Don, "On the Spiral Vessels in the Plant Structure" [Sobre a presença universal dos vasos espirais na estrutura vegetal], publicado no referido volume do periódico escocês.

Sobre a presença universal dos vasos espirais na estrutura vegetal, de David Don.

"Em geral, sempre se acreditou que raramente haveria vasos espirais nas partes da frutificação. Porém, reiteradas observações persuadiram-me de que eles se encontram em quase todas as partes da estrutura vegetal. Encontrei-os no cálice, na corola, nos estames, nos estiletes da *scabiosa atropurpurea* e da *flox*, no cálice e nas folhas da corola do *geranium sanguineum*, no perianto da *sisyrinchium striatum*, na cápsula e no pecíolo da *nigella hispanica*; estando também presentes no pericarpo da *onagracea*, *copósitas* e *malvaceas*.

"Fui levado a essas considerações pelas espirituosas observações do sr. Lindley, compartilhadas no último número do *Botanical Register* sobre a estrutura da semente da *collomia*, a qual ele nos apresenta como um emaranhado de vasos espirais encapsulados. Nas *polemoniaceas*, esses vasos parecem ser análogos aos pelos, ou *papus*, de que são providas as sementes de certas *bigoneaceas*, *apocynaceas* e *malvaceas*. Mas outras observações seriam ainda necessárias, antes de concluirmos que se trata de verdadeiros vasos espirais. Tais vasos são muito frequentes nos caules da *urtica nivea*, da *centaurea atropurpurea*, da *heliopsis laevis*, da *helianthus altissimus*, da *aster novi belgii* e das salicifoliadas, em todas as quais são visíveis a olho nu, de modo que essas plantas oferecem aos amantes da ciência botânica exemplos notáveis de vasos espirais. Os caules, quando delicadamente cindidos no sentido do comprimento e separados com uma pequena cunha na extremidade superior, expõem esses vasos de maneira muito mais nítida que quando cindidos transversalmente. Às vezes, encontramos esses vasos situados na cavidade (medula) tanto na *malope trifida* quanto na *heliopsis laevis*; mas pode-se facilmente buscar sua origem entre as fibras do lenho. Não se encontrou qualquer vestígio deles na casca externa, mas estão presentes no pinus, tanto no alburno da casca interna quanto no albúmen. Nunca consegui, contudo, descobri-los nas folhas desse gênero vegetal, e tampouco do *podocarpus*, e eles parecem ser ainda mais raros nas árvores de folhas persistentes. O caule e as folhas das *polemoniaceae*, das *iridaceae* e das *malvaceae* são também frequentemente providas de vasos espirais, mas em nenhuma outra são tão frequentes quanto nas *compósitas*. Raramente aparecem nas *cruciferas*, nas *leguminosas* e nas *gencianas*.

"Diversas vezes notei que os vasos espirais se moviam intensamente ao serem separados de rebentos vigorosos de plantas herbáceas. Esse movimento durava alguns segundos, e parecia-me ser não uma ação meramente mecânica, mas o efeito do princípio vital, semelhante ao que se encontra na economia animal.

"Enquanto eu segurava entre meus dedos um pequeno segmento da casca da *urtica nivea* que eu acabara de separar do caule vivo, minha atenção foi atraída instantaneamente por um singular movimento helicoidal. O experimento foi repetido com frequência com outras partes da casca, e o movimento era, em todos os casos, idêntico ao primeiro. Tratava-se, sem dúvida, do efeito de uma força de contração da fibra viva, pois o movimento cessava após eu ter segurado o pequeno pedaço de casca em minha mão por alguns minutos. Esperamos que esse breve relato oriente a atenção dos pesquisadores a respeito desse curioso fenômeno."

Boletim de Ciências Naturais
[*Bulletin des Sciences Naturelles*, n.2, p.242, fev. 1829]

"*Lupinus polyphyllus*. Uma nova espécie, encontrada pelo sr. Douglas no noroeste da América. Ela é herbácea, vigorosa, assemelha-se à *lupinus perennis* e à *nootkatensis*, sendo, porém, maior em todas as dimensões e possuindo entre onze e quinze folhas caulinares em forma de lanceta. Também há, entre elas, algumas diferenças no que tange à formação do cálice e da corola.

"O sr. Lindley atentou para o fato de que a inflorescência dessa planta oferece um significativo exemplo em favor da seguinte teoria: a de que todos os órgãos de uma planta de fato se alternam em um movimento espiral ao redor do caule, que forma um eixo comum; e isso deve valer mesmo que não possa ser aplicado com precisão por toda parte."

Weimar, 14 de janeiro de 1831.

Investigações anatômicas e fisiológicas acerca da estrutura íntima dos animais e vegetais e de sua mobilidade

[*Recherches anatomiques et physiologiques sur la structure intime des animaux et des végétaux, et sur leur mobilité*]
de René Dutrochet[5] (1824)

"O autor voltou suas experiências sobretudo para as 'sensitivas',[6] que apresentam no mais elevado grau os fenômenos da irritabilidade e da mobilidade. O verdadeiro princípio de movimento dessa planta consiste na intumescência que se encontra na base do pecíolo e nas partes em que houve a inserção de folhas por meio de pínulas. Essa pequena protuberância se forma a partir do desenvolvimento do parênquima da casca e contém uma grande quantidade de células esféricas cujas paredes são revestidas de pequenos corpos nervosos. Estas são, também, muito numerosas nas folhas caulinares, e aparecem novamente na seiva que escorre quando se corta fora um ramo jovem da sensitiva.

"Contudo, o desenvolvimento do parênquima da casca, responsável pela parte mais significativa da protuberância da sensitiva, envolve um centro formado por um feixe de juncos. Foi importante ter observado qual das duas partes consistia no verdadeiro órgão do movimento; quando o parênquima foi removido, a planta continuou a viver, mas perdeu a capacidade de mover-se. Assim, essa experiência mostra que a mobilidade está presente na parte da casca da dilatação, que pode ser comparada, ao menos quanto à sua função, ao sistema muscular dos animais.

"O sr. Dutrochet constatou, além disso, que pequenas partes cortadas e colocadas na água moviam-se descrevendo uma linha curva, cujo lado profundo dirigia-se sempre para o ponto central da protuberância. A esse movimento ele atribuiu o nome geral de *encurvamento*, que ele entende como sendo o elemento de todo movimento que ocorre nos vegetais, e até mesmo nos animais. Esse encurvamento manifesta-se, aliás, de duas maneiras distintas: a primeira é chamada, pelo autor, de encurvamento oscilante, pois nele se observa uma alternância entre flexão e extensão; o segundo, por sua vez, é o encurvamento fixo, o qual não mostra essa alternância de

5 René Joachim Henri Dutrochet (1776-1847), médico e botânico francês.
6 A planta sensitiva, ou dormideira, é a *mimosa pudica*.

movimentos; aquele é o que se nota na sensitiva, e este nas gavinhas e nos caules sinuosos da *convolvulus*, da *clematis*, do feijão etc. Com base nessas observações, o sr. Dutrochet conclui que a irritabilidade das sensitivas têm origem em um *encurvamento vital*."

Weimar, 14 de janeiro de 1831.

Das considerações aqui expostas, que muito esclarecem o assunto, tomei conhecimento mais tarde, depois de já ter me interessado vivamente pelas ideias tão abrangentes de nosso caro sr. Martius. Em duas conferências seguidas proferidas no espaço de um ano, em Munique e Berlim, explicou-as de maneira bastante clara e detalhada. Na amigável visita que me fez ao retornar de Berlim, ofereceu-me uma demonstração oral acerca desse tema difícil, procurando esclarecê-lo ainda mais por meio de ilustrações características, apesar de ligeiras. Os ensaios publicados na revista *Isis* dos anos de 1828 e 1829 tornaram-se mais acessíveis para mim e, graças à generosidade de nosso pesquisador, pude obter uma cópia do modelo apresentado em Berlim, a qual se mostrou extremamente útil para uma compreensão mais palpável de como o cálice, a corola e os órgãos de reprodução surgem.

Dessa maneira, esse importante assunto foi conduzido pela via de uma elaboração e uma aplicação prático-didáticas; e, quando esse homem sempre disposto a progredir (conforme ele mesmo confiou-me) tiver voltado sua atenção para os primeiros elementos dessa ciência, *i. e*, para os acotilédones,[7] a fim de revelar os princípios de uma tal tendência geral, poderemos esperar que toda a extensão dessa teoria seja, aos poucos, por ele determinada.

Enquanto isso, permiti-me permanecer e seguir investigando à minha maneira, numa região intermediária, de que modo se podem relacionar o começo e o fim, o primeiro e o último, o conhecido e o novo, o certo e o duvidoso por meio de uma consideração geral. Nessa investigação, cuja pretensão não é a de concluir algo, mas apenas a de incrementar os conhecimentos sobre o tema, ser-me-á permitido solicitar a participação de outros nobres cientistas.

---

7 Goethe refere-se aqui às plantas inferiores.

Deve-se admitir: no reino vegetal, predomina uma tendência espiral por meio da qual, em conjunto com o esforço vertical, toda estrutura e toda formação das plantas se realizam conforme a lei da metamorfose.

Assim, as duas principais tendências, ou, se quisermos, os dois sistemas vitais por meio dos quais a vida da planta se realiza à medida que ela cresce são o sistema vertical e o sistema espiral. Nenhum pode ser pensado sem o outro, pois apenas por meio do outro pode agir de maneira viva. Para uma compreensão mais determinada, porém, e sobretudo para uma exposição mais clara, é necessário separá-los em nossos estudos, e investigar em que situações cada um deles predomina em relação ao outro, uma vez que, sem subjugar seu oposto, logo será por ele subjugado, ou então entrará com ele em equilíbrio. Com isso, as características desse par inseparável tornar-se-ão mais claras para nós.

O sistema vertical – potente, embora simples – é aquele por meio do qual a parte visível da planta separa-se da raiz e ergue-se em linha reta para o céu; ela é predominante nos monocotilédones, cujas folhas já são formadas de fibras retas que, sob determinadas condições, separam-se facilmente e, por serem fortes, podem ser utilizadas de diversas maneiras. Podemos aqui pensar no *phormium tenax*: do mesmo modo, as folhas da palmeira consistem, de modo geral, em fibras ligadas umas às outras apenas durante a juventude, ao passo que, depois, conforme à lei da metamorfose, separam-se em si mesmas e, por meio de um progressivo crescimento, manifestam-se de maneira diversificada.

A partir das folhas do monocotilédone, desenvolve-se com frequência e de maneira imediata o caule, à medida que aquelas incham e se transformam em juncos vazios. Em seguida, porém, já surge na ponta do mesmo a disposição axial das pontas de três folhas, denunciando, assim, a tendência espiral; a partir daí, elevam-se os conjuntos de flores e frutos, tal como se dá no caso da família do alho-poró.

Entretanto, também é possível perceber a tendência vertical para além da flor, apoderando-se da inflorescência e da frutificação. Na parte superior do caule da *calla aethiopica*,[8] que cresce verticalmente, a natureza foliar apresenta-

8 Copo-de-leite.

-se junto com a tendência espiral à medida que a flor unifólia se enrosca ao redor da ponta (sendo na flor, contudo, que o pilar que sustenta as flores e os frutos cresce). Deve-se investigar ainda se em torno desse pilar, ao menos naqueles do árum, do milho e de outras, os frutos se envolvem uns nos outros num movimento espiral, como é provável.

Em todos os casos, essa tendência colunar deve ser vista como a conclusão do crescimento.

Quando olhamos para os dicotilédones, vemos que essa tendência vertical, que favorece o desenvolvimento sucessivo das folhas caulinares e dos olhos, e o sistema espiral, por meio do qual a frutificação deve ser concluída, estão em conflito; disso a rosa perfoliada nos fornece o mais belo testemunho.

Em contrapartida, observamos, nessa mesma classe, o exemplo mais patente de uma prevalência da tendência vertical e do máximo afastamento possível da influência oposta. Mencionemos apenas o linho comum, que, mediante a mais decisiva formação vertical, se qualifica para uma utilidade geral. O invólucro externo e o filamento interno elevam-se diretamente em íntima união; lembremo-nos do esforço que nos custa separar esse joio, e quão imperecível e ilacerável ele é quando o invólucro externo, mesmo com a maior relutância, deve abandonar o vínculo determinado pela natureza. Em um inverno, a planta acidentalmente se decompôs sob a neve e o filamento tornou-se ainda mais belo e durável.

Mas, afinal, que outra prova disso seria necessária? – uma vez que somos cercados durante toda vida de tecidos de linho que, por meio de diversas lavagens e repetidos processos de descoloração, finalmente recuperam e retêm a aparência elementar da pura matéria terrena, a saber, um branco ofuscante.

Aqui, nesta linha divisória em que pretendo abandonar o estudo da tendência vertical e voltar-me para o da tendência espiral, ocorre-me uma pergunta: a posição alternada das folhas que notamos no caule crescente dos dicotilédones pertence a este ou àquele sistema? E quero confessar que, segundo me parece, deve ser atribuída àquele, isto é, ao vertical, e é por meio desse modo de produzir, justamente, que o esforço para o alto se realiza no sentido perpendicular. Com efeito, essa posição pode ser afetada pela tendência espiral apenas em uma certa sequência e sob determinadas condições e influências dadas, situação na qual, contudo, a outra se manifesta de maneira inconstante e, por fim, se torna imperceptível, ou mesmo desaparece.

Agora, porém, alcançamos o ponto em que se perceberá com facilidade a tendência espiral.

Visto que a tendência vertical da planta, por meio da qual ela se esforça em direção ao céu, é universalmente admitida, não precisamos de mais explanações a seu respeito. Em contrapartida, nos dedicaremos mais cuidadosamente ao sistema espiral, considerando que sua teoria traz algo de novo.

Anteriormente, não quisemos tratar dos já tão observados vasos espirais, embora os tenhamos avaliado como homeomerias, isto é, como partes que constituem e anunciam o todo. Aqui, porém, não deixaremos de lembrar das plantas elementares e microscópicas conhecidas como *oscilarias*, que, graças à técnica, nos foram apresentadas sob grande ampliação. Elas se revelam inteiramente helicoidais, e sua existência e seu crescimento apresentam um movimento tão curioso que ficamos em dúvida se não deveríamos contá-la entre os animais. Com efeito, um conhecimento mais amplo e uma apreensão mais profunda da natureza nos proporcionará uma visão mais determinada da vida universalmente concedida, ilimitada e indestrutível; assim, acreditaremos de bom grado no autor supracitado,[9] quando ele afirma que a casca fresca de uma urtiga esboça um singular movimento espiral.

Mas, para que agora possamos nos voltar para a tendência espiral propriamente dita, devemos recuperar, mais acima, aquilo que foi exposto por nosso amigo Martius, que apresentou a tendência espiral, em sua máxima potência, como conclusão da inflorescência, e nos contentaremos em acrescentar algumas coisas pertinentes ao tema referentes seja ao todo, seja às etapas intermediárias. Uma apresentação metódica deverá ser deixada a cargo de futuros pesquisadores conscienciosos.

É notável a preponderância da tendência espiral na espécie *convolvulus*, que, desde sua origem, não consegue dar continuidade à sua existência nem trepando, nem se arrastando, sendo obrigada a buscar algum suporte

---

9 David Don.

que possua uma elevação gradual no qual possa se enrolar continuamente, escalando-o.

Precisamente essa característica nos oferece a oportunidade de trazer ao auxílio de nossas observações um exemplo material e um símbolo.

Suponhamos que, num verão, nos deparemos com uma estaca fincada no solo de um jardim, na qual uma trepadeira serpenteia de cima a baixo a ela firmemente agarrada e dando prosseguimento, assim, a seu vivo crescimento. Imaginemos, agora, a estaca e a *convolvulus*, igualmente vivas, ascendendo a partir de uma só raiz, produzindo-se reciprocamente e assim avançando sem cessar. Para aquele que puder transformar essa imagem em uma intuição interna, alcançará facilmente a ideia. A planta trepadeira busca fora de si aquilo que ela deveria dar de si mesma, mas não consegue.

O sistema espiral é, à primeira vista, mais evidente nos dicotilédones. Deixaremos para depois a tarefa de procurá-lo nos monocotilédones e nas classes inferiores a eles.

Escolhemos a trepadeira *convolvulus*, mas há muitas outras semelhantes.

Vejamos, agora, a tendência espiral nos pequenos garfos, nas gavinhas.

Estas aparecem também nas extremidades de folhas compostas, onde sua tendência para se enrolar se manifesta claramente.

As únicas gavinhas verdadeiramente desprovidas de folhas devem ser vistas como ramos que não se solidificam e, cheios de seiva e flexíveis, apresentam uma singular irritabilidade.

As gavinhas da passiflora enrolam-se sozinhas.

Outras devem ser incitadas e incentivadas a isso por meio de um estímulo externo.

A videira é, para mim, o melhor exemplo.

Vê-se como os pequenos garfos se esticam, buscando contato em alguma parte; quando encostam em alguma coisa, agarram-se e prendem-se a ela.

São ramos iguais aos que carregam uvas.

Bagas isoladas encontram-se nas gavinhas.

É notável o fato de que o terceiro nó da videira não produz gavinhas; mas o que isso indica ainda não está claro.

Consideramos os vasos espirais como as menores partes perfeitamente idênticas ao todo ao qual pertencem, e, enquanto homeomerias, comunicam-lhe suas particularidades e dele recebem, em troca, suas qualidades e sua determinação. É-lhes atribuída uma vida autônoma, bem como a força para se moverem sozinhos e para tomarem uma determinada direção. O ilustre Dutrochet nomeia-o um encurvamento vital. Não deveremos, aqui, nos aproximar mais desses mistérios.

Retornemos ao assunto geral: o sistema espiral é conclusivo, ou favorece a conclusão.

E, mais precisamente, de maneira regulada e visando a um acabamento.

A seguir, porém, também de maneira irregular, precipitada e destruidora.

Nosso estimadíssimo Martius expôs detalhadamente o modo como aquele sistema atua de forma regular para formar flores, botões e rebentos. Essa lei desenvolve-se imediatamente a partir da metamorfose, mas foi necessário um observador perspicaz para demonstrá-lo. Imaginemos a flor como ramo que avançou e se enroscou em torno de um eixo e cujos olhos uniram-se estreitamente, formando uma unidade; disso resulta que eles têm de aparecer um logo atrás do outro em um círculo e ordenar-se uns ao redor dos outros de forma simples ou múltipla.

O efeito espiral irregular deve ser pensado como uma conclusão precipitada e infértil; um caule, um ramo ou um galho é posto em um estado em que o alburno, no qual a vida espiral é realmente ativa, cresce de maneira predominante, e o lenho, ou a formação durável, não tem lugar.

Se observarmos o ramo de um freixo que se encontra nessa situação, o alburno, que não se separa através do lenho, concentra-se e assume uma aparência vegetal plana. Ao mesmo tempo, o crescimento inteiro contrai-se, e os olhos, que deveriam se desenvolver sucessivamente, aparecem agora amontoados e, por fim, numa série inseparável. Enquanto isso, o todo inclinou-se, o restante da parte lenhosa formou sua parte posterior, e aquela que se virou para dentro assume uma forma semelhante à de um báculo episcopal, apresentando-se como uma anomalia monstruosa extremamente notável.

Como, porém, essa tendência espiral apodera-se da vegetação, ela também haverá de se manifestar em sua parte duradoura.

A partir do que foi dito até aqui, podemos nos convencer de que a verdadeira vida da planta é notavelmente estimulada pela tendência espiral, podendo-se demonstrar, com isso, que seus traços também se encontram nas partes duradouras já prontas.

Os ramos frescos do *lycium europaeum* que, em plena liberdade, pendem para baixo apresentam apenas um crescimento reto e filiforme. Quando a planta envelhece e resseca, nota-se claramente que ela se inclina a cada nó, em um movimento sinuoso.

Até mesmo as árvores fortes tomam essa direção quando envelhecem; vemos as castanheiras centenárias no *chaussé* do Belvedere de Weimar fortemente retorcidas, vencendo, da maneira mais estranha, a rigidez da tendência de ascensão em linha reta.

No parque situado atrás do Belvedere, encontram-se três altos e elegantes troncos de *crataegus torminalis* tão nitidamente torcidos de cima a baixo em formato espiral que é impossível ignorar. Esse exemplo é especialmente recomendado para a observação.

As vagens ressecadas do *lathyrus furens*, após a maturação completa e acabada do fruto, separam-se, e cada uma delas enrola-se intensamente para o lado de fora. Se abrirmos uma dessas vagens antes de ela ter amadurecido completamente, esse sentido semelhante ao do parafuso também se revela, embora de maneira menos forte e perfeita.

O sentido reto de partes semelhantes da planta também se desvia de diversas maneiras. As vagens de um feijão-espada que cresce no verão úmido começam a se enroscar, algumas em forma de caracol, outras em perfeita espiral.

As folhas do choupo italiano possuem pecíolos muito delicados e tesos. Quando picados por insetos, perdem seu sentido reto e logo assumem o sentido espiral, com duas ou mais torções.

Se, depois disso, o invólucro do inseto encerrado incha, os lados do pecíolo alargado comprimem-se uns nos outros de tal modo que alcançam uma espécie de união. Mas, nesses locais, o ninho pode ser facilmente rompido, fazendo que a precedente configuração do pecíolo ferido seja facilmente percebida.

Observemos o *pappus*[10] na semente da *erodium gruinum*: até a completa maturidade e o pleno ressecamento, ela se prende diretamente no suporte vertical, ao redor do qual as sementes se encontram reunidas; agora, porém, encaracola-se rápida e elasticamente e, por meio disso, se dissemina.

É verdade que não nos dispusemos a tratar especificamente dos vasos espirais; porém nos sentimos instados a retornar à botânica elementar microscópica, recordando o exemplo da *oscilaria*, cuja existência inteira é espiral. Talvez sejam ainda mais notáveis aquelas conhecidas pelo nome *salmacis*, cujas espirais consistem apenas em pequenas esferas contíguas.

Tais insinuações devem ocorrer da maneira mais silenciosa possível, fazendo-nos nos lembrar da eterna congruência de todas as coisas.

Quando abrimos o caule do dente-de-leão em uma de suas extremidades, os dois lados do pequeno cilindro vazio separaram-se delicadamente. Cada um deles enrola-se para fora e, por conseguinte, pende intensamente para baixo, retorcendo-se em cachos que formam uma espiral. Com isso, as crianças se divertem, e nós chegamos mais perto do mais profundo mistério da natureza.

Como esses caules são vazios e seivosos, podem, então, ser vistos como alburnos; mas, como a tendência espiral pertence ao alburno na medida em que este progride vivamente, o mais oculto esforço espiral apresenta-se aqui junto com o mais direto movimento vertical. Talvez, fazendo-se um uso preciso do microscópio se possa observar melhor o entrelaçamento das texturas vertical e espiral.

Um exemplo feliz de como esses dois sistemas de que nos ocupamos se desenvolvem um ao lado do outro de forma bastante explícita nos oferece a *vallisneria*, tal como vemos a partir das recentes investigações do curador do jardim botânico real em Mântua, Paolo Barbieri. Faremos traduções de excertos de seus ensaios, inserindo e acrescentando nossas anotações, e esperamos, com isso, nos aproximar de nosso objetivo.

---

10 Cobertura de pelos das sementes de algumas plantas.

A *vallisneria* enraíza-se em solo onde a água é rasa e parada; ambos os sexos florescem, separadamente, nos meses de junho, julho e agosto. O indivíduo masculino emerge até certo grau como um pedúnculo em cuja ponta, tão logo alcança a superfície da água, forma-se uma bainha de quatro folhas (ou talvez de três), onde se encontram os órgãos de fertilização presos a uma inflorescência cônica.

Enquanto os estames ainda não estão suficientemente desenvolvidos, metade da bainha permanece vazia. Depois, se a observarmos com o microscópio, veremos que a umidade interna se agita para fomentar o crescimento da bainha, e, ao mesmo tempo, move-se em círculos no pedúnculo, elevando-se à inflorescência, que carrega os estames. Isso tem por fim o crescimento e a dilatação da inflorescência junto com o crescimento dos órgãos reprodutores.

Contudo, por meio desse aumento da inflorescência, a bainha não é mais suficiente para envolver os estames; ela se divide, por isso, em quatro partes, e os órgãos de fertilização, soltando-se da inflorescência aos milhares, espalham-se nadando pela água, parecendo flocos prateados, que se empenham, por assim dizer, na direção dos indivíduos femininos. Estes, porém, elevam-se do solo da água descontraindo a força elástica de seu caule espiral e, em seguida, abrindo na superfície uma corola tripartida, onde se notam três estigmas. Os flocos que nadam sobre a água espalham seu pólen em direção a esses estigmas e os fertilizam; quando isso se realiza, o caule espiral da planta feminina recolhe-se sob a água, onde agora as sementes, contidas em uma cápsula cilíndrica, alcançam sua última maturidade.

Os autores que trataram da *vallisneria* descrevem de maneiras diversas seu modo de fecundação. Eles dizem que todo o complexo da flor masculina se desprende e se liberta, com um forte movimento, do caule curto que permanece sob a água. Nossos observadores tentaram soltar do caule os botões da flor masculina e descobriram que nenhum deles nadava para lá e para cá na água, mas, ao contrário, todos afundavam. De grande importância é, contudo, a estrutura que une o caule à flor. Aqui, não se pode ver qualquer articulação, tal como as que se encontram em todos os órgãos separáveis da planta. O mesmo observador pesquisou os flocos prateados e os identificou como verdadeiras anteras; tendo encontrado a inflorescência esvaziada desse tipo de vasos, observou nele delicados fios, nos quais algumas anteras ainda estavam fixas, repousando sobre um pequeno disco tripartido; este, por sua vez, era certamente a corola tripartida, na qual as anteras estavam encerradas.

Recomendamos que pesquisadores conscienciosos considerem esse notável exemplo, que talvez se repita em outras plantas; assim, não poderemos deixar de seguir discutindo esse fenômeno tão explícito, ainda que sejamos um pouco repetitivos.

Nesse caso, a tendência vertical é própria do indivíduo masculino; o caule eleva-se diretamente para o alto e, quando alcança a superfície da água, a bainha desenvolve-se imediatamente a partir do próprio caule, a ele conectada com precisão, envolvendo a inflorescência, de forma análoga à *calla* e outras semelhantes.

Com isso, nos livramos da falsa narrativa de que haveria uma articulação situada, de modo inteiramente antinatural, entre o caule e a flor, que lhe daria a possibilidade de desprender-se e sair lascivamente à procura de uma fêmea. A flor masculina desenvolve-se primeiramente sob os efeitos do ar e da luz, porém firmemente conectada a seu caule; as anteras saltam de seus filetes e nadam alegremente sobre água. À medida que a elasticidade do caule espiral da planta feminina diminui, a planta alcança a superfície da água, abre-se e recebe o influxo fertilizante. A mudança significativa que ocorre em toda planta após a fertilização, e que sempre indica alguma estagnação, ocorre também aqui. A espiralidade do caule se exerce, fazendo que ele retorne para o estado do qual partiu; depois disso, então, a semente amadurece.

Se recordarmos aquela analogia que ousamos estabelecer entre o bastão e a *convolvulus*, e, dando um passo além, se imaginarmos a videira, que se enrola em torno do olmo, veremos o feminino e o masculino, aquele que carece e aquele que concede, em movimento vertical e espiral, um ao lado do outro, sendo oferecidos pela natureza à nossa observação.

Se agora retornarmos ao que foi exposto em geral e nos lembrarmos do que afirmamos logo no início, a saber, que os sistemas que se esforçam nos sentidos vertical e espiral estão intimamente conectados na planta viva, notamos que este se revela decididamente masculino e aquele decididamente feminino. Assim, podemos representar todo o vegetal, desde a raiz, como sendo secretamente andrógino. Desse modo, ao longo do processo de transformação que ocorre no crescimento, os dois sistemas separam-se um do outro em manifesta oposição, assumindo posições claramente contrárias, para se reunirem novamente em um plano mais elevado.

Weimar, 4 de fevereiro de 1831.

Flores que se dobram antes de desabrocharem e apresentam um desenvolvimento espiral; outras, que, quando ressecam, mostram um encurvamento.

Pandanus odoratissimus encurva-se em espiral da raiz para cima.

Ophrys spiralis encurva-se de tal modo que todas as flores ficam de um lado.

Na *flora subterranea*, somos levados a considerar que seus olhos, ordenados *en échiquier*, produzem-se a partir de uma tendência espiral muito regular.

Em uma batata que cresceu quase um pé no comprimento, e que quase não se consegue segurar em sua parte mais espessa, pôde-se nitidamente notar, da esquerda para a direita, ascendendo de seu ponto inicial até o topo, uma sequência espiral dos olhos.

Nos fetos, todo processo, até sua conclusão, provém de um tronco situado na horizontal, direcionando-se para cima a partir dos lados junto com as folhas e os ramos, carregando também as partes do fruto[11] e desenvolvendo-se a partir de si mesmo. Tudo o que chamamos de feto possui seu próprio desenvolvimento espiral. Os ramos daquele talo situado horizontalmente aparecem enrolados juntos em círculos cada vez menores, em dupla direção, ora a partir da espiral da nervura, ora a partir da pínula dobrada da parte lateral desta, voltando-se as pequenas nervuras para fora.

Ver Reichenbach, *Botânica para damas*, p.288.[12]

---

11 Recipientes dos esporos.

12 Heinrich Reichenbach, *Botanik für Damen, Künstler und Freunde der Pflanzenwelt überhaupt, enthaltend eine Darstellung des Pflanzenreichs in seiner Metamorphose, eine Anleitung*

As bétulas, sem exceção, crescem em forma de espiral desde a parte mais baixa do tronco até em cima. Se cortarmos o tronco conforme seu crescimento natural, o movimento da esquerda para a direita se mostra até o topo, e uma bétula que possui de 60 a 80 pés de altura gira uma, ou mesmo duas vezes de maneira longitudinal em torno de si mesma. Segundo o tanoeiro, a quantidade de espirais depende de o tronco estar mais ou menos exposto às condições do tempo; pois um tronco exposto ao ar livre nas margens de um bosque, especialmente na face oeste, manifesta o movimento espiral de maneira muito mais clara e evidente do que um outro, que cresce em meio à mata espessa. Esse movimento espiral pode ser percebido principalmente nas chamadas bétulas dos anéis; uma bétula jovem que deve ser usada para fazer anéis é separada no meio; se a faca seguir o lenho, o anel não poderá ser usado, pois ele girará uma ou duas vezes em torno de si, tal como já foi observado a respeito dos troncos mais velhos. Por isso, o tanoeiro precisa de instrumentos apropriados para cortá-la com eficiência, e isso também vale para a tora da madeira mais velha usada para fazer aduelas, ou coisas afins; pois, ao cortá-las, devem ser empregadas cunhas de ferro, que mais cortam que fendem a madeira; caso contrário, o produto se torna inutilizável.

Do fato de que o clima – o vento, a chuva, a neve – exerce grande influência sobre o desenvolvimento do movimento espiral resulta que mesmo essas bétulas dos anéis extraídas da mata espessa são muito menos sujeitas ao movimento espiral que aquelas que estão sozinhas e não estão protegidas por arbustos ou árvores grandes. Os apontamentos mencionados são notas feitas a partir do que disse o tanoeiro Hängsen, em Weimar. Alguns exemplos dessa sinuosidade da madeira nos foram prometidos.

Weimar, 5 de junho de 1831.

---

zum Studium der Wissenschaft und zum Anlegen von Herbarien: Ein Versuch [Botânica para senhoras, artistas e amigos do mundo vegetal em si, contendo uma representação do reino das plantas em sua metamorfose, uma introdução ao estudo da ciência e à organização de herbários. Um ensaio]. Leipzig: Cnobloch, 1828.

No final de agosto, em Ilmenau, quando a tendência espiral passou a ser discutida, o guarda-florestal Von Fritsch disse que havia casos entre os pinheiros nos quais o tronco assumia um movimento curvo e retorcido de baixo até em cima. Como essas árvores são encontradas na margem dos bosques, acreditou-se que a influência externa de fortes tempestades seria a causa disso. Contudo, elas foram também encontradas nas florestas mais densas, repetindo-se assim o caso em uma certa proporção, segundo a qual a incidência se dá de 1% a 1,5% das árvores.

Esses troncos foram considerados em mais de um aspecto; pois sua madeira não convém para ser cortada em toras ou braças, e tampouco esse tronco pode ser usado como madeira de construção, pois seu efeito, que permanece ativo por meio de um girar secreto, possui a força para deslocar as juntas de todo o vigamento.

Isso esclarece o fato de que, enquanto a madeira resseca, a curvatura prossegue, elevando-se até um nível bastante alto, tal como observamos em diversos movimentos espirais que surgem e se fazem visíveis primeiramente a partir do ressecamento.

Weimar, 17 de setembro de 1831.

O mestre de obras Coudray teve a ideia de que a inclinação da torre de Gelnhausen talvez se explique por meio dessa propriedade da madeira.

Contudo, se admitíssemos que essa torre é composta de troncos longos, tendo as extremidades mais fortes na parte de baixo e as pontas mais frágeis voltadas para cima, e sendo estas conectadas por meio de um vigamento adequado o bastante para que não cedessem, o encurvamento do tronco principal teria conferido à torre inteira um movimento espiral. Admiti-lo seria mais sensato do que acreditar que algum artifício de carpintaria teria dado à torre um sentido equivocado desde o início.

Mais tarde, o mestre de obras notou que todos os manuais previnem em relação a essa madeira, recomendando que lhe seja dada muita atenção.

Weimar, 7 de outubro de 1831.

* * *

O autor compartilha a história de seus estudos botânicos (1831)

Para explicarmos a história das ciências e conhecermos detalhadamente seu percurso, costumamos nos informar com esmero acerca de suas origens. Esforçamo-nos para investigar quem foi o primeiro a dirigir a atenção para determinado objeto, de que modo procedeu, e onde e quando certos fenômenos foram primeiramente levados em consideração – e isso de tal forma que, a cada ideia, novas opiniões se destacaram e, devido à sua aplicação, foram universalmente validadas, marcando a época na qual aquilo que denominamos uma descoberta, uma invenção, revela-se de maneira indiscutível. Tal discussão oferece as mais variadas oportunidades para reconhecermos e apreciarmos a força do espírito humano.

O pequeno escrito acima[1] foi honrado com o questionamento acerca de sua origem. Desejou-se saber como um homem de meia-idade, que possuía algum valor como poeta e, além disso, mostrava-se requisitado por diversas inclinações e deveres, teria podido dedicar-se ao infinito reino da natureza, estudando-o até ser capaz de formular uma máxima que, sendo confortavelmente aplicada às mais diversas formas, exprimisse a lei a que milhares de particularidades devem forçosamente obedecer.

O autor do referido opúsculo já ofereceu disso um relato, em seus cadernos de morfologia; mas, como ele gostaria de apresentar, no presente

1 O ensaio "A metamorfose das plantas" (1790).

escrito, aquilo que é necessário e pertinente a esse respeito, permitiu-se iniciar com uma modesta exposição em primeira pessoa.

Tendo nascido e crescido em uma cidade relativamente grande, adquiri minha primeira formação a partir do estudo de línguas antigas e novas, ao qual uniam-se exercícios retóricos e poéticos. Além disso, associava-se a esse estudo tudo aquilo que faz os seres humanos se referirem a si mesmos em sentido religioso e ético.

Devo minha formação complementar a cidades ainda maiores, e disso resultou que minha atividade espiritual teve de voltar-se para os costumes sociais e, por conseguinte, para aquilo que era agradável, isto é, a *beletrística*, como se dizia à época.

Da natureza externa propriamente dita, porém, eu não tinha qualquer ideia, e de seus chamados três reinos não tinha o menor conhecimento. Desde a infância, estava habituado a ver, admirado, nas belas instalações dos jardins ornamentais, a floração das tulipas, dos ranúnculos e dos cravos; e quando, além dos tipos comuns de frutos, também os damascos, os pêssegos e as uvas vingavam, havia motivo bastante para que os jovens e os velhos festejassem. Ninguém pensava em plantas exóticas, e menos ainda em ensinar história natural nas escolas.

As primeiras investidas poéticas que publiquei foram recebidas com aprovação. Elas apenas descreviam o homem interior e pressupunham apenas conhecimentos mais básicos das comoções íntimas. Talvez se possa aqui e ali encontrar algumas reminiscências de um deleite apaixonado pelos objetos da natureza campestre, bem como de um primeiro ímpeto para apreender o imenso mistério que se revela no constante criar e destruir, embora esse impulso pareça perder-se em um indeterminado e insatisfatório elucubrar.

Iniciei-me, contudo, tanto na vida ativa quanto na esfera da ciência apenas quando fui acolhido favoravelmente pelo nobre círculo de Weimar; aqui, além de outras vantagens inestimáveis, fui agraciado com o benefício de trocar o quarto e o ar da cidade pela atmosfera do campo, dos bosques e dos jardins.

Já o primeiro inverno proporcionou as agitadas alegrias sociáveis da caça. Nos momentos de repouso, passavam-se as longas noites conversando não apenas sobre as mais curiosas aventuras da selva, mas sobretudo a respeito do necessário cultivo no interior das florestas. Pois a arte venatória de

Weimar era realizada por excelentes frequentadores destas, entre os quais o nome *Sckell*[2] será sempre abençoado. Uma revisão de todas as zonas florestais baseada na agrimensura já havia sido realizada, e um planejamento das derrubadas anuais fora previsto com um longo tempo de antecedência.

Essa sensata via também era seguida de boa vontade pelos jovens da nobreza, entre os quais menciono apenas o barão Von Wedel, que infelizmente nos deixou em seus melhores anos. Ele conduzia suas atividades com grande equidade e retidão; naquela época, já havia insistido na diminuição das caçadas, convencido de que sua manutenção seria prejudicial não apenas para a agricultura, mas também para o próprio cultivo no interior das florestas.

Aqui, a floresta da Turíngia abria-se diante nós em toda sua extensão, pois tínhamos acesso não apenas às belas propriedades locais do duque, como também, estabelecendo-se boas relações com os vizinhos, às terras adjacentes; além disso, a incipiente Geologia, em seus esforços ainda juvenis, empenhava-se para oferecer uma explicação do solo e da superfície nos quais essas antiquíssimas florestas haviam se estabelecido. Coníferas de todo tipo, de um verde austero e perfume balsâmico, faias de aparência rejubilante, bétulas esguias, e outros arbustos mais baixos desconhecidos – cada um deles buscou e conquistou seu lugar. Nós, porém, podíamos observar e conhecer tudo isso em florestas grandes, extensas, e mais ou menos densas.

Quando se discutia a utilização das diversas espécies de árvores, era preciso informar-se a respeito de suas propriedades. A extração das resinas, cujo abuso se tentava restringir gradativamente, permitiu o estudo das seivas balsâmicas refinadas que, por dois séculos, acompanhavam, alimentavam e conservavam sempre verdes, frescas e vivas, das raízes ao topo, determinadas árvores.

Também aqui um grande conjunto de musgos mostrava-se em toda sua variedade, e voltamos nossa atenção até mesmo para as raízes escondidas sob a terra. Desde os tempos mais remotos, estabeleceram-se naquelas regiões florestais muitos herboristas que, trabalhando com base em receitas secretas, transmitiam de pai para filho o preparo de diversos tipos de extratos e espíritos. A reputação universal que possuía por sua extraordinária capa-

2 O nome *Sckell* pertence a uma família de famosos hortelãos da época.

cidade de curar foi renovada, expandida e aproveitada graças ao empenho diligente dos chamados portadores do bálsamo.[3] A genciana tinha, aqui, um papel importante, e foi agradável a tarefa de estudar mais de perto esse rico gênero vegetal em suas diversas formas, enquanto planta e flor, e em especial sua benéfica raiz. Esse foi o primeiro gênero que efetivamente me atraiu e cujas espécies esforcei-me para conhecer em seguida.

Nota-se, com isso, que o percurso de minha formação botânica assemelha-se, em alguma medida, à própria história da botânica, pois avancei das generalidades mais explícitas àquilo que é útil e aplicável, da necessidade ao conhecimento. E, diante do que foi exposto, que conhecedor não se lembrará, com um sorriso, da época dos *rhizotomas*?[4]

Como, agora, tenho a intenção de contar como me aproximei da verdadeira ciência botânica, devo, antes de tudo, lembrar de um homem que, em todos os sentidos, mereceu a elevada estima de seus concidadãos weimarianos. O dr. Buchholz, homem abastado e vivaz, proprietário da única farmácia existente à época, dirigiu suas atividades para as ciências naturais com louvável anseio pelo conhecimento. Buscou, para seus objetivos farmacêuticos imediatos, os assistentes químicos mais competentes. Foi nessa oficina, aliás, que o excelente Göttling formou-se como químico. Cada nova curiosidade físico-química, descoberta dentro ou fora do país, era verificada sob a orientação do diretor e generosamente apresentada a uma comunidade ávida pelo saber.

Mais tarde (e isso eu antecipo com a intenção de honrá-lo), enquanto o mundo dos naturalistas empenhava-se fervorosamente em conhecer os diversos tipos de gases, ele jamais descuidou de apresentar cada novidade por meio de experimentos. Assim, ele fez voar um dos primeiros balões Montgolfieren[5] a partir de nossos terraços, para nos entreter e ensinar, enquanto a multidão admirada mal se podia conter de admiração, e as pombas, apavoradas, fugiam em bandos no ar, para lá e para cá.

---

3 Comerciantes ambulantes que vendiam produtos medicinais.

4 Como eram conhecidos, na Antiguidade, os conhecedores e colecionadores de plantas medicinais.

5 Os irmãos Joseph e Étienne Montgolfieren (1740-1810 e 1745-1799, respectivamente) foram os inventores dos balões aerostáticos.

Mas, nesse ponto, talvez eu deva enfrentar a já aguardada repreensão que receberei por inserir, em minha exposição, algumas informações a ela estranhas. Permitam-me responder que eu não poderia falar de minha formação de maneira coerente sem lembrar-me, com gratidão, do mérito precoce de meu círculo de Weimar, à época muito avançado, e no interior do qual o conhecimento e o gosto, a poesia e o saber esforçavam-se para atuar em conjunto, e o estudo rigorosamente fundamentado competia incessantemente com a atividade ágil e alegre.

Observando-se mais de perto, o que tenho a dizer aqui está relacionado com o que mencionei anteriormente. Naquele tempo, devido às necessidades da medicina, a química e a botânica andavam juntas, e o famoso dr. Buchholz, do mesmo modo como aventurou-se nos estudos elevados da química a partir dos manuais da farmacêutica, também avançou de seu limitado herbário para o livre mundo das plantas. Em seus jardins, não possuía somente plantas medicinais, mas também plantas raras, recém-conhecidas, empregadas para os objetivos da ciência.

O jovem regente,[6] que desde cedo se dedicava às ciências, conduziu a atividade desse homem para práticas e estudos mais universais, levando-o a destinar jardins amplos e ensolarados, vizinhos de locais úmidos e sombrios, a uma instituição botânica. Entusiasmados, os jardineiros mais antigos e experientes da corte logo ofereceram auxílio. Os catálogos ainda disponíveis dessa instituição mostram o empenho com que esse início do projeto foi conduzido.

Sob tais circunstâncias, fui também instado a buscar esclarecimentos cada vez maiores acerca dos assuntos botânicos. A *Terminologia* e os *Fundamentos* de Lineu, que deveriam sustentar o edifício, assim como as *Dissertações*, de Geßner, que visam esclarecer os *elementos* de Lineu,[7] reunidos em um esguio caderno, acompanhavam-me por toda parte. Ainda hoje, esse mesmo

6 O duque Carl August contribuiu para a instalação de diversos jardins e estufas em Weimar.

7 Goethe refere-se aqui, provavelmente, à obra de Lineu, *Fundamenta botânica*. Amsterdã: Schouten, 1736. Johannes Geßner (1709-1790) foi um importante naturalista suíço, autor das *Dissertationes physicae de vegetabilibus* (Zurique: Apud Io. Gottl. Bierwirth, 1747), nas quais defende as ideias de Lineu.

caderno me faz lembrar dos dias felizes e frescos em que essas páginas tão valorosas abriram-me um novo mundo. Eu estudava diariamente a *Filosofia botânica*, de Lineu, avançando em meu conhecimento ordenado à medida que buscava apropriar-me o máximo possível daquilo que poderia me proporcionar um discernimento mais geral desse extenso domínio.

Nesse caso, assim como em todas as questões relativas às ciências, a proximidade com a Academia de Jena, onde havia muito tempo o cultivo das plantas medicinais era tratado com seriedade e dedicação, trazia-me uma vantagem especial. Os professores Prätorius, Schlegel e Rolfnik[8] já haviam conquistado o reconhecimento de seus contemporâneos por suas contribuições para a ciência botânica em geral. A obra *Flora Jenensis*, de Ruppe,[9] de 1718, marcou a época; após esse período, a observação das plantas, até então limitada a um estreito jardim claustral e servindo apenas para fins medicinais, abriu-se para toda a rica região, inaugurando um estudo livre e alegre da natureza.

Os atentos camponeses das redondezas, que já haviam dado provas de sua diligência aos farmacêuticos e comerciantes de ervas, esforçaram-se para participar do processo, aprendendo gradualmente uma terminologia recém-introduzida. Em Ziegenhain, destacou-se a família Dietrich; seu patriarca, que fora notado por Lineu, expunha uma carta desse venerado homem redigida de punho próprio – um diploma, por assim dizer, que não sem justiça o fazia sentir-se elevado à nobreza da classe botânica. Após sua morte, seu filho deu prosseguimento aos negócios, que consistiam principalmente em proporcionar aos estudantes e aprendizes as assim chamadas lições,[10] isto é, um feixe das plantas que floresciam a cada semana. A atuação jovial desse homem difundiu-se até Weimar, e aos poucos fui me familiarizando com a rica flora de Jena.

Influência ainda maior sobre minha aprendizagem exerceu o neto, Friedrich Gottlieb Dietrich. Jovem bem constituído, de traços regulares e

---

8 Hieronymus Prätorius (1595-1651), Paul Schlegel (1605-1653) e Werner Rolfnik (1599-1673) foram professores em Jena no século XVII.

9 Heinrich Ruppe (1688-1719), médico e botânico em Jena.

10 Essas *Lektionen* eram coleções de plantas destinadas à observação com fins pedagógicos.

aspecto aprazível, adiantou-se na tarefa de dominar o mundo das plantas com o frescor da força e da vontade juvenis. Sua privilegiada memória guardava todas as estranhas denominações, colocando-as à sua disposição a todo momento; sua presença agradava-me, pois de seu ser e de sua ação reluzia um caráter livre e aberto. Assim, decidi levá-lo comigo em uma viagem a Karlsbad.

Sempre a pé nas regiões montanhosas, Dietrich reunia, com atenta perspicácia, tudo aquilo que florescia, oferecendo-me seu produto sempre que possível já no próprio local, dentro da carroça, e enunciava tal qual um arauto as designações de Lineu, os gêneros e as espécies, com alegre convicção, embora às vezes com a acentuação incorreta. Assim, pude estabelecer uma nova relação com a natureza livre e magnífica à medida que meus olhos desfrutavam de suas maravilhas e, ao mesmo tempo, as classificações científicas de cada objeto particular penetravam meus ouvidos, como se proviessem de um remoto gabinete de estudos.

Em Karlsbad, ao nascer do sol, o jovem ativo já estava nas montanhas e, logo a seguir, trazia-me abundantes "lições" junto às fontes, antes mesmo que eu tivesse esvaziado meu primeiro copo d'água; todos os hóspedes participavam, sobretudo aqueles que se ocupavam com esta bela ciência. Percebiam que seus conhecimentos eram estimulados da maneira mais encantadora quando um atraente jovem do campo, vestindo coletes curtos, corria para lá e para cá, exibindo grandes maços de ervas e flores, indicando todas com nomes de origem grega, latina e bárbara; um fenômeno que despertava muito interesse, tanto entre os homens quanto entre as mulheres.

Se o que foi dito talvez pareça demasiado empírico para o cientista propriamente dito, informo que foi precisamente essa conduta vivaz que conquistou o interesse e a graça de um homem já instruído nessa disciplina, um excelente médico que, acompanhando um abastado nobre, decidiu aproveitar sua estadia na estância termal para os fins de suas investigações botânicas. Ele logo se aproximou de nós, que nos alegramos em acompanhá-lo. Empenhava-se em ordenar cuidadosamente a maior parte das plantas trazidas logo cedo por Dietrich, anotando seus nomes e fazendo outras observações. Com isso, pude apenas me beneficiar. Por meio da repetição, os nomes gravavam-se em minha memória; também na atividade analítica adquiri maior presteza, embora sem alcançar um êxito significativo; separar e contar não residem em minha natureza.

Contudo, tais atividades e esforços diligentes encontravam alguns opositores em meio à grande sociedade. Ouvíamos com frequência que toda a botânica, cujo estudo perseguíamos com tanta dedicação, não era nada além de uma nomenclatura, um sistema fundado em números, ainda que de maneira incompleta; ele não podia satisfazer nem o entendimento, nem a imaginação, e ninguém poderia alcançar aí um resultado satisfatório. Não obstante essas objeções, prosseguíamos confiantes em nosso caminho, que prometia sempre nos introduzir com suficiente profundidade na ciência das plantas.

Aqui, porém, gostaria apenas de mencionar brevemente que o curso posterior da vida do jovem Dietrich fez jus a esse início; ele prosseguiu incansavelmente por essa via, tornou-se conhecido como escritor, foi condecorado como doutor e, até os dias de hoje, administra, com entusiasmo e dignidade, os jardins ducais de Eisenach.

August Karl Batsch, cujo pai é muito querido e estimado por todos em Weimar, fez muito proveito de sua temporada de estudos em Jena. Dedicou-se intensamente às ciências naturais, levando tão longe seu empenho que foi chamado para organizar e administrar, durante algum tempo, a coleção de espécimes naturais do conde de Reuß, em Köstritz. Em seguida, retornou a Weimar, onde, em um inverno rigoroso e hostil às plantas, tive o prazer de conhecê-lo na pista de patinação no gelo – à época, um ponto de encontro da boa sociedade. Logo soube estimar sua plácida determinação, assim como seu sereno entusiasmo; e, entretendo-nos livremente, estabelecemos um debate franco e contínuo acerca das concepções mais elevadas da botânica e dos diferentes métodos para a abordagem dessa ciência.

Sua maneira de pensar era extremamente adequada a meus desejos e ambições; a ordenação das plantas em famílias, em um desenvolvimento gradual e progressivo, era sua principal preocupação. Esse método bastante natural – indicado fervorosamente por Lineu e ao qual os botânicos franceses sempre se mantiveram fiéis, tanto na prática quanto na teoria – deveria, agora, ocupar toda a vida de um jovem arrojado e trabalhador. E quão contente eu estava por receber minha parte nisso de primeira mão!

Além desses dois jovens, também um outro homem excepcional, de idade já avançada, encorajou-me de maneira indescritível. O conselheiro Büttner havia trazido sua biblioteca de Göttingen para Jena, e, tendo meu duque – que se apropriara desse tesouro tanto para si quanto para nós – me confiado a tarefa de dar início à sua montagem e organização conforme o intuito do colecionador, que permanecera em sua posse, estabeleci com este último um contato constante. Ele, que era uma biblioteca viva e oferecia solicitamente referências e respostas pormenorizadas e satisfatórias para qualquer pergunta, conversava com predileção sobre botânica.

Sendo contemporâneo de Lineu, não negava, antes admitia – apaixonadamente, inclusive – que fora um secreto opositor desse homem excepcional, cujo nome percorreu o mundo inteiro; e jamais aceitara seu sistema, tendo se esforçado, em contrapartida, para ordenar as plantas em famílias, progredindo das mais rudimentares e quase invisíveis para a maior e mais complexa de todas. Apresentava de bom grado um esquema, elaborado cuidadosamente à mão, no qual os gêneros apareciam ordenados nesse sentido, que me serviu de consolo e proporcionou uma grande satisfação.

Refletindo-se sobre o que expus até aqui, não se menosprezará a vantagem que minha posição me proporcionava para esse estudo: grandes jardins, tanto na cidade quanto nas estâncias de campo; plantações de árvores e arbustos por toda a região, que não deixavam de receber a atenção dos botânicos; a contribuição do trabalho científico já há muito realizado em uma flora local na vizinhança; além da atuação de uma Academia em constante progresso. Juntos, todos esses fatores ofereciam a um espírito atento suficiente incentivo para a compreensão do universo vegetal.

Enquanto minhas concepções e conhecimentos em botânica ampliavam-se em meio a um alegre convívio, tomei conhecimento de um eremita amante das plantas que se dedicara com seriedade e empenho a essa disciplina. Quem não desejaria seguir o veneradíssimo J.-J. Rousseau em suas solitárias caminhadas, nas quais, indisposto com o gênero humano, voltava sua atenção para o mundo das plantas e das flores e, com autêntica e íntegra força de espírito, familiarizava-se com esses silenciosos e encantadores filhos da natureza?

Não sei se, nos primeiros anos de sua trajetória, ele tinha outras impressões das plantas e flores além daquelas que apontam para o estado de ânimo, a inclinação e afetuosas memórias; mas, de acordo com suas convictas afirmações, a primeira vez em que atentara para esse reino natural em toda sua plenitude teria sido na ilha de São Pedro, no lago de Biena, após ter experienciado uma turbulenta vida de autor. Aponta-se que, mais tarde, na Inglaterra, ele já tratava do tema com maior liberdade e soltura; suas relações com diletantes e especialistas, sobretudo com a duquesa de Portland, devem ter conferido mais amplitude a seu olhar aguçado, e um espírito como o seu, que se sentia convocado a prescrever a lei e a ordem às nações, teria necessariamente de suspeitar que, no imensurável reino vegetal, uma variedade tão grande de formas não poderia manifestar-se sem que uma lei fundamental, ainda que oculta, as reconduzisse à unidade. Ele, então, imerge nesse reino, o absorve, sente que é possível percorrer o todo com certo método; contudo, não ousa avançar. Será sempre um ganho poder ouvir o que ele próprio diz:

> De minha parte, sou um aprendiz nesse estudo, e nele não possuo base alguma; enquanto herborizo, penso mais em entreter-me e distrair-me que em instruir-me; e, em minhas hesitantes considerações, não posso conceber a presunçosa ideia de instruir os outros em um domínio que eu mesmo não conheço.
>
> Confesso, todavia, que as dificuldades que encontrei no estudo das plantas levaram-me a algumas ideias de como encontrar meios para simplificá-lo e torná-lo útil para os outros seguindo-se o fio de um sistema dos vegetais a partir de um método mais cauteloso, menos arrebatado pelos sentidos que o de Tournefort e todos os seus seguidores, inclusive o próprio Lineu. Talvez minha ideia não seja viável; falaremos disso quando eu tiver a honra de revê-la.[11]

Assim ele escreveu no início de 1770. Nesse entretempo, porém, o assunto não o deixou em paz; já em agosto de 1771, a pedido de uma amiga, assumiu o dever de ensinar os outros, ou melhor, de apresentar às mulheres

11 Carta de Rousseau a M. de la Tourette, de 26 jan. 1770.

aquilo que sabia e compreendia, não como um entretenimento lúdico, mas para introduzi-las nessa ciência de maneira fundamentada.

Ao fazê-lo, pois, ele é capaz de reconduzir seu saber aos primeiros elementos a serem exibidos aos sentidos. Apresenta isoladamente as partes da planta, ensinando a diferenciá-las e nomeá-las. Mas, logo depois de ter reconstituído a flor inteira a partir das partes, e de tê-la nomeado, de um lado, com seu conhecido nome vulgar, e, de outro, introduzindo honrosamente a terminologia de Lineu, reconhecendo todo seu valor, ele oferece uma visão mais ampla do conjunto. Aos poucos, ele nos apresenta liliáceas, siliquosas e siliculosas, escrofulariáceas, umbelas e compósitas; por fim, à medida que torna as diferenças perceptíveis por esse caminho, apontando os cruzamentos e a progressiva diversificação, nos conduz, sem que o notemos, à visão de um panorama completo e gratificante. Uma vez que se dirige às mulheres, sabe, de forma pertinente e comedida, indicar a utilidade, o benefício e o malefício de cada planta; e o faz ainda mais hábil e sutilmente porque, extraindo das imediações todos os exemplos de sua teoria, fala apenas das plantas nativas, deixando de lado as plantas exóticas, ainda que sejam conhecidas e cultivadas.

No ano de 1822, foi publicada, com o título *La Botanique de Rousseau*, a edição muito digna de um pequeno fólio de todos os escritos redigidos por ele acerca desse objeto, acompanhados por ilustrações coloridas, feitas à maneira do excelente Redouté,[12] que representavam todas as plantas mencionadas pelo autor. Ao observarmos o panorama geral dessas ilustrações, notamos com satisfação que ele extraía do campo e da vegetação nativa os elementos de seus estudos, já que vemos representadas apenas as plantas que ele podia observar diretamente em suas caminhadas.

Seu método de concentrar ao máximo o reino vegetal conduz manifestamente, como vimos anteriormente, à divisão segundo famílias; e como, naquela época, eu também já me voltava para considerações desse tipo, sua exposição causou em mim uma impressão ainda maior.

E, assim como os estudantes jovens preferem professores jovens, também o diletante gosta de aprender com outros diletantes. No tocante à profun-

---

12 Pierre Joseph Redouté (1759-1840), pintor de flores.

didade e exaustividade da aprendizagem, isso certamente seria questionável; mas a experiência nos mostra que os diletantes contribuem muito para a ciência. Isso, de fato, é algo perfeitamente natural: os especialistas de uma disciplina devem ansiar por completude, procurando investigar o vasto círculo em toda sua extensão; ao amador, ao contrário, convém percorrer as coisas particulares até atingir um ponto mais elevado, a partir do qual possa alcançar uma visão, se não do todo, ao menos da maior parte.

Dos esforços de Rousseau menciono apenas que ele demonstra um cuidado encantador com o processo de ressecamento e a instalação das plantas, lastimando intimamente a perda daquelas que pereciam, embora, aqui, em contradição consigo mesmo, não tivesse nem a habilidade, nem o cuidado constante que uma atenção especificamente voltada para a conservação demandaria em suas diversas caminhadas; por esse motivo, sempre pretende que essas coleções sejam vistas como "feno".

Mas quando, em consideração a um amigo, tratava dos musgos com uma atenção mais justa, reconhecemos, da forma mais viva, o minucioso interesse que ele dedicara ao mundo das plantas, perfeitamente atestado em especial nos *Fragmentos para um dicionário dos termos de uso em botânica*.

O que foi dito até aqui é suficiente para indicar, em certa medida, o quanto lhe deviam nossos estudos naquela época.

Assim como Rousseau, livre de toda obstinação nacionalista, acatou as influências da obra de Lineu, que avançavam irresistivelmente, também a nós, de nossa parte, convém observar que, ao adentrarmos um domínio científico novo e em estado de crise, é uma grande vantagem encontrar um homem extraordinário ocupando-se daquilo que é mais proveitoso. Somos tão jovens quanto o jovem método; nosso início será o início de uma nova época, e seremos acolhidos pela massa daqueles que se esforçam, tal como por um elemento que nos conduz e encoraja.

Assim, junto com meus demais contemporâneos, descobri Lineu, sua circunspecção e sua impressionante atividade. Dediquei-me a ele e à sua doutrina com toda a fidelidade; não obstante, tive aos poucos de perceber que muitos pontos do caminho trilhado impediam-me de avançar, quando não conduziam ao erro.

Se agora devo tratar com clareza e consciência dessas circunstâncias, então deixo que me tomem por um poeta nato que procurava formar imediatamente suas palavras e expressões a partir de cada objeto, a fim de satisfazê-lo em alguma medida. Tal poeta deveria guardar na memória uma terminologia pronta, um certo número de substantivos e adjetivos já disponíveis que, ao deparar-se com uma figura qualquer, pudesse empregar e ordenar em uma designação característica, por meio de uma hábil seleção. Esse tipo de procedimento sempre me pareceu uma espécie de mosaico no qual se colocam peças prontas uma ao lado da outra, a fim de produzir a aparência de uma imagem a partir de milhares de singularidades. Para mim, o desafio, tomado nesse sentido, sempre foi em alguma medida repugnante.

Agora, contudo, percebo a necessidade desse procedimento, que visava comunicar em palavras certas ocorrências exteriores das plantas conforme a acepção geral, podendo-se renunciar a toda representação difícil e incerta das mesmas; mas, ao ensaiar uma aplicação precisa das palavras, encontrei na versatilidade dos órgãos a principal dificuldade. Pois, quando descobri, no mesmo caule, folhas primeiramente arredondadas, depois fendidas e, por fim, quase pinuladas, que, em seguida, contraíam-se novamente, simplificavam-se e transformavam-se em escâmulas, desaparecendo por completo ao final – perdi a coragem de instalar uma cerca, ou traçar uma linha divisória entre eles.

A tarefa de designar com segurança os gêneros e subordinar-lhes as espécies parecia-me insolúvel. Li as prescrições, tal como haviam sido escritas; mas como poderia esperar uma classificação exata se, já à época de Lineu, muitos gêneros haviam sido separados e fragmentados, e algumas classes até mesmo suprimidas? Disso parece resultar que mesmo o homem mais genial e perspicaz não fora capaz de dominar e subjugar a natureza senão *en gros*. Mas, como meu respeito por ele não diminuiu em nada por causa disso, um conflito muito particular teve de surgir; pois imagine-se o embaraço em meio ao qual deve batalhar e empregar seus esforços um principiante autodidata.

Seja como for, eu tinha de seguir ininterruptamente o curso final de minha vida, cujos deveres e lazeres felizmente destinavam-se, em sua maior parte, à natureza livre. Nela, impunha-se fortemente à intuição imediata o modo como cada planta busca para si as condições favoráveis e reivindica uma posição em que possa manifestar-se com toda a liberdade e plenitude. As regiões elevadas das montanhas, as profundezas dos vales, a luz, a sombra, os ambientes secos ou úmidos, o calor intenso ou moderado, o frio, as geadas, e quaisquer que sejam condições! – os gêneros e as espécies requerem-nas para que possam germinar em plena força e abundância. Com efeito, em certos lugares e ocasiões, eles cedem à natureza, sendo conduzidos às variedades, sem, contudo, abdicarem por completo do direito adquirido à forma e às propriedades. Ocorreram-me algumas noções disso em minhas observações ao ar livre, e novas evidências pareciam surgir nos jardins e nos livros.

O conhecedor que esteja inclinado a transportar-se de volta ao ano de 1786 poderá formular uma ideia da situação em que me encontrava, na qual, durante dez anos, senti-me aprisionado; essa tarefa, contudo, seria difícil até mesmo para um psicólogo, pois, ao representar tal situação, teria de incluir nela todas as minhas obrigações, inclinações, deveres e distrações.

Aqui, permitam-me recorrer a uma observação que apreende o todo: todas as coisas que desde a juventude nos cercavam eram conhecidas apenas superficialmente, e assim permaneceram, conservando-se sempre, para nós, como algo comum e trivial, que julgávamos existir indiferentemente ao nosso lado e a respeito de que nos tornamos, de certo modo, incapazes de pensar. Em contrapartida, notamos que os objetos novos, em sua notável diversidade, fazem-nos experimentar que somos capazes de um entusiasmo puro na medida em que estimulam nosso espírito; eles apontam para algo mais elevado, que nos deveria ser permitido alcançar. É esse o verdadeiro ganho que se obtém ao viajar, e cada um extrai disso, à sua maneira, a vantagem que lhe satisfaça. O conhecido torna-se novo por meio de relações inesperadas e, conectando-se a novos objetos, estimula a atenção, a reflexão e o juízo.

Nesse sentido, meu movimento em direção à natureza, sobretudo ao mundo das plantas, foi vivamente estimulado em uma rápida passagem pelos Alpes. O lariço, mais frequente que em outros lugares, e as pinhas, um fenômeno novo, obrigam-nos imediatamente a atentar para a influência do clima. Outras plantas, mais ou menos alteradas, não passam despercebidas mesmo em uma volta apressada. No entanto, ao visitar o jardim botânico de Pádua, onde um alto e largo muro com os sinos vermelho-fogo da *Bignonia radicans* brilhava magicamente diante de mim, conheci, em sua plenitude, uma estranha vegetação. Além disso, vi crescerem ao ar livre diversas árvores raras que eu havia visto apenas invernando em nossas estufas. Mesmo aquelas que possuíam uma pequena cobertura que as protegia contra as geadas passageiras das épocas mais difíceis do ano desfrutavam livremente, aqui, dos benefícios do ar a céu aberto. Uma palmeira anã atraiu toda a minha atenção; felizmente, as primeiras folhas simples e lanceoladas encontravam-se ainda junto ao solo; sua separação sucessiva intensificou-se até finalmente tornar-se visível, em pleno desenvolvimento, sua forma de leque. De uma bainha espatulada destacou-se, por último, um pequeno ramo florido, surgindo de forma estranha e inesperada, como um produto singular que não possuía qualquer relação com o crescimento anterior.

A meu pedido, o jardineiro cortou para mim a série completa de todas as etapas dessas modificações, e encarreguei-me de buscar algumas cartolinas grandes para levar comigo esse achado. Ele ainda permanece comigo bem conservado, tal como o trouxe, e venero-o como a um fetiche que, perfeitamente apto a atrair e prender minha atenção, parecia prometer a meus esforços um resultado próspero.

O caráter inconstante das formas das plantas, cujo peculiar caminho persegui durante muito tempo, despertava em mim a ideia de que as formas das plantas ao nosso redor não são determinadas e fixadas em sua origem; antes, ao lado de uma tenacidade genérica e específica, a natureza lhes concede uma mobilidade e uma flexibilidade oportunas para que possam formar-se e transformar-se em função das diversas condições que as influenciam por toda a orbe terrestre, à medida que a elas se adaptam.

Consideremos, aqui, a diversidade do solo: seja ele ricamente nutrido, por meio da umidade dos vales, ou debilitado, devido à secura das regiões mais altas; protegido seja do frio, seja do calor intensos, ou a ambos inevitavelmente exposto, o gênero pode modificar-se nas espécies, as espécies nas variedades, e estas ao infinito, por meio de outras condições. E, no entanto, as plantas mantêm-se encerradas em seu reino, ainda que se avizinhem, de um lado, das rochas firmes e, de outro, de uma vida mais movimentada.

Mesmo aquelas que são mais distantes possuem um parentesco explícito entre si podendo ser comparadas com tranquilidade.

Como podem ser reunidas sob um conceito, tornou-se cada vez mais claro, para mim, que a intuição poderia ser vivificada de uma maneira ainda mais elevada: pretensão esta que, à época, me ocorria sob a forma sensível de uma planta originária[13] suprassensível. Eu perseguia todas as figuras tal como apareciam para mim, em suas modificações; até que, na Sicília, a última parada de minha viagem, evidenciou-se por completo a *identidade original* de todas as partes da planta; a partir de então, passei a buscá-la e reconhecê-la por toda parte.

Disso originou-se uma tendência, uma paixão, que atravessou todas as tarefas e ocupações necessárias ou fortuitas de minha viagem de volta. Quem já experimentou dar ouvidos a uma ideia muito rica – independentemente de ela ter se originado em nós mesmos ou ter sido comunicada ou inoculada por outrem – deve admitir quão cheio de paixão é o movimento que se produz em nosso espírito, e quão entusiasmados nos sentimos ao antevermos, em uma totalidade, tudo aquilo que se desenvolverá gradualmente, e para onde esse desenvolvimento deverá conduzir. Assim, deve-se reconhecer que, tomado e impulsionado por essa percepção, tal como por uma paixão, deveria dela ocupar-me, se não exclusivamente, ao menos durante todo o resto de minha vida.

Embora tenha sido tocado por essa inclinação da maneira mais íntima, não havia espaço para pensar em um estudo regrado após meu retorno a Roma. A poesia, a arte, a Antiguidade, todas exigiam-me, de certa forma, por inteiro, e jamais em minha vida experienciei dias mais laboriosos, árduos e cheios de ocupações como aqueles. Aos profissionais talvez pareça demasiado ingênua minha narrativa de como, diariamente, em minhas caminhadas, ou em meus pequenos passeios descontraídos em algum jardim, apanhava as plantas que observava a meu lado. Sobretudo na época em que as sementes começavam a amadurecer, julgava importante observar o modo como muitas delas eram depositadas na terra e, depois, ressurgiam à luz do

13 A busca dessa "planta originária" (*Urpflanze*, em alemão) é um tema muito presente em suas reflexões de *Viagem à Itália*.

dia. Assim, voltei minha atenção para a germinação do *cactus opuntia*, que, durante o crescimento, é disforme; e observei com satisfação que ele se revelava inocentemente em duas delicadas folhinhas, como um dicotilédone, para, em seguida, ao longo de seu crescimento, desenvolver seu futuro caráter disforme.

Com as cápsulas das sementes ocorreu-me também algo surpreendente. Eu havia trazido para casa várias sementes da *acantus molllis* e as colocado numa caixinha aberta. Certa noite, ouvi um crepitar e, logo em seguida, um som que parecia ser o de pequenos corpos saltando por toda parte, das paredes ao teto. Não esclareci o fato imediatamente, mas encontrei as cascas rebentadas e as sementes espalhadas ao redor. A secura do quarto fez seu amadurecimento se consumar e atingir esse grau de elasticidade em poucos dias.

Devo mencionar ainda algumas das diversas sementes que observei da mesma maneira, já que elas, segundo a minha memória, cresceram na Roma antiga por períodos mais ou menos longos. Os pinhões rebentavam de forma curiosa, saltando para fora, como se estivessem encerrados em uma casca de ovo; mas logo se livravam dessa cobertura e exibiam, numa coroa de agulhas verdes, os primeiros esboços de sua futura determinação. Antes de minha partida, plantei um pequeno exemplar já mais ou menos crescido de uma futura árvore no jardim de madame Angelika,[14] onde, ao longo de vários anos, ele prosperou e atingiu uma altura considerável. Viajantes compassivos informavam-me a seu respeito, para satisfação recíproca. Infelizmente, após a morte de madame Angelika, o novo proprietário achou estranho que uma pinha crescesse de maneira inusitada em meio a seu canteiro de flores, e mandou cortá-la imediatamente.

Mais felizes foram algumas tamareiras de que cuidei desde as sementes e cujo desenvolvimento pude observar, de modo geral, em vários de seus exemplares. Deixei-as com um amigo de Roma, que as plantou em um jardim, onde, conforme assegurou-me gentilmente um nobre viajante, ainda prosperam. Elas cresceram até atingir a altura de um homem. Tomara que não se tornem incômodas ao proprietário e possam seguir crescendo e prosperando.

14 Angelika Kauffmann (1741-1807), pintora neoclássica suíça.

Se o que foi dito até aqui é válido para a reprodução por meio das sementes, é verdade que não dei menos atenção à reprodução por meio dos olhos – e isso graças ao conselheiro Reiffenstein, que, cortando um ramo aqui e ali em todas as caminhadas, afirmava, beirando o pedantismo, que estes, se colocados na terra, deveriam crescer imediatamente. Como prova decisiva dessa afirmação, mostrava alguns transplantes desse tipo bem instalados em seu jardim. Posteriormente, quão importante não se tornou para a jardinagem botânico-mercantil tal forma de multiplicação, experimentada por toda parte – algo que desejei tivesse ele testemunhado em vida.

Para mim, no entanto, o mais surpreendente de todos era um ramo de cravo bastante crescido, que possuía a forma de um arbusto. É conhecida a vigorosa força de vida e de multiplicação dessa planta; em seus ramos, os olhos amontoam-se uns sobre os outros e os nós afunilam-se uns nos outros. Naquele caso, isso se intensificara ao longo do tempo, e os olhos, dispostos em uma proximidade indiscernível, foram impelidos ao mais elevado desenvolvimento, de modo que a flor perfeita produzia, ela mesma, a partir de seu seio, outras quatro flores perfeitas.

Não encontrando uma maneira de conservar essa prodigiosa forma, decidi desenhá-la detalhadamente, algo que sempre me conduzia a uma compreensão maior do conceito fundamental da metamorfose. Mas a dispersão em meio a tantas obrigações tornava-se um impedimento cada vez maior, e minha estadia em Roma, cujo fim já podia antever, tornava-se cada vez mais dolorida e onerosa.

Na viagem de volta, persegui continuamente essas ideias; organizei, para mim mesmo, discretamente, uma exposição de minhas concepções, redigi-a logo após meu retorno e enviei-a para impressão. Foi publicada em 1790; em seguida, tive a intenção de publicar novos esclarecimentos, acompanhados das ilustrações necessárias. A vida apressada, porém, interrompeu e impediu meus bons projetos, motivo pelo qual a presente oportunidade da reeditar aquele ensaio alegra-me ainda mais, uma vez que me convida a lembrar-me da participação que tive durante quarenta anos nesse belo estudo.

Até o momento, depois de ter procurado apresentar, da maneira mais palpável possível, o modo como procedi em meus estudos botânicos, aos quais fui impelido e atraído, e nos quais, por inclinação, me detive, tendo a eles dedicado uma parte considerável de minha vida, talvez algum leitor, ainda que bem-intencionado, possa repreender-me por ter me alongado de mais ou de menos em miudezas e em passagens a respeito de certas personalidades. Sendo assim, gostaria de esclarecer que o fiz de maneira intencional e premeditada, a fim de que me fosse possível, a partir de tantas singularidades, apresentar algo de universal.

Há mais de meio século sou conhecido, tanto em minha terra natal quanto no exterior, como poeta, e sempre me tomaram por tal. O fato de que, no entanto, eu tenha me dedicado com maior atenção à natureza, a seus fenômenos universais físicos e orgânicos, e tenha procurado discretamente, embora com paixão e constância, elaborar concepções sérias, não é tão universalmente conhecido, e tampouco foi tratado com alguma atenção.

Desde que o ensaio no qual mostro como se deve representar, de maneira espirituosa, as leis da formação das plantas (ensaio este publicado há quarenta anos em língua alemã) tornou-se mais conhecido na Suíça e na França, o público não cansa de surpreender-se com o fato de um poeta, que normalmente se ocupa com fenômenos de ordem moral, concernentes ao sentimento e à imaginação, ter se desviado por um momento de seu caminho e, numa ligeira passagem de um campo a outro, realizado uma descoberta tão significativa.

Na verdade, o presente texto foi escrito para confrontar esse preconceito. Ele deve mostrar de que modo fui capaz de dedicar uma grande parte de minha vida ao estudo da natureza, com interesse e paixão.

Não foi, portanto, graças a um talento extraordinário do espírito, a uma inspiração momentânea ou, de algum modo, inesperada e repentina; foi, antes, graças a um esforço consistente que finalmente alcancei um resultado tão satisfatório.

Com efeito, eu teria bem que desfrutado em silêncio e, quando muito, me vangloriado da grande honra de terem valorizado minha perspicácia. Mas dado que, no decurso das investigações científicas, é igualmente prejudicial obedecer exclusivamente seja à ideia (como um incondicionado), seja à experiência, assumi como um dever a tarefa de apresentar a pesquisadores sérios os acontecimentos tal como os encontrei, permanecendo fiel à história, mesmo que não em todos os pormenores.

* * *

ANATOMIA COMPARADA

ZOOLOGIA

OSTEOLOGIA

Primeiro esboço de uma introdução geral à anatomia comparada baseada na osteologia (1795)

I. *Das vantagens da anatomia comparada e dos obstáculos que a ela se opõem*

A história natural baseia-se, de modo geral, na comparação.

As características externas são importantes, porém insuficientes para separar e recompor adequadamente os corpos orgânicos.

A anatomia oferece em relação aos seres organizados o mesmo que a química em relação aos seres inorgânicos.

A anatomia comparada ocupa o espírito de várias maneiras, fornecendo-nos a oportunidade de observar as naturezas orgânicas a partir de diversos pontos de vista.

Paralelamente à dissecação do corpo humano, a dissecação dos animais deve sempre avançar gradualmente.

A compreensão da estrutura corporal e da fisiologia humanas expandiu-se muito por meio de descobertas feitas a respeito dos animais.

A natureza distribuiu diversas qualidades e determinações entre os animais; cada uma delas se apresenta de maneira característica. Sua estrutura é simples e exígua, embora, com frequência, se expanda, alcançando um amplo volume.

A estrutura humana diversifica-se em ramificações sutis; é rica e bem provida, embora compacta, sendo comprimida em alguns lugares importantes, e possuindo partes separadas que se unem mediante anastomose.

Nos animais, a animalidade, com todas as suas demandas e carências imediatas, evidencia-se aos olhos do observador.

No ser humano, a animalidade é sublimada em função de objetivos mais altos, ficando nas sombras, tanto para os olhos quanto para o espírito.

São vários os obstáculos que até o momento se opuseram à anatomia comparada. Ela não possui limites, e toda abordagem meramente empírica exaure-se em sua ampla dimensão.

As observações permaneceram isoladas tal como foram feitas. Não houve concordância em relação à terminologia. Estudiosos, estribeiros, caçadores, açougueiros etc. contribuíram com diversas denominações.

Ninguém acreditou na possibilidade de haver um ponto unificador no qual os objetos pudessem se conectar, ou em um ponto de vista comum a partir do qual pudessem ser examinados.

Assim como em outras ciências, também aqui não se empregou um modo de pensar suficientemente depurado. Ou se abordava o objeto de maneira demasiado trivial, atendo-se meramente à sua manifestação exterior, ou se buscava auxílio nas causas finais, o que conduzia a um distanciamento cada vez maior da ideia de um ser vivo. A concepção religiosa foi igualmente um obstáculo, uma vez que pretendia que cada ser particular fosse imediatamente utilizado para glorificar a Deus. Muitos se perderam em especulações vazias, como acerca da alma dos animais etc.

Perseguir a anatomia do ser humano até suas partes mais refinadas exigiu um trabalho infinito. E, uma vez que esse trabalho está subordinado à medicina, ela pode ser empreendida como uma disciplina particular somente por poucos. Ainda menos foram aqueles que tiveram o desejo, o tempo, a capacidade e a oportunidade de realizar algo coerente e significativo no campo da anatomia comparada.

II. *Sobre a necessidade de se estabelecer um tipo para facilitar a tarefa da anatomia comparada*

A semelhança dos animais entre si, assim como entre eles e o ser humano, é reconhecida no plano geral, e salta aos olhos; no particular, porém, é dificilmente percebida; e, nos detalhes, nem sempre demonstrável, sendo muitas vezes menosprezada, ou inteiramente negada. Dificilmente consegue-se conciliar as diversas opiniões dos observadores a esse respeito; pois falta uma norma[1] por meio da qual se possa examinar as diversas partes, além de uma série de princípios a serem adotados.

Comparavam-se os animais com o ser humano, e também os animais entre si; assim, mesmo com muito trabalho, alcançavam-se apenas conhecimentos particulares, e, em meio à proliferação de particularidades, aquela perspectiva mais ampla tornava-se cada vez menos possível. Alguns exemplos podem ser extraídos da obra de Buffon; e o empreendimento de Josephi[2] e outros deveriam ser avaliados nesse mesmo sentido. Visto que, dessa maneira, cada animal deve ser comparado com todos e todos com cada um, é evidente a impossibilidade de se chegar a algo unificado por esse caminho.

Por isso, sugere-se aqui um tipo anatômico, ou uma imagem geral, na qual estejam contidas, segundo a possibilidade, as formas de todos os animais, e por meio da qual cada animal fosse inserido numa determinada ordem. Esse tipo deve ser elaborado, tanto quanto possível, levando-se em consideração a fisiologia. Da ideia geral de um tipo logo resulta que nenhum animal particular pode ser tomado como um cânone de comparação; pois nenhum particular pode ser modelo do todo.

O ser humano, em sua elevada perfeição orgânica, não pode, justamente por causa dessa perfeição, ser escolhido como parâmetro para os animais imperfeitos. Deve-se, antes, proceder da seguinte maneira: a experiência deve, antes de tudo, nos ensinar as partes que são comuns a todos os animais, bem como em que essas partes diferem umas das outras. A ideia deve predominar sobre o todo e permitir que se extraia a imagem geral pela via genética. Uma vez estabelecido esse tipo, ainda que apenas de modo experimental, poderemos de bom grado empregar o modo de comparar comumente utilizado até hoje para testá-lo.

Comparavam-se: animais entre si, animais com o ser humano; raças humanas umas com as outras; ambos os sexos, reciprocamente; as partes

---

1 A norma é, afinal, o *tipo*.

2 Wilhelm Josephi, *Anatomie der Säugethiere* [Anatomia dos mamíferos]. 2v. Göttigen: Dieterich, 1787-1792.

principais do corpo umas com as outras, por exemplo as extremidades superiores e inferiores; as partes subordinadas, por exemplo as vértebras umas com as outras.

Todas essas comparações sempre poderão ser feitas com base no tipo estabelecido; assim, elas serão empregadas com melhores consequências e maior influência no conjunto da ciência. Aquilo que já se realizou até aqui poderá ser verificado, e as observações que se mostraram verdadeiras poderão ser ordenadas adequadamente.

Orientando-se pelo tipo estabelecido, deve-se proceder de duas maneiras na comparação: primeiramente, descreve-se, de acordo com ele, as espécies particulares de animais. Isso feito, não será mais necessário comparar os animais uns com os outros; bastará manter lado a lado as descrições para que a comparação se faça por si mesma. A seguir, pode-se também descrever uma parte singular segundo o modo como ela aparece em todos os gêneros principais, o que resulta em uma comparação perfeitamente instrutiva. Ambos os tipos de monografia, se devem ser úteis, têm de ser tão completos quanto possível; e sobretudo para esta última seria preciso reunir vários observadores. Por ora, contudo, é necessário entender-se acerca de um esquema geral, facilitando a parte mecânica do trabalho por meio de uma tabela que fundamente o trabalho de cada um deles. Assim, cada um estaria certo de que, mesmo na menor e mais especializada tarefa, estaria trabalhando para todos os outros, e para o conjunto da ciência. No estado atual das coisas, é triste o fato de cada um ter de recomeçar do início.

III. *Apresentação geral do tipo*

Até o momento, falamos propriamente apenas da anatomia comparada dos mamíferos, bem como dos meios para facilitar seu estudo; agora, porém, que começamos a construir o tipo, devemos expandir o círculo de nossa observação das naturezas orgânicas, pois, sem essa perspectiva mais ampla, não poderemos estabelecer uma imagem geral dos mamíferos; e essa imagem, uma vez que consultamos a natureza inteira para construí-la, poderá, no futuro, ser modificada retrospectivamente, de tal modo que mesmo as imagens das criaturas imperfeitas sejam dela derivadas.

Toda criatura que possui um certo grau de desenvolvimento já apresenta, em sua estrutura exterior, três seções principais. Observem-se os insetos perfeitamente desenvolvidos: seus corpos constituem-se de três partes que exercem funções vitais distintas, e, devido à conexão hierárquica entre elas e à ação recíproca de uma sobre a outra, representam um nível mais elevado da existência orgânica. Essas três partes são a cabeça, o tórax e o abdômen; os órgãos acessórios encontram-se neles afixados de diversas maneiras.

A cabeça, devido à sua posição, vem sempre na frente; ela é o ponto de união dos vários sentidos, e contém os órgãos sensoriais regentes, reunidos em um ou mais gânglios nervosos, que denominamos cérebro. O tórax contém os órgãos do impulso vital interno e do movimento contínuo para fora; os órgãos do estímulo vital interno são menos importantes, pois, nessas criaturas, cada parte é manifestamente dotada de uma vida própria. O abdômen contém os órgãos da nutrição e da reprodução, bem como da secreção mais grosseira.

A separação das três partes mencionadas, que se encontram frequentemente unidas por meio de vasos filiformes, atesta um estado de perfeito desenvolvimento. Por isso, o momento mais importante da sucessiva metamorfose das larvas nos insetos é uma sucessiva separação dos sistemas que, nelas, se ocultam sob um invólucro comum e se encontram num estado parcialmente indistinto e inativo; uma vez, porém, que o desenvolvimento ocorre, e que as forças melhores e mais desenvolvidas passam a atuar por si mesmas, surgem o movimento e a atividade livres da criatura, e, graças às determinações diversas dos sistemas orgânicos e da separação entre eles, a reprodução se torna possível.

Nos seres complexos, a cabeça está separada de maneira mais ou menos evidente da segunda seção; a terceira, porém, encontra-se ligada à anterior mediante um prolongamento da espinha dorsal, e com ela envolvida num invólucro comum. A dissecação nos mostra, contudo, que ela está separada do sistema intermediário do tórax por meio de uma membrana.

A cabeça é provida de órgãos acessórios na medida em que sejam necessários para a assimilação dos alimentos. Eles se apresentam ora como pinças separadas, ora como dois maxilares mais ou menos ligados um ao outro.

Nos animais simples, a parte intermediária possui órgãos acessórios muito variados, como as patas, as asas e os élitros; nos animais complexos, estão presentes também, nessa parte intermediária, os órgãos acessórios intermediários, tais como os braços ou as patas dianteiras. Nos insetos desenvolvidos, o abdômen não possui qualquer órgão acessório; nos animais complexos, em contrapartida, nos quais os dois sistemas ficam muito próximos e se comprimem reciprocamente, os últimos órgãos acessórios, denominados pés, situam-se na extremidade posterior do terceiro sistema. Assim são formados, de modo geral, os mamíferos. Sua parte ulterior, ou traseira, possui um prolongamento ora maior, ora menor, a saber, a cauda, órgão este que, na verdade, não deve ser visto senão como um indício do caráter infinito da existência orgânica.

IV. *Aplicação da representação geral do tipo aos casos particulares*

As partes de um animal, suas formas, as relações que possuem entre si e suas propriedades particulares determinam as necessidades vitais da criatura. Isso explica o modo de vida bem definido, embora limitado, dos gêneros e das espécies animais.

Se considerarmos as diferentes partes dos animais mais complexos, denominados mamíferos, com base naquele tipo estabelecido ainda em linhas gerais, veremos que o círculo em que a natureza cria é, de fato, limitado; contudo, graças ao número de partes e à grande variabilidade das mesmas, a forma pode se modificar ao infinito.

Se observarmos e analisarmos atentamente as partes, veremos que a variedade de formas provém do fato de que uma determinada parte possui uma predominância em relação às outras.

Assim, por exemplo, na girafa, o pescoço e as extremidades são favorecidos, em prejuízo do corpo; já na toupeira, ocorre o contrário.

Com essas observações, vemo-nos diante da seguinte lei: que a nenhuma parte pode ser acrescentado algo sem que algo seja subtraído de outra, e vice-versa.

Eis aqui os limites da natureza animal, no interior dos quais a força formadora parece mover-se da maneira mais extraordinária, e diríamos quase arbitrária, sem, contudo, ser minimamente capaz de romper ou transpor esse círculo. O impulso de formação encontra-se aqui em um reino limitado, embora bem estruturado, no qual deverá exercer seu domínio. Foram-lhe prescritos os itens do orçamento entre os quais serão distribuídas as despesas; mas ele possui, até certo ponto, a liberdade de escolher quanto destinará a cada um deles. Se quiser dar mais a um que a outro, não será inteiramente impedido de fazê-lo; apenas que, com isso, será imediatamente obrigado a deixar que algo falte a algum outro. Dessa forma, a natureza jamais se endividará, ou irá à falência.

Pretendemos nos guiar por esse fio condutor em meio ao labirinto das formas animais, e, no futuro, veremos que ele também nos levará até as naturezas orgânicas mais informes. Queremos testá-lo em relação à forma, para que, depois, possamos empregá-lo também nas forças.

Pensamos, pois, o animal pronto e acabado como um pequeno mundo, que existe por si e para si mesmo. Toda criatura é, assim, um fim em si mesma, e, como todas as suas partes encontram-se em relação recíproca e atuam imediatamente umas sobre as outras, renovando constantemente o ciclo da vida, cada animal deve ser visto como um ser fisiologicamente perfeito. Internamente, nenhuma parte dele é inútil, ou fora produzida como que arbitrariamente pelo impulso de formação, tal como às vezes se imagina, ainda que, externamente, algumas pareçam sê-lo, uma vez que a composição interna da natureza animal moldou-a sem preocupar-se com as proporções externas. Futuramente, não se perguntará para que servem membros tais como os caninos do *Sus barbirussa*;[3] mas sim: de onde provêm? Não se afirmará que ao touro foram dados chifres para que ele possa bater-se com os outros, mas se investigará como pode ele ter esses chifres, que lhe permitem fazê-lo. Aquele tipo universal, que agora de fato queremos construir e investigar em todas as suas partes, revelar-se-á invariável em seu conjunto, e veremos que a classe mais elevada de animais, a saber, os

3 A babirrussa é um mamífero nativo do arquipélago malaio, semelhante ao porco selvagem. Ela possui uma curiosidade: seus caninos superiores, que começam a crescer normalmente para baixo, passam, em seguida, a crescer para cima, isto é, em direção ao focinho do animal, perfurando-o.

próprios mamíferos, apresenta, em meio à maior variedade de formas, uma extrema harmonia em suas partes.

Agora, porém, assim como nos atemos com constância junto àquilo que é constante, devemos também variar nossas perspectivas diante daquilo que varia, adquirindo uma mobilidade multifacetada; com isso, estaremos aptos para perseguir o tipo em toda sua versatilidade, e esse Proteu de modo algum nos escapará.

Se, contudo, nos perguntarem por que motivo uma capacidade de determinação tão variada se manifesta, responderemos, em primeiro lugar, que o animal se forma em função das circunstâncias, daí vêm sua perfeição interna e sua conformidade a fins externa.

Para tornar explícita essa ideia de uma relação econômica entre o dar e o receber, apresentaremos alguns exemplos: a serpente possui um grau de organização bastante elevado. Ela possui uma cabeça bem definida, provida de um órgão acessório elaborado com perfeição, a saber, o maxilar inferior, ligado à parte anterior da cabeça. Seu corpo é, por assim dizer, infinito; e pode sê-lo precisamente por não ter de empregar nem matéria, nem forças nos órgãos acessórios. Tão logo estes surgem numa outra conformação – como na do lagarto, que possui braços e pernas bastante curtos –, o comprimento indeterminado deverá imediatamente contrair-se, dando lugar a um corpo mais encurtado. As longas pernas da rã constrangem o corpo dessa criatura a assumir uma forma bastante reduzida, e, graças a essa mesma lei, o sapo disforme possui um corpo mais alargado.

Aqui, trata-se apenas de saber quão longe, através dos diferentes gêneros, classes e espécies da história natural, se pretende levar esse princípio, e, a partir de uma análise do modo de ser e das características externas, quão clara e agradável deverá ser, de modo geral, a ideia, para que sejam despertados a coragem e o desejo de investigar, com empenho e atenção, os casos particulares.

Primeiramente, porém, deve-se compreender o tipo levando-se em consideração o modo como atuam sobre ele as diversas forças elementares da natureza e a maneira pela qual também deverá se submeter, até certo grau, às leis universais do mundo exterior.

A água provoca um inevitável inchaço nos corpos que ela toca, envolve e penetra mais ou menos profundamente. Assim, o tronco do peixe, e sobretudo sua carne, incha de acordo com as leis desse elemento. Ora, conforme as leis do tipo orgânico, a essa intumescência do tronco deverá seguir-se a contração das extremidades ou dos órgãos acessórios; sem falar das disposições dos demais órgãos que podem surgir a partir disso e somente mais tarde haverão de se revelar.

O ar provoca o ressecamento à medida que absorve a água. Assim, o tipo que se desenvolve no ar será tanto mais seco internamente quanto mais puro ou menos úmido for o ar. Em todo pássaro que surge, seja ele mais ou menos magro, resta ainda matéria suficiente para que a força formadora possa revestir fartamente sua carne e seu esqueleto, além de providenciar o desenvolvimento adequado de seus órgãos acessórios. Aquilo que, nos peixes, é empregado na carne será, aqui, empregado nas penas. Assim, a águia se forma a partir do ar e para o ar, em virtude das grandes altitudes e para grandes altitudes. Por serem espécies de anfíbios, o cisne e o pato revelam já em sua forma sua inclinação pela água. E o modo admirável pelo qual a cegonha e a perdiz indicam sua afinidade com a água e sua inclinação pelo ar merece ser constantemente observado.

Também se verá que o clima, a altitude, o calor e o frio, assim como a água e o ar, exercem uma influência muito forte sobre a formação dos mamíferos. O calor e a umidade causam a dilatação e produzem, mesmo dentro dos limites do tipo, monstruosidades aparentemente inexplicáveis, enquanto o frio e a secura produzem as criaturas mais perfeitas e bem-acabadas, ainda que opostas ao ser humano quanto à natureza e à forma, tais como o leão e o tigre. Somente o clima quente é capaz de conferir à organização mais imperfeita algo de humano, como ocorre, por exemplo, com os macacos e papagaios.

Pode-se também considerar o tipo relativamente a si mesmo, realizando-se comparações no interior dele mesmo – tal como entre as partes moles e as partes duras. Assim, por exemplo, os órgãos da nutrição e da reprodução parecem exigir muito mais força que os órgãos do movimento e da propulsão. O coração e os pulmões estão presos a uma carcaça óssea, enquanto o estômago, os intestinos e o útero flutuam em um envoltório flácido. Vê-se que, devido ao sentido da formação, produz-se tanto uma coluna esternal quanto uma coluna vertebral. Mas a coluna esternal, que nos animais é a inferior, é frágil e curta, se comparada à coluna vertebral. Seus ossos são alongados, finos, ou espremidos, e, enquanto a coluna vertebral fica próxima das costelas, sejam elas perfeitas ou imperfeitas, a coluna esternal não possui nada além de cartilagens junto a si. A coluna esternal parece, portanto, sacrificar ao conjunto das vísceras superiores apenas uma parte de sua solidez, e às inferiores sua inteira existência; assim como, de outro lado, a coluna vertebral sacrifica aquelas costelas que poderiam estar junto das vértebras lombares ao desenvolvimento pleno das partes moles vizinhas, que são de grande importância.

Se agora aplicarmos a manifestações naturais análogas a lei antes mencionada, veremos que vários fenômenos interessantes poderão ser explicados. O ponto central de toda existência feminina é o útero. Ele ocupa um lugar privilegiado entre as vísceras e manifesta, seja em realidade, seja segundo a mera possibilidade, as forças mais elevadas de atração, expansão, contração etc. Em todos os animais mais desenvolvidos, a força formadora parece ter de despender tanto de si nesse órgão que ela é obrigada a proceder com parcimônia em relação às outras partes do conjunto. Com base nisso pretendo explicar o fato de as fêmeas serem menos belas: teve-se de gastar tanto nos ovários que nada sobrou para a aparência exterior. Durante a própria realização do trabalho, surgirão diversos casos semelhantes, que, de modo geral, não podemos aqui antecipar.

A partir de todas essas considerações, elevamo-nos, finalmente, ao ser humano, e devemos nos perguntar *se* e *desde quando* ele se encontra no nível mais elevado da organização. Esperamos que nosso fio condutor nos auxilie nesse labirinto e nos forneça esclarecimentos em relação aos diversos desvios da forma humana e, por fim, à mais bela de todas as formas de organização.

V. *Do tipo osteológico em particular*

Se essa maneira de pensar é inteiramente adequada ao objeto a ser aqui investigado é algo que se poderá estabelecer e verificar somente quando, mediante um cauteloso procedimento anatômico, as partes dos animais forem primeiramente isoladas e, a seguir, comparadas umas com as outras. Também o método que empregaremos doravante para examinar a ordenação das partes será futuramente justificado com base na experiência e nos resultados obtidos.

O esqueleto é, sem dúvida, a estrutura de todas as formas. Depois de conhecê-lo, será mais fácil conhecer todas as outras partes. É certo que, antes de avançarmos nesse assunto, muitas coisas deveriam ser discutidas; por exemplo, como se desenvolveu a osteologia humana? Algo também deveria ser dito acerca das *partes proprias et improprias*. Dessa vez, porém, nos permitiremos tratar desses temas apenas de maneira lacônica e aforística.

Antes de tudo, podemos afirmar, sem receio de sermos desmentidos, que as divisões do esqueleto humano surgiram de forma meramente acidental; por isso, nas descrições, admitiu-se uma quantidade ora maior, ora menor de ossos, além do fato de que cada cientista os descreveu à sua maneira e segundo uma ordem própria.

Além disso, deveria ser cuidadosamente averiguado, após todos os esforços realizados, o estado atual da osteologia dos mamíferos tomada em geral. Nesse sentido, seria muito útil levar em consideração o juízo de Camper a respeito dos escritos mais importantes da osteologia comparada antes de consultá-los e verificá-los.

De forma geral, nos convenceremos de que a osteologia comparada caiu em um grande embaraço devido à falta de um modelo e de uma divisão precisa deste. Volcker, Coiter, Duverney, Daubenton e outros não escaparam ao erro de confundir determinadas partes: um erro inevitável em toda ciência que se inicia, e, no caso desta, ainda mais perdoável.

Algumas opiniões limitadas logo se estabeleceram: pretendeu-se, por exemplo, negar que o homem possuísse um osso intermaxilar. Acreditou-se que essa negação continha uma vantagem bastante singular, pois seria o indício da diferença entre nós e os macacos. No entanto, não se notou que, com isso, ao negar-se indiretamente o tipo, perdia-se a mais bela visão do todo.

Afirmou-se também, durante algum tempo, que as presas do elefante estariam implantadas no osso intermaxilar, uma vez que pertencem invariavelmente ao maxilar superior. Ora, um observador atento pode facilmente notar que uma lamela que parte do maxilar superior envolve o enorme dente. Aqui, a natureza de modo algum admite que algo ocorra em oposição à lei e à ordem.

Tendo afirmado que não se pode tomar o ser humano como tipo de animal, e tampouco o animal como tipo do ser humano, devemos agora, sem mais delongas, apresentar o terceiro elemento que se introduz entre eles e justificar gradualmente nossa maneira de proceder.

Para tanto, é necessário notar e investigar todas as seções ósseas que possam se apresentar; isso pode ser alcançado mediante a observação das mais variadas espécies animais, bem como a partir da investigação dos fetos.

Consideremos o animal quadrúpede partindo da parte anterior à posterior, tal como ele se põe diante de nós, com a cabeça protendida, compondo o tipo primeiramente a partir o crânio e, depois, do restante. Enunciaremos apenas parcialmente os conceitos, as ideias e as experiências que nos guiaram aqui; deixaremos que o leitor antes os presuma para, depois, os comunicarmos. Passemos, então, à apresentação do primeiro esquema geral.

VI. *A composição do tipo osteológico segundo suas divisões*

A) A cabeça

a) *ossa intermaxilaria*,
b) *ossa maxilae superioris*,
c) *ossa platina*.

Esses ossos podem ser comparados uns com os outros sob múltiplas perspectivas: eles formam a base da face e da parte anterior da cabeça; juntos, compõem o palato; há, entre eles, muito em comum no que diz respeito à forma; são os primeiros ossos que se apresentam, uma vez que descrevemos o animal da parte anterior à posterior; e, sozinhos, os dois primeiros não apenas constituem claramente a parte mais à frente do corpo do animal, como também exprimem perfeitamente os hábitos [*Charakter*] da criatura, visto que sua forma determina o modo pelo qual ela se alimenta.

d) *ossa zygomatica*,

e) *ossa lacrymalia*.

Deverão situar-se acima dos anteriores, aperfeiçoando ainda mais a composição da face; com isso, também se completa a borda inferior da órbita ocular.

f) *ossa nasi*,

g) *ossa frontis*.

Serão dispostos sobre aqueles como uma cobertura, dando origem à borda superior das órbitas oculares, às fossas do órgão do olfato e à abóbada do cérebro frontal.

h) *os sphenoideum anterius*.

Será inserido como a base traseira e inferior do conjunto. Ele prepara um leito para o cérebro frontal e fornece um ponto de partida para vários nervos. No ser humano, o corpo desse osso sempre concresce com o corpo do *os posterius*.

i) *os ethmoideum*,

k) *conchae*,

l) *vomer*.

Por meio destes, serão posicionados os órgãos do olfato.

m) *os sphenoideum posterius*.

Deverá estar anexado ao anterior. Com isso, a base do crânio está quase completa.

n) *ossa temporum*.

Formarão as paredes do crânio, reunindo-se na parte frontal.

o) *ossa bregmatis*. [osso parietal]

Deverão recobrir essa parte da abóbada.

p) *basis ossis occipitis*.

É análogo aos dois esfenoides.

q) *ossa lateralia*.

Formarão as paredes. São análogos aos *ossibus temporum*.

r) *os lambdoideum*.

Finalizará a estrutura do crânio. É análogo aos *ossibus bregmatis*.

s) *ossa petrosa*.

Deverão conter os órgãos da audição e serão introduzidos no espaço ainda vazio.

Terminam, aqui, os ossos que formam a estrutura da cabeça; eles devem permanecer imóveis uns em relação aos outros.

t) pequenos ossos do órgão da audição.

Ao longo da presente exposição, será mostrado que essas seções ósseas realmente existem, e ainda possuem subdivisões. Serão expostas as proporções e relações entre elas, suas influências recíprocas e o modo como atuam as partes externas e internas; assim, o tipo será construído e elucidado por meio de exemplos.

B) O tronco

I. *spina dorsalis.*

a) *vertebrae colli.*

As proximidades da cabeça atuam sobre as vértebras do pescoço, sobretudo as primeiras.

b) *dorsi.*

São as vértebras nas quais se fixam as costelas; são menores que as

c) *lumborum,*

vértebras da lombar, que ficam soltas.

d) *pelvis.*

Modificam-se em função da proximidade com os ossos ilíacos.

e) *caudae.*

Seu número varia muito.

costae,

verae,

spuriae.

II. *spina pectoralis.*

sternum,

cartilagines.

A comparação entre a coluna esternal e a coluna vertebral, bem como entre as costelas e a cartilagem, nos leva a pontos interessantes.

C) Órgãos acessórios

1. *maxilia inferior,*
2. *brachia*

affixa sursum vel retrorsum,

scapula

deorsum vel antrorsum,

clavicula.

humerus,

ulna, radius,

carpus,

metacarpus,

digiti,

Forma, proporção, número.

3. *pedes*

affixi sursum vel advorsum,

ossa illium,

ossa ischii,

deorsum vel antrorsum.

ossa pubis,

femur, patella,

tibia, fibula,

tarsus,

metatarsus,

digiti.

Ossos internos:

os hyoïdes

cartilagines, plus, minus ossificatae.

VII. *O que se deve considerar por enquanto na descrição dos ossos considerados isoladamente*

É necessário responder a duas perguntas:

I. As seções ósseas indicadas no tipo encontram-se em todos os animais?

II. Quando saberemos que são as mesmas?

Obstáculos:

A conformação óssea varia em função:

a) de ela ser ampla ou diminuta;

b) da concrescência dos ossos;

c) dos limites entre os ossos;

d) do número;

e) do tamanho;

f) da forma.

A forma é:

– simples ou complexa, contraída ou desenvolvida;

– suficientemente ou excessivamente provida;

– perfeita e isolada, ou concrescente e atrofiada.

Vantagens:

A conformação óssea é constante, pois:

a) cada osso está sempre em seu lugar;

b) cada osso possui sempre a mesma função.

A *primeira questão*, portanto, pode ser respondida afirmativamente somente se forem levados em conta os obstáculos e as condições indicadas.

A *segunda questão* pode ser resolvida se aproveitarmos as vantagens mencionadas. E, com efeito, procederemos da seguinte maneira:

1) Procuraremos por cada osso no lugar que lhe é próprio.
2) A partir do lugar que ocupa no organismo, investigaremos sua finalidade.
3) Determinaremos a forma que pode e deve, em geral, possuir, de acordo com sua finalidade.
4) Deduziremos e extrairemos, em parte do conceito e em parte da experiência, os possíveis desvios da forma.
5) E, se possível, apresentaremos esses desvios da forma de cada osso numa ordenação clara.

Com isso, esperamos encontrá-los mesmo quando escapam à nossa vista, e reunir sob um conceito central suas diferentes conformações, de modo a facilitar a comparação.

A) Variedade de formas mais ou menos amplas no interior de todo o sistema ósseo

Já apresentamos o tipo osteológico como um todo, e já estabelecemos a ordem segundo a qual pretendemos percorrer suas partes. Mas, antes de avançarmos ao particular, de nos atrevermos a enunciar as características que pertencem a cada osso no sentido mais geral, não devemos ocultar os obstáculos que possam se opor a nossos esforços.

Para elaborarmos esse tipo, admitido como uma norma universal segundo a qual se pretende descrever e avaliar os ossos de todos os mamíferos, devemos pressupor que a natureza não age de maneira inconsequente, atribuindo-lhe a capacidade de proceder segundo uma certa regra em todos os casos particulares. E tampouco nós podemos dela nos desviar. Já exprimimos nossa convicção, reforçada a cada vez que lançamos o mais breve olhar sobre o reino animal, de que, na base de todas as formas particulares, reside uma imagem geral.

Mas a natureza viva não poderia variar ao infinito essa imagem simples se não tivesse uma ampla margem para mover-se sem, com isso, ultrapassar os limites de sua lei. Primeiramente, pois, buscaremos observar em quais casos a natureza se mostra inconstante na formação dos ossos particulares, para, em seguida, observar em quais ela se revela constante. Por essa via, será possível determinar os conceitos gerais segundo os quais cada osso particular poderá ser encontrado em meio a todo o reino animal.

A natureza é inconstante no que diz respeito ao caráter amplo ou reduzido do sistema ósseo.

A estrutura óssea, enquanto parte do conjunto orgânico, não pode ser considerada isoladamente. Ela está em conexão com todas as outras partes, tanto as moles quanto as semiduras. As partes restantes possuem mais ou menos afinidade com o sistema ósseo, e são mais ou menos capazes de passarem ao estado sólido.

Observa-se isso claramente na osteogênese, tanto antes quanto depois do nascimento de um animal em processo de crescimento, no qual se formam as membranas, os tecidos cartilaginosos e, aos poucos, a massa óssea. Observa-se que, nas pessoas idosas e enfermas, diversas partes do corpo que a natureza não destinou ao sistema ósseo ossificam-se, passando para o lado deste e, de certa forma, ampliando-o.

A natureza permitiu-se empregar esse mesmo procedimento na formação de certos animais, produzindo massa óssea onde, em outros, há apenas tendões e músculos. Em alguns, por exemplo (até o momento, tenho conhecimento apenas do cavalo e do cachorro), a cartilagem do *processus styloideus ossis temporum* está ligada a um osso alongado, achatado, semelhante a uma pequena costela, e cuja finalidade deve ainda ser investigada. É sabido, por exemplo, que o urso e alguns morcegos possuem um osso no pênis; e há diversos casos semelhantes a este.

Em contrapartida, a natureza às vezes parece reduzir o sistema ósseo, deixando faltar algo aqui ou ali. Certos animais, por exemplo, são inteiramente desprovidos da clavícula.

Nesse momento, inúmeras considerações se nos impõem, às quais, porém, não temos tempo para nos dedicar. Caberia perguntar, por exemplo, por que motivo são estabelecidos para a ossificação certos limites, que ela não ultrapassa, embora não se possa saber o que a detém. Exemplos notáveis disso nos fornecem os ossos, as cartilagens e as membranas da faringe.

Futuramente, lançando um olhar fugaz sobre a natureza em toda sua amplitude, será curioso observar como ela frequentemente deposita uma grande massa óssea sobre a pele de alguns peixes e anfíbios, tal como se nota nas tartarugas, cujas partes exteriores, normalmente moles e delicadas, passam a um estado rígido e endurecido.

Devemos, porém, em primeiro lugar, encerrar-nos em nosso estreito círculo, sem descuidarmos daquilo que mostramos anteriormente, a saber, que as partes líquidas, moles e totalmente duras de um corpo orgânico devem ser vistas como uma unidade, e que a natureza é livre para agir ora sobre umas, ora sobre outras.

B) Variedade de concrescências

Se examinarmos aquelas divisões ósseas em diversos animais, veremos que não parecem ser as mesmas por toda parte, mas que os ossos ora crescem juntos, ora separados uns dos outros, e que essa variedade se observa entre os gêneros e espécies, entre diversos indivíduos de uma mesma espécie, e até mesmo nas diferentes idades de cada um desses indivíduos, sem que se consiga identificar logo de imediato a sua causa.

Pelo que sei, essa questão ainda não foi estudada em profundidade, razão pela qual as descrições do corpo humano possuem muitas diferenças. Mas essas diferenças, se não se pode delas tirar algum proveito, ao menos não oferecerão nenhum obstáculo, dada a estreiteza do objeto.

Ainda que pretendamos estender nossos conhecimentos osteológicos a todos os mamíferos; ainda que queiramos proceder de tal modo que nos seja possível abordar, com esse mesmo método, os anfíbios e os pássaros, e guiar-nos pelo mesmo fio condutor em meio a todo o reino dos corpos orgânicos, devemos, contudo, seguir o velho ditado: para bem conhecer, é preciso bem distinguir.

É sabido que, no feto humano, assim como em um bebê recém-nascido, há mais divisões ósseas que em um jovem; e, do mesmo modo, há mais neste último que em um adulto ou um idoso.

Causaria admiração o modo empírico com que se procedeu nas descrições dos ossos humanos, sobretudo daqueles da cabeça, não fosse o hábito ter tornado aceitável um método tão imperfeito como este. Trata-se de desmontar mecanicamente uma cabeça de idade indeterminada e considerar tudo aquilo que se separa como partes, que, estando reunidas, são descritas como um todo.

Parece-nos muito curioso o fato de termos nos contentado durante tanto tempo, e ainda nos contentarmos, com um conceito superficial acerca da estrutura óssea, ao passo que, em relação a outros sistemas, tais como o muscular, nervoso, vascular etc., buscou-se perscrutar até as menores divisões. Por exemplo, o que pode ser mais contrário tanto à ideia quanto à determinação dos ossos *temporum* e *petrosum* que descrevê-los em conjunto? No entanto, isso ocorre há muito tempo. A osteologia comparada nos mostra que, para obtermos um conceito claro da formação do órgão auditivo, devemos não apenas tratar o *os petrosum* como sendo totalmente separado do *os temporum*, como também observar no primeiro duas partes distintas.

Na sequência, veremos que essas diversas concrescências dos ossos não são acidentais (pois nada ocorre de maneira acidental em um corpo orgânico), mas, pelo contrário, estão submetidas a leis que não se dão a conhecer facilmente, ou que, mesmo quando são conhecidas, não são facilmente aplicadas. Uma vez que, agora, por meio da elaboração daquele tipo, conseguimos conhecer todas as seções ósseas possíveis, resta-nos apenas indicar em nossas descrições, a partir do estudo do esqueleto de um gênero, uma espécie, ou mesmo um indivíduo qualquer, quais divisões são concrescentes, quais podem ser observadas e quais são separáveis. Obteremos, com isso, a grande vantagem de poder ainda distinguir as partes mesmo quando elas não nos oferecem qualquer indício visível de sua separação; e, como todo o reino animal aparecerá, para nós, reunido sob uma grande imagem, não julgaremos que algo deva faltar a uma espécie, ou mesmo a um indivíduo, por estar nela oculto. Aprenderemos a ver com os olhos do espírito, sem os quais tateamos às cegas na investigação da natureza, assim como por toda parte.

Assim como se sabe que, nos fetos, o osso occipital é composto de várias partes, e esse conhecimento ajuda a compreender e elucidar a forma perfeitamente desenvolvida desse osso, a experiência também esclarecerá as seções ósseas ainda evidentes em vários animais, bem como a forma – que dificilmente se deixa apreender, e mesmo descrever – desse mesmo osso em outros animais, sobretudo no homem. Como já observamos, para que possamos explicar a forma bastante complexa dos mamíferos, desceremos até os anfíbios, os peixes, e até mesmo a classes inferiores a estas, buscando algo que nos possa auxiliar em nossa investigação. Um exemplo notável e admirável disso reside no maxilar inferior.

C) Variedade dos limites entre os ossos

Há ainda um outro caso que, embora raro, apresenta alguns obstáculos à identificação e ao estudo de cada osso em particular. Observa-se, às vezes, que os limites entre os ossos parecem não ser sempre os mesmos, isto é: que os ossos parecem ter vizinhos diferentes daqueles que normalmente tangenciam. Nos gatos, por exemplo, a apófise lateral do osso intermaxilar estende-se para cima até o osso frontal, separando o maxilar superior do osso nasal.

Já nos bois, o *maxilla superior* é separado do osso nasal pelo osso lacrimal.

Nos macacos, os ossos *bregmatis* e *sphenoideo* estão ligados e separam os ossos *frontis* e *temporum* um do outro.

Tais casos devem ser investigados atentamente em conjunto com suas circunstâncias, pois podem ser meramente aparentes; o que deverá ser feito mais propriamente a partir da descrição dos ossos.

D) Variedade de número

Sabe-se que as extremidades dos membros externos diferem em número, e, por conseguinte, os ossos que constituem esses membros devem igualmente diferir em número; assim, vemos que o número de ossos do carpo e do tarso, do metacarpo e do metatarso, é, assim como o número de falanges, ora maior, ora menor; de modo que, quando uns são em menor quantidade, os outros também o são, tal como nos mostram as observações isoladas dessas partes.

Do mesmo modo, o número de vértebras das costas, do quadril, da bacia e da cauda, bem como das costelas e das partes do esterno em forma de vértebra ou achatadas, diminui. Assim também o número de dentes diminui ou aumenta. Neste último caso, a diferença parece provocar uma grande diversidade na estrutura dos corpos.

A constatação desses números, contudo, é a mais fácil de todas e a que exige menos esforço; se a efetuarmos com precisão, dificilmente seremos surpreendidos.

E) Variedade de tamanho

Sendo os animais de tamanhos muito distintos, as partes de seus ossos também devem sê-lo. Essas proporções são mensuráveis. Aqui, são muito úteis as medições feitas por diversos anatomistas, em especial por Daubenton.[4] Se essas partes ósseas não possuíssem formas tão distintas, tal como vere-

4 Louis Jean-Marie Daubenton (1716-1799), importante médico e naturalista francês. Foi um dos pioneiros no campo da anatomia comparada e o principal colaborador de Buffon na elaboração de sua monumental *História natural*. Org. e trad. Isabel Coelho Fragelli et al. São Paulo: Editora Unesp, 2021.

mos na sequência, a diferença de tamanho não causaria tantas confusões, pois pode-se facilmente comparar, por exemplo, o fêmur de um grande animal com aquele de um animal menor.

A esse respeito, convém fazer uma observação, que interessa à história natural como um todo. Trata-se de saber se o tamanho exerce influência sobre a forma, ou a formação; e, se sim, até que ponto ele o faz.

Sabe-se que todos os animais muito grandes são, ao mesmo tempo, disformes; pois, ao que parece, ou a massa predomina sobre a forma, ou as medidas dos membros não possuem entre si uma proporção feliz.

À primeira vista, poder-se-ia pensar que a existência de um leão de seis metros seria tão possível quanto a de um elefante da mesma medida, e que aquele seria capaz de mover-se com tanta agilidade quanto o fazem os leões que se encontram atualmente sobre a terra, se tudo fosse nele bem proporcionado. Mas a experiência nos ensina que os mamíferos perfeitamente desenvolvidos não ultrapassam um certo tamanho, e, por isso, à medida que crescem cada vez mais, sua forma também começa a vacilar, dando origem a deformidades. Mesmo em relação ao ser humano se afirma que, em um indivíduo excessivamente grande, um pouco do espírito se dissipa, ao passo que, nos menores, ele se mostra mais vivo. Além disso, observou-se que um rosto aumentado em um espelho côncavo parece vazio e inexpressivo. É como se, também na aparência, a massa corporal pudesse ser ampliada, mas não a força vivificadora do espírito.

F) Variedade de formas

Chegamos agora ao ponto de maior dificuldade, que reside no fato de que os ossos de animais diferentes entre si também possuem formas extremamente distintas. Isso faz que o observador se atrapalhe com frequência, esteja ele diante de um esqueleto inteiro ou apenas de partes isoladas deste. Quando encontra essas partes fora de seu contexto, muitas vezes não sabe pelo que deve tomá-las; quando consegue identificá-las, não sabe como descrevê-las, e sobretudo como pode compará-las, visto que, dada a completa diversidade das formas externas, o *tertium comparationis* parece faltar. Quem diria, por exemplo, que o braço da toupeira e aquele da lebre são a mesma parte de seres orgânicos semelhantes? Entre as maneiras pelas quais membros idênticos de animais distintos sofrem desvios tão grandes em suas formas, trataremos primeiramente das que se seguem, as quais, com efeito, somente ao longo da exposição poderiam se tornar evidentes para nós.

Em um animal, um osso pode ser simples, apresentando-se, por assim dizer, como um mero rudimento; já em outros, esse mesmo osso encontra-se em seu grau máximo de desenvolvimento e perfeição. Assim, por exemplo, o osso intermaxilar da corça é tão diferente daquele do leão, que, à primeira vista, parece não haver lugar para qualquer comparação.

Com efeito, um osso pode desenvolver-se em certo sentido, mas, posteriormente, ser de tal modo comprimido e desfigurado pela formação dos outros órgãos, que quase não se ousaria tomá-lo pelo mesmo osso. É esse o caso dos *ossa bregmatis* dos animais que possuem chifres ou hastes em comparação com os *ossa bregmatis* dos seres humanos, assim como do osso intermaxilar das morsas em comparação com aquele de um predador.

Além disso, todo osso que cumpre sua função de maneira apenas satisfatória possui uma forma mais definida e facilmente identificável do que quando parece possuir uma quantidade de massa óssea maior do que precisa para essa mesma finalidade. Isso faz que sua forma se modifique de maneira muito singular, mas sobretudo se dilate. Assim, nos bois e porcos, sinuosidades monstruosas tornam totalmente irreconhecíveis os ossos achatados, que, nos gatos, por sua vez, são extraordinariamente belos e distintos.

Um osso pode desaparecer quase completamente aos nossos olhos quando é concrescente com um osso vizinho, e quando isso se dá de tal modo que este último, devido a circunstâncias particulares, necessita de mais matéria óssea do que lhe seria destinado no caso de uma formação regular. Com isso, subtrai-se tanto daquele osso concrescente que ele praticamente desaparece. As sete vértebras cervicais concrescem umas às outras dessa maneira, a ponto de acreditarmos não ver aí nada além do atlas com um apêndice.

Em contrapartida, os elementos mais constantes são o lugar em que se encontra cada osso e a função à qual ele se adapta em uma estrutura orgânica. É por isso que, ao longo de nosso trabalho, trataremos primeiramente de procurar cada osso em seu lugar, e descobriremos que eles estão sempre presentes, mesmo que tenham sido deslocados e comprimidos, ou que tenham adquirido dimensões maiores que o comum. Pretenderemos saber a qual função deve servir cada um deles, a depender do lugar que ocupa no organismo. Assim, com base em sua função, também será possível conhecer a forma que provavelmente terá e da qual, ao menos de modo geral, não poderá se desviar.

Os possíveis desvios dessa forma poderão, depois, ser deduzidos e abstraídos em parte do conceito e, em parte, da experiência.

Tentaremos explicitar em uma determinada ordem os desvios que se manifestam em cada osso, de tal modo que se possa percorrê-los em uma série, do mais simples ao mais complexo e mais desenvolvido, ou inversamente, conforme aquilo que pareça ser mais favorável à clareza da observação em cada circunstância. Compreende-se facilmente como seria desejável a elaboração de uma monografia completa de cada osso particular em meio a toda a classe dos mamíferos; assim como, antes, desejamos descrições mais completas e precisas visando à elaboração do tipo.

Na presente pesquisa, procuraremos saber se não há um ponto de união ao redor do qual as experiências já feitas e ainda por fazer desse objeto se reuniriam no interior de um círculo abarcável pelo olhar.

VIII. A ordem em que o esqueleto deve ser observado e o que deve ser notado em suas diversas partes

Para abordarmos esse assunto, as considerações mais gerais já deverão ter sido apresentadas, e o observador já deverá saber para o que deve atentar e de que modo deve realizar [*anstellen*] a observação, a fim de que, na descrição, para a qual o presente esquema deve servir, não apareçam os elementos comuns a todos os animais, mas somente aquilo que os diferencia uns dos outros. Assim, por exemplo, deverá estar presente, na descrição geral, o modo como os ossos da cabeça se posicionam e se conectam uns aos outros. Já na descrição particular, caberá observar apenas os casos em que esses ossos modificam aquilo que os cerca, o que ocorre às vezes.

O observador fará bem em notar se um osso da cabeça ou uma parte do mesmo apresenta ou não sinuosidades, e, se preciso, ao final, conduzir essa informação às observações gerais. Na sequência de nossos estudos, serão mostradas várias dessas situações que ocorrem nas descrições:

CAPUT

os intermaxillare:

pars horizontalis s. palatina,

pars lateralis s. facialis,

margo anterior.

N. B. Nesse caso, assim como no dos outros ossos da face e de todos aqueles cuja forma varia muito, convém adiantar algo a respeito da forma geral antes de analisar as formas das partes. Com isso, estas últimas se revelarão por si mesmas.

Dentes:

pontudos,
achatados,
lisos,
lisos e coroados.

canales incisivi:

Aqui, é preciso saber se o espaço entre as duas metades do osso intermaxilar é grande ou pequeno.

maxila superior:

pars palatina s. horizontalis,

pars lateralis s. perpendicularis,

margo s. pars alveolaris,

dentes:

Caninos:

proporcionalmente pequenos ou grandes,
pontudos,
achatados,
encurvados,
voltados para cima ou para baixo.

Molares:

simples e pontudos,
complexos e largos,
com coroas cujas lâminas ósseas internas apontam para a mesma direção que as externas,

com coroas tortuosas,
com tortuosidades muito compactas,
tricúspides,
lisos.

foramen infraorbitale:

apenas uma abertura [*foramen*];

canais mais ou menos longos, cuja saída é visível na face, sendo, às vezes, dupla.

os palatinum:

pars horizontalis s. palatina,
pars lateralis,
pars posterior,
processus hamatus,
canalis palatinus.

Se quisermos, em algum momento, estabelecer comparações, poderemos medir os três ossos já apresentados que, juntos, formam o palato, e comparar seus comprimentos e larguras relativos às dimensões gerais do conjunto.

os zygomaticum:

sua forma mais ou menos comprimida;

suas relações com os ossos vizinhos, que nem sempre são os mesmos. Observar em quais casos ele possui uma cavidade sinuosa [*sinuos*], e com o que ela se comunica.

os lacrymale:

pars facialis,
pars orbitalis,
canalis.

os nasi:

Proporção entre comprimento e largura. Observar se apresentam lâminas quadrangulares e alongadas, ou com outras características. Indicar suas conexões com os ossos vizinhos, que nem sempre são os mesmos.

Há, entre ele e os ossos vizinhos, uma grande fontanela fechada por uma membrana.

os frontis:

Aqui, deve-se atentar principalmente para as lamelas interna e externa do osso, devido à cavidade que as separa [*sinuum*]. A lamela externa avança sobre uma superfície plana ou encurvada, formando, pelo lado de fora, a parte superior da testa; pelo lado de dentro, porém, a lamela interna separa-se da externa na medida em que se fixa ao *os ethmoideum*, formando o chamado *sinus frontales*. Trataremos também das cavidades [*sinus*] dos outros ossos que se ligam com os primeiros, bem como da sinuosidade das apófises.

Os chifres, entendidos como prolongamentos das cavidades, podem ser curvos ou retos. Há também chifres que não são côncavos [*sinuos*] e não repousam sobre as cavidades [*sinus*].

Processus zygomaticus é ósseo ou membranoso.

De que modo os arredores do globo ocular influenciam na forma do cérebro e comprimem ou liberam o *os ethmoideum*.

os ethmoideum:

comprimido;

estendendo-se livremente;

notar que sua medida é equivalente à da largura de todo o ventrículo cerebral;

composição das lamelas do corpo de todo o etmoide.

vomer.

conchae:

encurvados de maneira simples, ou de múltiplas maneiras.

os sphenoideum anterius:

corpus.

Suas sinuosidades são notáveis em comparação com as lamelas do etmoide.

alae.

Observar se ele não aparece separado, tal como no feto humano.

os sphenoideum posterius:

corpus,

alae,

sinuositates.

Comparação entre os dois ossos, sobretudo entre suas asas e seus prolongamentos.

os temporum:

a forma da *partis squamosae*; *processus zygomaticus* mais ou menos longo. São notáveis as sinuosidades desse osso.

os bregmatis:

suas diversas formas; proporção entre seu tamanho e o do osso frontal.

os occipitis:

basis: na média, é comparável com os ossos esfenoide e etmoide.

partes laterales.

processus styloidei: às vezes, reto; às vezes, curvo.

pars lambdoidea.

bulla:

collum,

bulla sive marsupium: possui, às vezes, a forma de um *processus mastoidei*, mas não deve ser confundida com ele.

os petrosum:

pars externa é, muitas vezes, esponjosa, e frequentemente possui cavidades sinuosas [*sinuos*]; pelo lado de fora, situa-se entre o *os temporum* e o *os occipitis.*

pars interna: aqui, situam-se os nervos do ouvido, a cóclea etc.

Trata-se de um osso muito rígido e ebúrneo.

Observar os ossículos móveis do órgão do ouvido.

TRUNCUS

vertebrae colli.

Deve-se observar principalmente seu comprimento, sua largura e sua firmeza.

O atlas desenvolve-se sobretudo na largura; o que indica uma afinidade com o osso do crânio.

epistropheus: apófise mais larga e elevada.

vertebra tertia: observar a forma das apófises laterais e espinais.

vertebra quarta: apresenta desvios em relação a essa forma.

vertebra quinta: apresenta mais desvios.

vertebra sexta: nesta, surgem as apófises aliformes, que já se anunciavam gradualmente, por assim dizer, nos desvios das vértebras anteriores.

vertebra septima: possui uma pequena apófise lateral arredondada e facetas articulares para os pequenos botões das primeiras costelas.

vertebra dorsi:

Contá-las.

Ainda falta determinar o que deve ser nelas observado e de que modo se distinguem umas das outras.

Indicar o tamanho e a direção do *processuum spinosorum*.

vertebrae lumborum:

Contá-las.

Ainda é preciso indicar a forma e a direção dos *processuum lateralium et horizontalium*.

Ainda resta tratar em pormenor dos desvios regulares de sua forma.

N.B. Manteremos, porém, a divisão habitual, segundo a qual chamamos as vértebras que se ligam às costelas de *vertebrae dorsi* e as restantes de *vertebrae lumborum*. Nos animais, contudo, observa-se uma outra divisão: as costas possuem um certo ponto intermediário a partir do qual os *processus spinosi* inclinam-se para trás e os processos mais largos inclinam-se para a frente. Esse ponto intermediário reside normalmente diante da terceira falsa costela.

As vértebras devem ser contadas até esse ponto intermediário, e de lá até o final; caso surja algo de extraordinário, deverá ser notado.

vertebrae pelvis:

Nelas, deve-se observar a quantidade maior ou menor de concrescências.

Contá-las.

vertebrae caudae:

Devem ser contadas.

Observar sua forma.

Possuem, com frequência, apófises laterais aliformes que desaparecem gradualmente, até que, por fim, a vértebra assume a forma de uma falange.

costae:

verae.

Devem ser contadas.

Observar seu comprimento e sua firmeza;

e sua curvatura maior ou menor.

Deve-se notar o desvio de sua parte superior, bem como aquilo que nele se mostra universal.

Com efeito, o pescoço torna-se cada vez mais curto e o *tuberculum* cada vez mais largo, aproximando-se do *capitulum*.

spuriae.

Observar as mesmas coisas que nos anteriores.

sternum:

vertebra sterni.

Devem ser contados.

Possuem a forma de uma falange.

São achatados.

Observar, em geral, se a forma dos *sterni* é curta ou alongada, se as vértebras das partes anterior e posterior são semelhantes, e se há desvios na forma.

Indicar em que medida são compactos ou porosos etc.

ADMINICULA

anteriora:

maxilla inferior:

Aqui, devemos primeiramente nos familiarizar com os exemplos dos peixes e anfíbios, observando-se as partes de que são compostos, e, se for preciso, desenhar as suturas e harmonias [*Harmonien*] em um maxilar animal. Nos mamíferos, ele é composto de duas partes, que, às vezes, concrescem no centro.

Até que ponto é necessário afastar-se da divisão e da terminologia habitualmente empregadas para tratar do ser humano é ainda objeto de reflexão.

dentes:

Observar se estão ausentes ou presentes.

Incisivos.

Canino; seu tamanho.

Molares; observar o maxilar superior.

media:

scapula:

Deve-se, inicialmente, preservar a divisão da omoplata humana.

Forma.

Proporção entre o comprimento e a largura.

clavicula:

Observar se ela está presente ou ausente.

Relação entre seu comprimento e sua largura.

humerus:

Neste, assim como em todos os ossos longos, observar se as epífises são ou não concrescentes.

Observar em que medida ele apresenta maior ou menor tendência para dilatar-se.

Comprimento.

Encurtamento, e outras coisas dignas de nota.

ulna:

Sua parte mais forte é a superior e a mais frágil a inferior. Observar em que medida o osso tubular se equipara em força ao *radius*, ou se encosta nele tal como a fíbula encosta na tíbia, e em que medida é com ele concrescente.

radius:

Sua parte mais forte é a inferior, e a mais frágil a superior; é predominante em relação à *ulna*, servindo-lhe como suporte [*fulcrum*]. Ao mesmo tempo, a supinação se perde, e o animal permanece em constante pronação.

carpus:

Indicar o número de ossos e de que modo se unem. Quando possível, distinguir os ossos que permanecem dos que desaparecem. Provavelmente, aqueles que encostam no *radius* e na *ulna* são constantes, e aqueles que se ligam às falanges não o são.

ossa metacarpi:

Indicar seu número.

Indicar seu comprimento relativamente ao conjunto.

digiti:

Indicar o número das falanges; provavelmente haverá sempre três. Procurá-las entre os *solidungulis* e os *bisulcis*, e descrevê-las.

ungues; ungulae.

POSTICA

Conectam-se com o tronco por meio dos ossos:

ilium,

ischii,

pubis:

Observar sua forma.

Notar a proporção entre o comprimento e a largura.

Por ora, suas partes podem ser descritas com base na divisão estabelecida para o ser humano. Observar se as sincondroses são ossificadas ou ligadas por meio de suturas.

femur:

Esse osso é frequentemente reto, embora seja às vezes um pouco curvo ou retorcido. Observar se as epífises são concrescentes ou soltas. Em alguns animais, parece existir ainda um terceiro trocanter. No mais, também aqui as partes podem ser mantidas tal como na descrição do fêmur humano.

patella,

tibia:

Raramente, esse osso tubular possui força igual ou semelhante à da fíbula.

Nos animais que remam, é notável seu grande volume e, em outros, sua completa predominância em relação à fíbula.

Questões acerca das epífises.

fibula:

Está voltada para fora e para dentro; é mais fina em diversos animais, sendo que em alguns é inteiramente concrescente com a tíbia.

Notar e descrever as gradações; por exemplo, se está perfeitamente encostada na tíbia, ou se há, entre elas, alguns espaços ou aberturas arredondadas.

tarsus:

Contar seus ossos, e, tal como em relação ao *carpus*, indicar quais estão presentes e quais estão ausentes. Aqui, provavelmente, os vizinhos da tíbia e da fíbula serão constantes, e o *calcaneus* e o *astragalus* estarão presentes.

metatarsus:

Indicar o número dos ossos e seu comprimento.

digiti:

Indicar seu número.

Observar principalmente qual dedo está ausente, e se é possível encontrar uma lei geral para esse fato. Provavelmente, o primeiro a desaparecer é o polegar. Suspeito também que, às vezes, o anular e o dedo médio estejam ausentes. Observar a relação entre o número de dedos do pé e aqueles da mão.

phalanges:

Provavelmente, haverá sempre três.

ungues, ungulae.

Uma vez que o caráter próprio de cada osso animal em meio a todas as espécies pode ser estabelecido somente a partir do resultado das investigações, é preferível que, no exercício das descrições, as coisas sejam descritas tal como são vistas. Se tomarmos em conjunto tais descrições, encontraremos aquilo que há de comum nas informações repetidas, e, reunindo-se diversos trabalhos, chegaremos ao caráter universal.

Jena, janeiro de 1795.

* * *

Exposições acerca dos três primeiros capítulos do esboço de uma introdução geral à anatomia comparada elaborada a partir da osteologia (1796)

I. *Das vantagens da anatomia comparada e dos obstáculos que se lhe opõem*

Graças a uma observação precisa das partes exteriores dos seres orgânicos, a história natural aos poucos adquiriu uma extensão e uma ordenação ilimitadas, e agora cabe a cada um empenhar-se, com atenção e esmero, para alcançar tanto uma visão de conjunto quanto uma compreensão acurada do particular.

Esse feliz resultado não teria sido possível se os naturalistas não tivessem se esforçado para dispor numa série as características exteriores que convêm e cada corpo orgânico de acordo com suas diferentes classes, ordens, gêneros e espécies.

Assim, Lineu elaborou magistralmente a terminologia botânica e a expôs ordenadamente, de tal modo que, com o desenvolvimento e o empenho contínuos, ela possa sempre se tornar mais completa. Assim também os dois Forster[1] delinearam as características dos pássaros, peixes e insetos de modo a facilitar a possibilidade de descrevê-los de maneira mais precisa e coerente.

---

1 Johann Reinhold Forster (1729-1798), naturalista alemão; Georg Forster (1754-1794), naturalista e explorador alemão, filho do primeiro.

Contudo, não é possível se ocupar longamente com a determinação das características e proporções exteriores sem sentir a necessidade de se familiarizar com o corpo orgânico por meio da anatomia. Pois, no caso dos minerais, ainda que à primeira vista seja louvável julgá-los e ordená-los a partir de suas características exteriores, é a química que contribui da melhor maneira para um conhecimento mais profundo dos mesmos.

Mas tanto a anatomia quanto a química têm, para aqueles que não são com elas familiarizados, um aspecto mais repulsivo que atraente. Em relação à última, pensa-se apenas em fogo e carvão, em violentas separações e fusões entre os corpos; já em relação à primeira, pensa-se na navalha, na dissecação, na decomposição e numa visão repugnante de partes orgânicas infinitamente divididas. Com isso, se esquece de ambas as atividades científicas. Ambas exercitam o espírito de diversas maneiras: enquanto a primeira, depois de separar os elementos e efetivamente reuni-los outra vez, consegue, por meio dessa reunião, produzir uma espécie de vida nova (como ocorre, por exemplo, na fermentação); a segunda, embora não possa fazer mais que separar, oferece ao espírito humano a oportunidade de comparar o morto com o vivo, a parte separada com o conjunto orgânico, o que foi destruído com o que está em vias de existir, revelando-nos as profundezas da natureza mais que qualquer outra forma de observação e investigação.

Aos poucos, os médicos foram compreendendo quão importante é a dissecação do corpo humano para conhecê-lo mais detalhadamente, e a dissecação dos animais sempre andou paralelamente à dos seres humanos, ainda que em ritmo diferente desta. Ora observações isoladas eram registradas, ora comparavam-se determinadas partes de animais diferentes; mas permanecia, e talvez permaneça por um longo tempo, sempre vão o desejo[2] de ver um todo coeso.

Mas acaso não deveríamos ser movidos a satisfazer esse desejo, essas esperanças dos naturalistas, uma vez que nós mesmos, se não perdermos de vista o todo, podemos esperar a cada passo muita satisfação, e até mesmo inúmeras vantagens para a ciência?

---

2 Georgii H.Welsch, *Somnium uindiciani, siue desiderata medicinae*. Augusta Vindelicorum (Roma antiga): Theophili Göbelij, 1676, p.4. [N. A.]

Quem ignora as descobertas acerca da estrutura do corpo humano que se devem à zootomia? Os vasos linfáticos e quilíferos, bem como a circulação do sangue, talvez tivessem permanecido desconhecidos por muito tempo se seus descobridores não os tivessem observado primeiramente nos animais. E quantas coisas importantes não se revelarão ainda por esta via aos futuros observadores.

Pois o animal se mostra como uma espécie de guia na medida em que a simplicidade e a limitação de sua estrutura exprimem mais nitidamente seu caráter, e suas partes isoladas saltam mais aos olhos devido a seu tamanho e por serem mais características.

Em contrapartida, é quase impossível conhecer a conformação humana a partir dela mesma, porque suas partes possuem relações muito próprias. Nela, muito daquilo que nos animais pode ser visto com toda a nitidez encontra-se compacto e oculto; e determinados órgãos, que são muito simples nos animais, encontram-se nos seres humanos sob infinitas complicações e subdivisões, de modo que ninguém é capaz de dizer se as observações e descobertas particulares poderão um dia ser concluídas.

Seria ainda apenas desejável, para um progresso mais rápido da fisiologia como um todo, jamais perder de vista a interação recíproca de todas as partes de um corpo vivo; pois somente a partir da ideia de que, em um corpo orgânico, todas as partes atuam umas sobre as outras, e cada uma exerce uma influência sobre todas as outras, podemos esperar preencher gradualmente as lacunas da fisiologia.

O conhecimento das naturezas orgânicas em geral, e mais especificamente o conhecimento das mais perfeitas, que, em sentido próprio, denominamos animais, e em particular mamíferos; a visão de como as leis gerais atuam sobre várias naturezas limitadas; e, por fim, a compreensão de que o homem é construído, por assim dizer, de modo a reunir em si muitas características e naturezas, razão pela qual ele existe materialmente como um pequeno mundo, ou como representante das demais espécies animais; tudo isso pode ser compreendido da maneira mais nítida e bela apenas se nossa compreensão não se fizer de cima para baixo, procurando-se nos animais o homem (tal como infelizmente ocorreu tantas vezes até aqui), mas partindo de baixo para cima, e descobrindo, por fim, o animal mais simples no complexo ser humano.

É inacreditável o quanto já se fez em relação a isso; no entanto, tudo permanece disperso, inúmeras observações e inferências equivocadas ofuscam as que são sérias e verdadeiras; diariamente juntam-se a esse caos novas verdades e novos equívocos, de modo que nem as forças humanas, nem a vida de um homem são suficientes para discernir e ordenar tudo se não seguirmos também na anatomia o caminho que o historiador da natureza delineou com base na observação exterior,[3] de modo a possibilitar que o particular seja identificado numa ordem apreensível em seu conjunto e, por fim, compor o todo com base em leis que estejam em conformidade com nosso espírito.

Nossa tarefa será facilitada se considerarmos os obstáculos que até hoje estiveram no caminho da anatomia comparada.

Visto que, já na determinação dos caracteres exteriores dos seres orgânicos, o naturalista deve operar em um terreno infinito e combater inúmeras dificuldades, e que o conhecimento da parte exterior dos animais mais perfeitos espalhados sobre a Terra exige já uma observação tão custosa, e uma novidade sempre premente nos distrai e inquieta, assim, o impulso de adentrar também no conhecimento da parte interior das criaturas não poderia se generalizar antes que uma compilação de conhecimentos da parte exterior tivesse avançado suficientemente. Nesse ínterim, observações isoladas se acumulavam à medida que, em parte, se investigava deliberadamente e, em parte, se conseguiam registrar os fenômenos tal como casualmente se apresentavam; dado, porém, que isto ocorria de forma desconexa e sem uma perspectiva geral, introduziam-se muitos equívocos.

As observações tornavam-se ainda mais confusas porque eram frequentemente tomadas de maneira unilateral, e a terminologia era estabelecida sem que se levassem em consideração as criaturas cujas estruturas eram iguais ou semelhantes. Assim, há uma discrepância entre as denominações que os estribeiros, caçadores e açougueiros atribuem às partes internas e externas dos animais que ainda nos persegue até mesmo na ciência que melhor as classifica.

---

3 Lembrando que a história natural é uma ciência essencialmente descritiva que se ocupa da forma exterior dos seres vivos. [N. T.]

Haverá de se esclarecer, em primeiro lugar, que falta um ponto de conexão ao redor do qual se possa reunir a grande quantidade de observações.

O filósofo também logo descobrirá que os observadores raramente se elevaram a uma perspectiva a partir da qual pudessem ser abarcados com a vista tantos objetos significativamente relacionados a isso.

Também aqui, tal como em outras ciências, não se empregam modos de representação suficientemente puros. Uns consideravam os objetos de um modo banal, atendo-se sem refletir à mera aparência; outros, por sua vez, apressavam-se em sair do embaraço admitindo as causas finais; e se, seguindo-se a primeira via, jamais seria possível alcançar o conceito de um ser vivo, seguindo-se a segunda, distanciavam-se do próprio conceito do qual acreditavam se aproximar.

O modo de representação próprio da devoção também apresentava obstáculos semelhantes e igualmente grandes, pois com ele se pretendia que os fenômenos do mundo orgânico fossem utilizados para indicar diretamente a glória de Deus. Por fim, em vez de permanecer no campo da experiência garantida por nossos sentidos, perdia-se em especulações vazias, tais como as acerca da alma dos animais e coisas afins.

Quando se reflete acerca da brevidade da vida, e se percebe que a anatomia humana exige um trabalho infinito; que a memória mal consegue apreender e reter o que já se conhece; que, além disso, será exigido esforço suficiente para conhecer as coisas particulares recém-descobertas nesse domínio, bem como para realizar pessoalmente novas descobertas graças a uma atenção feliz, vê-se com clareza que também a isto um indivíduo deverá dedicar toda a sua vida.

II. *Sobre a necessidade de se estabelecer um tipo para facilitar a tarefa da anatomia comparada*

A semelhança entre os animais, sobretudo entre os mais perfeitos, salta aos olhos, e é, em geral, também tacitamente reconhecida por todos. Assim, os quadrúpedes podem ser compreendidos sob uma mesma classe segundo a mera aparência exterior.

Ao considerarmos a semelhança entre os macacos e os seres humanos, ou o uso que alguns animais habilidosos fazem de seus membros graças a um impulso natural ou a um adestramento realizado previamente, podemos facilmente ser levados a inferir a semelhança entre as criaturas mais perfeitas e seus irmãos menos perfeitos; e desde sempre os naturalistas e anatomistas fizeram tais comparações. A possibilidade de uma metamorfose do ser humano em uma ave ou num animal selvagem, que já se mostrara na imaginação poética, foi também, após infinitas observações das partes do corpo orgânico, apresentada ao entendimento por naturalistas espirituosos. Assim, Camper sobressaiu-se distintamente ao perseguir a harmonia entre as formas até o reino dos peixes.

Teríamos, assim, conseguido afirmar sem receio que todas as naturezas orgânicas mais perfeitas, entre as quais os peixes, os anfíbios, as aves, os mamíferos e, na última extremidade destes últimos, os seres humanos, teriam sido formados a partir de uma única forma originária [*Urbild*], a qual apenas em suas partes mais constantes varia, ora mais, ora menos, e a qual ainda continua a se desenvolver e transformar diariamente por meio da reprodução.

Tomado por semelhante ideia, Camper ousou metamorfosear, com traços de giz sobre a lousa, o cão em um cavalo, o cavalo em um ser humano, a vaca em uma ave. Insistia com isso que deveríamos visualizar o cérebro do ser humano naquele do peixe e, por meio dessa comparação perspicaz e empreendida ousadamente aos saltos, conseguiu liberar o sentido interno do observador, tão frequentemente preso às aparências exteriores. Doravante, não considerávamos um órgão de um corpo orgânico apenas em si e por si, mas nos acostumávamos, se não a ver, ao menos a nele adivinhar a imagem de um órgão semelhante de uma natureza orgânica afim, e começou a surgir a esperança de que considerações desse tipo, tanto antigas quanto novas, pudessem ser reunidas, completadas por meio de um empenho reavivado e organizadas em um todo.

Ocorre apenas que, embora parecesse que todos, estando no geral de acordo, trabalhavam para um único fim, foram inevitáveis diversas confusões em questões particulares; pois, por mais semelhantes que os animais possam ser em geral, algumas partes isoladas diferem manifestamente em suas formas entre as diversas criaturas, e é provável que, com frequência, uma parte fosse tomada por outra, fosse buscada no lugar errado, ou tivesse sua existência negada. Uma explanação mais especializada apresentará inúmeros exemplos disso, revelando a confusão que nos envolvia nos tempos mais remotos, e ainda nos envolve.

Por essa confusão deve se culpar sobretudo o método que era comumente utilizado, pois a experiência e o hábito não contribuíam com nada. Por exemplo, comparavam-se animais particulares uns com os outros, e isso nada acrescentava à compreensão do todo. Pois, mesmo que se tivesse comparado corretamente o lobo com o leão, nem por isso se estabelecia um paralelo entre eles e o elefante. E quem não nota que, dessa maneira, todos os animais deveriam ser comparados com cada um, e cada um com todos os outros? Um trabalho que seria infinito, impossível e, mesmo que efetivado graças a algum milagre, permaneceria inabarcável e infértil.

(Incluir, aqui, exemplos de Buffon, e avaliar a obra de Josephi.)[4]

Agora, acaso é impossível, uma vez que admitimos que o poder criador produz e desenvolve as naturezas orgânicas mais perfeitas de acordo com um esquema geral, apresentar esse arquétipo, se não para os sentidos, ao menos para o espírito, elaborar nossas descrições a partir dele como se fosse uma norma e, sendo ele extraído a partir das formas de diversos animais, reconduzir novamente a ele as mais diversas formas?

Uma vez apreendida a ideia desse tipo, compreender-se-á facilmente que é impossível elevar a cânone um gênero particular. O particular não pode ser modelo do todo, de modo que não podemos buscar no particular o modelo para todos. As classes, os gêneros, as espécies e os indivíduos comportam-se tais como os casos em relação à lei: estão nela contidos, mas não a contêm ou fornecem.

Menos ainda deve o ser humano, em sua elevada perfeição orgânica, e precisamente devido a essa perfeição, ser tomado como padrão de medida para os demais animais imperfeitos. Não se pode investigar e descrever o

---

4 Goethe refere-se, aqui, a Buffon, *História Natural* (1749-1804). São Paulo: Editora Unesp, 2021; e a Wilhelm Josephi, *Anatomie der Säugethiere* [Anatomia dos mamíferos]. 2v. Göttigen: Dieterich, 1787-1792.

conjunto das criaturas do mesmo modo, segundo a mesma ordem ou os mesmos critérios com os quais observamos e tratamos o ser humano quando tomamos somente ele em consideração.

Todas as observações da anatomia comparada proporcionadas pela anatomia humana, se consideradas isoladamente, podem ser úteis e estimáveis; se consideradas no todo, porém, permanecem incompletas e, observando-se bem, inapropriadas e capazes de nos confundir.

Agora, como se pode encontrar esse tipo indica-nos seu próprio conceito: a experiência nos deve ensinar quais partes são comuns a todos os animais e em que elas diferem nos diversos animais; depois, caberá à abstração ordená-las e construir uma imagem geral.

A natureza da tarefa nos assegura que não procedemos aqui de modo meramente hipotético. Pois, quando procuramos as leis segundo as quais seres isolados e que agem por si mesmos se formam, não nos perdemos num campo vasto, mas nos instruímos intimamente acerca do objeto. O fato de que a natureza, quando quer produzir uma tal criatura, deve amalgamar sua maior diversidade na mais absoluta unidade resulta do conceito de um ser vivo definido, separado de todos os outros e capaz de agir com certa espontaneidade. Ficamos, assim, assegurados da unidade, da diversidade, bem como da conformidade a fins e a leis de nosso objeto; se, então, formos prudentes e firmes o bastante para dele nos aproximarmos, para abordá-lo e considerá-lo a partir de um modo de representação simples, embora abrangente, vivo e livre, porém regrado, estaremos em condições de nos aproximar do gênio inequívoco e seguro da natureza produtiva com o complexo de forças espirituais que costumamos denominar gênio, mas que frequentemente produz efeitos muito ambíguos. Se várias pessoas reunirem seus esforços diante desse enorme objeto, haverá de surgir algo de que nós, enquanto seres humanos, nos alegraremos.

Ainda que definamos como meramente anatômica a nossa empresa, se é verdade que ela tem de dar frutos, e, aliás, se tem de ser possível em nosso caso, então ela deverá ser conduzida sempre em relação com a fisiologia. Assim, não se deve olhar apenas para a justaposição das partes, mas para a influência viva de umas sobre as outras, e para sua dependência e ação recíprocas.

Pois, como as partes, estando vivas e saudáveis, envolvem-se todas em uma ação recíproca e ininterrupta, e sendo a conservação das partes formadas apenas possível por meio de partes já formadas, assim também a própria forma, tanto em sua determinação fundamental quanto em seus desvios, deve ser produzida e determinada por meio de uma influência recíproca, acerca do que apenas uma exposição cuidadosa pode fornecer esclarecimentos e evidências.

Em nosso trabalho preparatório para a construção do tipo, buscaremos conhecer, aplicar e testar os diversos modos de comparação de que se faz uso; assim como também poderemos utilizar as comparações já estabelecidas – embora com grande cuidado, por conta dos erros que aí aparecem com frequência –, fazendo-o antes a partir do tipo já construído que para a construção do mesmo.

Entre os modos de comparação utilizados com maior ou menor êxito há os seguintes:

Comparação dos animais uns com os outros seja em pormenor, seja parcialmente.

(Citação de vários autores e avaliação dos mesmos. Buffon, Duverney, Unzer, Camper, Sömmerring, Blumenbach, Schneider.)

Do mesmo modo os animais são comparados com o ser humano, não em uma perspectiva global e visando a um fim, mas de maneira parcial e casual.

(Aqui, novamente, autores e observações.)

No mais, procedeu-se de forma diligente e atenta na comparação das raças humanas umas com as outras, o que lançou sobre a história natural do homem uma luz clara e límpida.

A comparação entre os dois gêneros, no que concerne a uma compreensão mais profunda do mistério da reprodução, isto é, do fenômeno mais importante de todos, é indispensável para a fisiologia. O paralelismo natural de ambos os objetos facilita muito a tarefa pela qual é conduzida à intuição sensível nosso elevado conceito de que a natureza pode alterar e modificar órgãos idênticos, de tal modo que eles não apenas pareçam totalmente distintos em sua forma e em sua função como até mesmo constituem, em certo sentido, uma oposição. Além disso, já há muito tempo a descrição do corpo humano foi facilitada por meio da comparação entre suas partes principais, por exemplo as extremidades superiores e inferiores.

Para grande vantagem da ciência, as partes menores, como as vértebras, podem ser comparadas entre si, pois a afinidade entre as diversas formas impõe-se da maneira mais viva ao observador.

Todos esses modos de comparação haverão de nos guiar em nosso trabalho, e provavelmente continuarão ainda a ser empregados após a construção do tipo; apenas agora o observador terá a vantagem de poder desenvolver suas pesquisas com referência a um todo.

III. *Sobre as leis da organização em geral, na medida em que devem estar presentes na construção do tipo*

A fim de facilitar para nós o conceito dos seres orgânicos, lancemos um olhar sobre os corpos minerais. Estes, tão firmes e inabaláveis em suas diversas partes fundamentais, parecem não conter nem limite, nem ordem em suas combinações, que, na verdade, ocorrem segundo leis. As partes componentes separam-se com facilidade para ingressarem em novas conexões; estas podem ser novamente suprimidas, e o corpo, que parecia inicialmente destruído, reaparece diante nós em sua integridade. Assim, reúnem-se e separam-se as matérias simples não arbitrariamente, mas com grande variedade, e as partes do corpo que denominamos inorgânicas encontram-se sempre, apesar de tenderem umas às outras, como que em um estado de indiferente suspensão na medida em que a maior afinidade, a mais forte e mais íntima, a retira da composição precedente e constitui um novo corpo, cujas partes fundamentais, embora inalteradas, parecem aguardar uma nova composição, ou, sob outras circunstâncias, um retorno à composição anterior.

Nota-se, com efeito, que os corpos minerais, sejam suas partes fundamentais semelhantes ou distintas, manifestam-se também em formas que se alternam muito entre si; porém, a própria possibilidade de que a parte fundamental de uma nova combinação influencie e determine diretamente a forma revela a imperfeição dessa combinação, que com a mesma facilidade também pode se dissolver.

Assim, vemos que certos corpos minerais surgem e desaparecem apenas devido à infiltração de uma matéria estranha; cristais belos e translúcidos decompõem-se em pó quando sua água de cristalização se dissipa, e (seja-me permitido um exemplo mais distante) as limalhas de ferro unificadas pelo ímã em pelos e cerdas decompõem-se novamente e retornam a seu estado isolado tão logo o potente influxo unificador é subtraído.

A característica principal dos corpos minerais que devemos aqui levar em consideração é a indiferença de suas partes em relação a estarem ou não juntas, à sua coordenação ou subordinação. Elas possuem, de acordo com sua determinação fundamental, relações mais fracas ou fortes, as quais, quando se revelam, parecem uma espécie de inclinação [*Neigung*] recíproca, razão pela qual os químicos lhes atribuem, em tais casos de afinidade, a dignidade de uma escolha;[5] geralmente, porém, trata-se apenas de determinações externas que atraem ou repelem ora para um lado, ora para outro, mediante o que os corpos minerais se produzem; e, sendo assim, de modo algum lhes devemos negar a delicada parte que lhes cabe do universal sopro de vida da natureza.

Em contrapartida, quão diferentes não são entre si os seres orgânicos, inclusive os imperfeitos! Eles elaboram para órgãos distintos e determinados os alimentos digeridos, de que assimilam apenas uma parte, separando o resto. A esta parte concedem algo de excelente e singular combinando intimamente muitos elementos e conferindo aos membros assim formados uma forma que atesta os mais variados modos de vida e que, uma vez destruída, não pode ser restabelecida a partir do que sobrou.

Se compararmos esses organismos imperfeitos com os que são mais perfeitos, veremos que nos primeiros, não obstante eles elaborem os influxos elementares com certa força e propriedade, as partes orgânicas que se originam a partir disso não podem alcançar um grau de determinação e es-

5 No original: *die Ehre einer Wahl*. A expressão "afinidades eletivas", que nos remete ao título de um dos romances mais conhecidos de Goethe, *As afinidades eletivas* [*Die Wahlverwandtschaften* (1809)]. São Paulo: Penguin-Companhia, 2014, foi introduzida no vocabulário científico pelo químico sueco Torbern Bergman (1735-1784), que falava de uma *attractio*, ou *affinitas electiua*, entre os elementos. Com efeito, nas obras de química da época, a expressão latina foi traduzida para o alemão pela palavra *Wahlverwandtschaft*. Goethe aprende com Bergman a expressão em seu significado científico e a enriquece simbolicamente, atribuindo-lhe também um sentido ético.

tabilidade tão elevado como aquele alcançado pelas naturezas animais mais perfeitas. Assim, sem baixarmos muito na escala dos seres, sabemos que as plantas, por exemplo, ao se desenvolverem numa certa ordem, apresentam um único e o mesmo órgão sob formas extremamente variadas.

O conhecimento preciso das leis segundo as quais ocorre essa metamorfose a ciência botânica certamente levará adiante, tanto ao limitar-se às meras descrições quanto na medida em que tenciona investigar a fundo a natureza íntima das plantas.

A esse respeito convém notar apenas o seguinte: as partes orgânicas das plantas que apreendemos pelos sentidos, a saber, as folhas e as flores, os estames e os pistilos, os diversos invólucros, e seja mais o que for que nela se note, são todos órgãos idênticos que, mediante uma sucessão de operações vegetativas, se alteram gradualmente até o ponto em que se tornam irreconhecíveis.

Um único órgão pode se desenvolver como uma folha complexa ou regressar à maior simplicidade na forma de uma estípula. O mesmo órgão pode, sob circunstâncias diversas, desenvolver-se como botão de flor ou como um ramo infértil. O cálice, quando se apressa, pode se tornar uma corola, e a corola pode regredir, reaproximando-se do cálice. Por meio disso são possíveis as mais variadas formações das plantas, e aquele que, em suas observações, mantém sempre presente essa lei extrairá dela grandes benefícios e vantagens.

O fato de que, na história natural dos insetos, a sua metamorfose deve ser considerada com precisão, e que, sem esse conceito, não se consegue de modo algum apreender em sua amplitude a economia da natureza nesse reino, é algo mais notável, e já se atentou para isso anteriormente. Observar precisamente a metamorfose dos insetos e compará-la com a metamorfose das plantas será uma tarefa muito agradável; no momento, porém, será útil apenas na medida em que serve para nossos objetivos.

A planta surge como um indivíduo apenas no instante em que ela, enquanto semente, se desprende da planta-mãe. Já no decurso da germinação ela aparece diversificada, e suas partes não apenas nascem de partes idênticas, como também se desenvolvem sucessivamente de maneira diversificada, fazendo que, ao final, um todo variado, porém aparentemente coeso, surja diante de nossos olhos.

O fato de que este todo aparente é composto de partes muito independentes nos diz tanto sobre seu aspecto quanto a experiência: pois haverá tantos todos aparentes quantas forem as plantas divididas e cindidas em muitas partes que sempre haverão de brotar da terra.

No caso dos insetos ocorre outra coisa. O ovo fechado que se separa da mãe já se manifesta como indivíduo; a larva que se arrasta para fora é igualmente uma unidade isolada; suas partes não estão apenas conectadas, determinando-se e ordenando-se numa certa sequência, mas são também subordinadas umas às outras; se não são conduzidas por uma vontade, são estimuladas por um desejo. Há, aqui, claramente, um acima e um abaixo, uma parte anterior e uma posterior bem definidas, e todos os órgãos desenvolvem-se em uma certa sequência, de modo que nenhum possa entrar no lugar de outro.

A lagarta, contudo, é uma criatura imperfeita; inábil para a função mais necessária de todas, a saber, a reprodução, à qual chega somente pela via da metamorfose.

Nas plantas, notamos que a sucessão dos estados está ligada à sua coexistência. Os caules alçam-se da raiz ao mesmo tempo que a flor já se desenvolve; a fecundação acontece enquanto os órgãos preexistentes e preparatórios mostram-se ainda mais fortes e vivos; apenas depois, quando a semente fecundada se aproxima da maturidade, o todo murcha.

Nos insetos, isso se dá de modo completamente diferente. Eles deixam para trás cada pele que lhes cai, e do último invólucro da lagarta nasce uma criatura separada bem definida; cada estado subsequente está separado do precedente; não é possível qualquer retorno. A borboleta não pode se desenvolver senão da lagarta, enquanto a flor se desenvolve na planta e a partir dela.

Se observarmos a forma da lagarta em comparação com a forma da borboleta, encontraremos as seguintes diferenças principais entre ambas: a larva, como qualquer outro verme articulado, é composta de partes razoavelmente semelhantes umas às outras, ainda que a cabeça e a parte traseira se distingam em alguma medida. Os pés dianteiros são pouco distintos das pequenas protuberâncias da parte traseira, de modo que o corpo se divide em anéis mais ou menos iguais.

Com o progressivo crescimento, cada pele que se rompe é despojada. Uma outra parece ser novamente gerada, e, quando se dilata demais, a ponto de perder a elasticidade, novamente rebenta e cai. A larva torna-se cada vez maior sem que sua forma realmente se modifique. Por fim, quando ela chega a um ponto em que não pode mais avançar, ocorre uma estranha transformação na criatura. Ela procura se desembaraçar de uma espécie de trama que pertence ao sistema de seu corpo, por meio do que, segundo parece, o todo ao mesmo tempo se depura de tudo aquilo que é supérfluo e se coloca como obstáculo para a metamorfose em órgãos mais nobres.

À medida que se dá esse esvaziamento, o corpo diminui em comprimento; em largura, porém, não o faz proporcionalmente, e, ao despojar-se de sua pele nesse estado, aparece como uma criatura não semelhante ao animal precedente (como em outros casos), mas completamente distinta.

Para levarmos adiante a explanação da metamorfose dos insetos, será preciso também indicar mais detalhadamente os caracteres distintivos de ambos os estados. Se agora nos voltarmos, em função de nosso intento, diretamente para a borboleta, encontraremos uma diferença muito significativa em relação à larva. O corpo não se constitui mais de partes semelhantes; os diversos anéis ordenaram-se em sistemas, e, se alguns desapareceram completamente, outros ainda podem ser reconhecidos. Observamos três seções bem definidas: a cabeça, com seus órgãos auxiliares; o tórax, também com os seus; e o abdômen, no qual também se desenvolveram os órgãos referentes à sua função. Embora não pudéssemos negar à larva a sua individualidade, ela nos parecia muito imperfeita pelo fato de que suas partes permaneciam indiferentes umas às outras, de modo que cada uma possuía tanta importância e valor, ou era capaz de tanto quanto as outras; disso provém, no máximo, a nutrição, o crescimento e a secreção comum; em contrapartida, aquela secreção dos vasos e dos líquidos que pode dar origem a um novo indivíduo não é possível nesse estado. Apenas quando, por meio de uma ação lenta e secreta, os órgãos capazes da metamorfose alcançam sua perfeição mais elevada; quando, sob a temperatura adequada, o esvaziamento e o ressecamento necessários ocorrem; somente então os membros estarão aptos para se definirem, separando-se de suas relações precedentes, isolando-se reciprocamente o máximo possível, assumindo, não obstante sua afinidade interna, caracteres definidos e opostos uns aos outros, e tornando possíveis as variadas e enérgicas operações da vida à medida que os sistemas se concentram.

Ainda que a borboleta seja, ela mesma, se comparada com os mamíferos, uma criatura imperfeita e transitória, ela apresenta, por meio da metamorfose que realiza de maneira explícita, a primazia de um animal mais perfeito em relação a um menos perfeito, que consiste no caráter definido de suas partes, na certeza de que nenhuma pode ser substituída ou tomada pela outra, sendo determinada para sua função e a ela se atendo.

Agora, pretendemos ainda lançar um olhar breve sobre experiências que nos ensinam que alguns animais podem recuperar membros inteiramente perdidos. Tal caso, contudo, pode ocorrer somente em criaturas cujos membros são indiferenciados, de modo que um membro pode assumir a atividade e a importância de outro, ou naquelas cuja natureza é conservada pelo elemento em que vivem de maneira mais maleável, flexível e hesitante, como no caso dos anfíbios.

Por isso, da completa determinação dos membros provém a dignidade dos animais mais perfeitos, e sobretudo do ser humano. Aqui, no organismo mais regular, tudo possui uma forma, um lugar e um número determinados, e, sejam quais forem os desvios que a diversificada atividade da vida possa produzir, o todo sempre retomará seu equilíbrio.

Acaso teríamos considerado necessário nos embrenharmos em considerações acerca da metamorfose das plantas e dos insetos se não pudéssemos esperar obter, por meio disso, algum esclarecimento acerca das formas dos animais mais perfeitos?

Vimos mais atrás que, na base de toda consideração sobre as plantas e os insetos, deve estar o conceito de uma transformação sucessiva de partes idênticas, lado a lado ou uma após a outra; e agora, na investigação do corpo animal, será muito vantajoso se adotarmos o conceito de uma metamorfose simultânea e já determinada desde a procriação.

Assim, salta aos olhos que todas as vértebras de um animal são um único órgão; contudo, aquele que comparar diretamente o primeiro osso da cervical com um osso da cauda não encontrará qualquer traço de semelhança entre suas formas.

Porque vemos diante nós partes idênticas e, no entanto, tão diferentes, e não podemos negar a sua afinidade, devemos esperar belos esclarecimentos da observação de sua composição orgânica, do estudo de seus pontos de contato e da investigação de sua influência recíproca.

Pois a harmonia do todo orgânico se faz possível justamente devido ao fato de que ele é composto de partes idênticas que se modificam por meio de desvios sutis. Em sua mais íntima afinidade, parecem se afastar, e até se opor uns aos outros por sua forma, sua função e sua atividade. Assim, se torna possível para a natureza criar e entrelaçar os sistemas mais distintos e, todavia, mais afins, por meio da modificação de órgãos semelhantes.

Já nos animais mais perfeitos, a metamorfose atua de dois modos: conforme o primeiro, como vimos anteriormente em relação ao caso da vértebra, partes idênticas se transformam por meio da força formadora segundo um determinado esquema e de maneira diversificada e constante, tornando possível o tipo em geral; conforme o segundo, as partes singulares indicadas no tipo se modificam em meio a todos os gêneros e espécies de animais, sem que, com isso, possam jamais perder seu caráter.

Como exemplo do primeiro modo, retomemos o que foi dito acerca da vértebra, cujo caráter é o mesmo da cervical à cauda. Como exemplo do segundo, convém mencionar o fato de que qualquer um pode identificar o primeiro e o segundo ossos da cervical em todos os animais, apesar dos desvios excepcionais, sendo essa precisamente a maneira pela qual o observador atento e diligente pode se orientar em meio às variações das formas.

Reiteramos, então, que o caráter limitado, definido e universal das metamorfoses simultâneas já determinadas pela reprodução torna possível o tipo; no entanto, com base na versatilidade do tipo – no interior do qual a natureza, sem abandonar o caráter principal das partes, pode se mover com grande liberdade –, devem ser deduzidos de um modo geral os mais diversos gêneros e espécies dos animais mais perfeitos que conhecemos.

* * *

Ensaio de uma teoria comparada geral[1] (1794)

Quando uma ciência parece ter se estagnado, e, mesmo com o esforço de vários homens ativos, parece não sair do lugar, observa-se com frequência que isso se deve a determinado modo de pensar segundo o qual os objetos são tradicionalmente considerados, bem como a uma terminologia que, uma vez admitida, é adotada e seguida incondicionalmente pela grande maioria, e à qual mesmo as pessoas ponderadas apenas individualmente, e em casos isolados, escapam.

Partindo dessa observação geral, passo agora ao objeto a ser aqui abordado, visando ser já o mais claro possível e não me distanciar de meu objetivo.

A ideia de que um ser vivo tenha sido criado para certos fins exteriores, e de que sua forma seja determinada para tal mediante uma força originária intencional, retardou durante muito tempo nossas considerações filosóficas dos objetos naturais, e ainda nos retarda, embora alguns indivíduos isolados combatam fervorosamente esse modo de pensar e tenham mostrado os obstáculos que ele dispõe em nosso caminho.

Tal modo de pensar pode ser em si mesmo inofensivo, agradável para certos ânimos, indispensável para outros modos de pensar, e creio não ser nem possível, nem aconselhável rejeitá-lo por completo. Trata-se de um modo de pensar trivial, se assim se pode dizer, que, precisamente por isso,

1 O texto aqui traduzido é a segunda parte de um estudo geral sobre teoria comparada.

tal como todas as coisas triviais, o é efetivamente pelo fato de ser, em geral, adequado e confortável para a natureza humana.

O ser humano está acostumado a valorizar as coisas somente na medida em que lhes sejam úteis; e, uma vez que, em função de sua natureza e de sua posição, deve considerar-se o produto final da Criação, por que não haveria também de pensar-se como sendo seu fim último? Por que sua vaidade não haveria de permitir-se essa pequena falácia? Pelo fato de que ele utiliza, e pode utilizar as coisas, concluímos que elas foram feitas para que ele as utilize. Por que não haverá de superar com audácia as contradições com que depara, em vez de abandonar os desafios em meio aos quais se encontra? Por que não haveria de chamar de erva daninha uma erva que ele não pode utilizar, julgando que, nesse caso, ela realmente não deveria existir para ele? Assim, ele prefere atribuir a existência do cardo, que torna seu trabalho no campo tão penoso, ou à maldição de um ser benevolente enraivecido ou à malícia de um ser malévolo que com isso se compraz, a ver esse cardo como um filho da soberana natureza, que lhe é tão querido quanto o trigo, tão valorizado e cuidadosamente cultivado por nós. Observa-se que as pessoas mais razoáveis, que em sua maioria se creem acima disso, não conseguem ir além da ideia de que tudo deva, ao menos indiretamente, retornar aos homens, por exemplo que determinada força descoberta neste ou naquele objeto natural deva servir-lhes como remédio, ou ser-lhes útil de alguma maneira.

Além disso, visto que o que ele mais valoriza, tanto em si mesmo quanto nos outros, são os feitos e as ações intencionais, ou voltadas para algum fim, então à natureza, da qual ele não pode ter um conceito maior que aquele que possui de si mesmo, haverá também de atribuir intenções e finalidades.

Por conseguinte, se ele acredita que tudo existe por sua causa, enquanto instrumento ou recurso para sua existência, segue-se que a natureza deve ter procedido de maneira intencional e segundo fins ao criar instrumentos para ele, tal como ele próprio os cria.

Ora, o caçador que solicita uma espingarda para matar sua caça jamais exaltará o bastante as provisões maternais da natureza, uma vez que ela educa o cão desde o início para auxiliá-lo a recuperar a caça. Há muitas causas que contribuem para o fato de ser, no geral, impossível para o homem abandonar esse modo de pensar.

No exemplo da botânica, porém, podemos ver quantos motivos o naturalista que deseje pensar para além das coisas mais gerais possui para se afastar desse modo de pensar. Para a botânica enquanto ciência, as flores mais coloridas e duplas, os frutos mais belos e apetitosos não valem mais – e, em certo sentido, são até menos valiosos – que uma desdenhada erva daninha em seu estado natural, ou um pericarpo seco e imprestável.

Um naturalista, portanto, deverá elevar-se de uma vez acima desse conceito trivial. Caso não consiga, enquanto ser humano, desfazer-se desse modo de pensar, ao menos enquanto naturalista deverá dele se afastar.

Essa observação, que concerne ao naturalista apenas de modo geral, afeta-nos aqui também apenas de modo geral. Há, porém, uma outra, imediatamente decorrente da primeira, que nos concerne de maneira mais próxima. O ser humano, na medida em que remete tudo a si mesmo, é obrigado a atribuir a todas as coisas uma determinação interior que se expressa exteriormente, e essa ideia é-lhe muito cômoda, pois cada coisa que deve viver não pode ser concebida sem uma organização completa. Por ser uma tal organização internamente determinada e condicionada com perfeição, ela deve também encontrar fora de si circunstâncias igualmente perfeitas, já que sua existência exterior é possível apenas sob certas circunstâncias e condições. Assim, vemos moverem-se na terra, na água e no ar animais das mais variadas formas; e, de acordo com o pensamento mais comum, a tais criaturas foram atribuídos órgãos para que possam realizar seus diversos movimentos e preservar suas diversas existências. Acaso não se torna mais respeitável a força originária da natureza, ou a sabedoria de um ser pensante que a ela costumamos atribuir, quando assumimos que mesmo essa força é condicionada, e aprendemos a ver que ela é capaz de formar tão bem de fora para dentro quanto de dentro para fora? A frase "o peixe existe para a água" parece-me dizer menos que a frase "o peixe está na água e existe por meio dela". Pois esta última exprime com muito mais clareza algo que permanece oculto na primeira, a saber: que a existência de uma criatura que denominamos "peixe" é possível somente sob as condições de um elemento que denominamos "água", para que ele possa não apenas estar nesse elemento, mas também desenvolver-se nele. O mesmo vale para todas as demais criaturas. Seria esta a primeira e mais geral consideração acerca do processo que se realiza de dentro para fora e de fora para dentro, sendo a forma efetiva o núcleo interior, por assim dizer, que se constitui de maneira variada a partir das determinações do elemento externo. Um animal se adapta ao mundo exterior precisamente porque foi formado externamente tão bem quanto internamente, e também porque, como é natural, o elemento externo está mais apto a remodelar de acordo com suas características a forma externa que a forma interna. Isso pode ser visto da melhor maneira nas espécies de foca cuja figura externa adquiriu em grande medida a forma de um peixe, embora seu esqueleto ainda nos apresente um animal quadrúpede perfeito.

Assim, não ofendemos nem a força originária da natureza, nem a sabedoria e o poder de um Criador, se admitirmos que ambos operam indiretamente, este no princípio das coisas e aquela de maneira contínua. Acaso não é apropriado a essa grande força produzir o simples de maneira simples e o complexo de maneira complexa? Acaso ofendemos seu poder se afirmamos que ela não poderia ter produzido os peixes sem a água, os pássaros sem o ar e os outros animais sem a terra, tanto quanto não se pode conceber as criaturas como existentes sem a condição desses elementos? Acaso não se obtém uma perspectiva mais bela da secreta estrutura da formação – que, como se reconhece cada vez mais, se constrói a partir de um único modelo – se, depois de termos pesquisado e distinguido com precisão esse modelo único, perguntarmos e investigarmos qual a influência de um elemento geral, em todas as suas variadas determinações, sobre uma mesma forma geral? E, inversamente, que influência exerce sobre tais elementos a forma, ao mesmo tempo, determinada e determinante? Por meio dessas influências, que tipo de forma das partes firmes ou mais moles, internas ou externas se produz? E, por fim, como já foi dito, o que produzem os elementos, em todas as suas modificações em função da altura e da profundidade, bem como nas diferentes zonas e regiões do mundo?

Quanto já não se trabalhou para abrir essa via! E quanto ainda não falta a ser compreendido e aplicado.

E quão digno da natureza não é o fato de que ela deve sempre utilizar-se do mesmo meio para criar e sustentar uma criatura. Deve-se, portanto, avançar por essa mesma via, e, assim como considerávamos apenas os elementos não organizados e indeterminados como veículos dos seres não organizados, devemos também aqui elevar nossas reflexões e considerar o mundo organizado como um composto de diversos elementos. O reino vegetal como um todo, por exemplo, aparecerá novamente para nós como um imenso mar, tão necessário para a existência condicionada dos insetos quanto os verdadeiros mares e rios do mundo o são para a existência condicionada dos peixes; e veremos que um imenso número de criaturas vivas nascem e se sustentam nesse oceano de plantas. Por fim, também veremos todo o mundo animal como um grande elemento no qual uma criatura, se não surge, ao menos se sustenta a partir da outra e graças à outra. Nós nos habituaremos a não observar as relações e as circunstâncias como propósitos ou fins, mas a avançar apenas com base no conhecimento de como a natureza formadora [*bildend*] se manifesta a partir de todos os lados e em todas as direções. E a experiência nos convencerá, tal como até aqui o progresso da ciência comprovou, de que o mais real e amplo benefício para os seres humanos é apenas o resultado de grandes e desinteressados esforços, que, embora não possa exigir sua remuneração no final da semana, como faz o trabalhador, tampouco precisa apresentar um resultado útil para a humanidade nem no final de um ano, nem no final de um século.

* * *

Da existência de um osso intermaxilar tanto no homem quanto nos outros animais (1784)

Alguns esboços de desenhos osteológicos foram aqui reunidos com o objetivo de apresentar aos conhecedores e aos amantes da anatomia comparada uma pequena descoberta que acredito ter feito.

Nos crânios dos animais, é manifesto o fato de que o maxilar superior não é composto apenas de um par de ossos. Sua parte anterior liga-se à posterior por meio de suturas muito nítidas, além de ser ela mesma formada por um par de ossos particulares.

A essa seção anterior do maxilar superior deu-se o nome de *os intermaxillare*. Os antigos já conheciam esse osso,[1] que, recentemente, tornou-se digno de atenção pelo fato de ter sido tomado como um indício da diferença entre os macacos e os seres humanos. Atribuíram-no aos primeiros e negaram-no aos segundos;[2] e se, nas coisas da natureza, não fôssemos conduzidos pelo aspecto visível, eu hesitaria em intervir e afirmar que essa seção óssea está presente também nos seres humanos.

---

1 Galenus, *Lib. de ossibus*, cap.III. [N. A.] Claudio Galeno (129-217) foi um dos mais importantes médicos da Antiguidade.

2 Petrus Campers, *Sämtliche kleinere Schriften*. Org. F. F. M. Herbell. v.1. Leipzig: Crusius, 1784, p.93-4. Johann F. Blumenbach, *De Generis Humani Varietate nativa*. Göttingen: Vandenhoek et Ruprecht, 1795, p.33. [N. A.] Petrus Camper (1722-1789), médico e anatomista holandês; Johann Friedrich Blumenbach (1751-1840), naturalista alemão.

Desejo ser tão breve quanto possível, pois, mediante a mera observação e comparação de diversos crânios, pode-se rapidamente avaliar uma afirmação muito simples.

O osso ao qual me refiro recebeu seu nome por estar inserido entre os dois ossos principais do maxilar superior, sendo ele próprio composto de duas partes, que se reúnem no centro da face.

Ele possui diferentes aspectos entre os diversos animais, e sua forma modifica-se manifestamente na medida em que se alonga para a frente ou se recolhe para trás. Sua parte anterior, mais larga e robusta, e que considero o seu corpo, está equipada de acordo com o tipo de alimento que a natureza destina a esse animal; pois é com essa parte que ele deve primeiramente capturar, apreender, despedaçar, roer e triturar seu alimento, apropriando--se dele de algum modo; por isso, ela será ou lisa e provida de cartilagens, ou munida de incisivos mais ou menos afiados, ou de alguma outra forma adequada à alimentação do animal.

Por meio de uma apófise lateral, esse osso se conecta pela parte de cima ao maxilar superior, ao osso nasal e, às vezes, ao osso frontal.

Internamente, a partir do primeiro incisivo, ou do lugar que ele deveria ocupar, uma ponta, ou *spina*, dirige-se para trás, apoia-se na apófise do palato do maxilar superior e forma, ele mesmo, uma ranhura, na qual se introduz a parte anterior e inferior do vômer. Por meio tanto dessa *spina* quanto da parte lateral do corpo do osso intermaxilar e da parte anterior da apófise do palato do maxilar superior, formam-se canais (*canales incisivi*, ou *naso--palatini*), pelos quais passam pequenos vasos sanguíneos e feixes de nervos do segundo ramo do quinto par.

Um rápido olhar sobre o crânio de cavalo presente na primeira ilustração nos permite ver com clareza essas três partes.

A. corpus.

B. apophysis maxillaris.

C. apophysis palatina.

Nessas partes principais, devem ser observadas e descritas diversas subdivisões. Uma terminologia latina, que elaborei com o auxílio do sr. Loder[3] e

---

3 Justus Ferdinand Christian von Loder (1753-1832), médico e naturalista alemão, professor de Anatomia em Jena e Halle.

aqui anexei, poderá servir de fio condutor para nosso estudo. Se ela devesse se adequar a todos os animais, surgiriam inúmeras dificuldades. Pois, em uns, uma determinada parte encontra-se contraída ou confunde-se com outras, e, em outros, desaparece por completo. É certo que, se quisermos ser mais minuciosos, teremos de admitir melhorias nessa tabela.

OS INTERMAXILLARE

A. corpus

a) superficies anterior.

1. margo superior in quo spina nasalis,

2. margo inferior seu alveolares,

3. angulus inferior exterior corporis.

b) superficies posterior, qua os intermaxillare iungitur apophysi palatinae ossis maxillaris superioris.

c) superficies lateralis exterior, qua os intermaxillare iungitur ossi masillari superiori.

d) superficies lateralis interior, qua alterum os intermaxillare iungitur alteri.

e) superficies superior.

margo anterior, in quo spina nasalis. ***vid. I****,*

4. margo posterior sive ora superior canalis naso-palatini,

f) superficies inferior.

5. pars alveolaris,

6. pars palatina,

7. ora inferior canalis naso-palatini.

B. apophysis maxillaris

g) superficies anterior.

h) superficies lateralis interna.

8. eminentia linearis.

i) superficies lateralis externa.

k) margo exterior.

l) margo interior.

m) *margo posterior.*
n) *angulus apophyseos maxillaris.*

C. apophysis palatina

o) *extremitas anterior.*
p) *extremitas posterior.*
q) *superficies superior.*
r) *superficies inferior.*
s) *superficies lateralis interna.*
t) *superficies lateralis externa.*

As letras e números que, nas ilustrações mencionadas, designam as partes dos ossos, também estão indicados nos desenhos e figuras. Talvez, em alguns pontos, não se veja de imediato por que se estabeleceu esta ou aquela divisão, ou por que se escolheu tal ou tal denominação. Isso não é por acaso, e, quando examinamos e comparamos vários crânios, a dificuldade à qual me referi torna-se-ia ainda mais evidente.

Passo, agora, a uma breve apresentação das ilustrações. A coerência e a precisão das figuras dispensarão descrições longas, que, no mais, para as pessoas familiarizadas com esses objetos, seriam apenas aborrecidas e desnecessárias. Para mim, seria desejável sobretudo que meus leitores tivessem a oportunidade de tomarem eles mesmos em mãos os diferentes crânios.

A segunda ilustração representa a parte anterior do maxilar superior de um boi visto de cima, quase em tamanho natural. Seu corpo liso e largo não contém nenhum incisivo.

A terceira ilustração apresenta o osso intermaxilar do cavalo, em tamanho reduzido em um terço, no item n.1, e pela metade, nos itens n.2 e n.3.

A prancha IV representa a superfície lateral interior do osso intermaxilar de um cavalo, da qual o incisivo anterior havia caído e, no corpo vazio do osso intermaxilar, se encontrava o novo dente que nascia.

A prancha V representa o crânio de uma raposa visto de três lados. Os canais *naso-palatini* são, aqui, alongados e mais bem acabados, tal como os do boi e do cavalo.

A prancha VI representa o osso intermaxilar do leão visto de cima e de baixo. Nota-se principalmente, no item n.1, a sutura que separa a *apophysin palatinam maxillae superioris* do osso intermaxilar.

A prancha VII representa a superfície lateral interior do osso intermaxilar de uma jovem morsa (*trichechus rosmarus*) – indicado com a cor vermelha, para maior clareza –, junto com a parte maior do *maxillae superioris*.

A prancha VIII apresenta um crânio de macaco visto de frente e de baixo. No item n.2, vê-se como a sutura parte dos *canallibus incisivis* em direção ao canino, se afasta de seu alvéolo e passa entre o incisivo mais próximo e o canino, ladeando bem de perto este último e separando os dois alvéolos.

As pranchas IX e X representam essas mesmas partes de um crânio humano. No item n.1, o osso intermaxilar do homem salta aos olhos com toda a nitidez. Vê-se com clareza a sutura que separa o osso intermaxilar da *apophysi palatina* do maxilar superior. Ela parte dos *canalibus incisivis*, cujas aberturas inferiores confluem em um orifício comum, que, por sua vez, leva o nome de *foraminis incisivi*, ou *palatini anterioris* ou *gustativi*, e se perde entre o canino e o segundo incisivo.

Já no item n.2 é um pouco mais difícil de notar como a mesma sutura aparece no fundo do nariz. O desenho não é o mais feliz; na maioria dos crânios, porém, sobretudo nos jovens, é possível vê-la com muita nitidez.

Vesalius[4] já havia notado aquela primeira sutura e a indicado claramente em suas pranchas. Ele afirma que ela avança até a face anterior dos caninos, sem ser, contudo, tão profunda a ponto de podermos afirmar que o osso maxilar superior se divide em dois. A fim de explicar as ideias de Galeno, que elaborou sua descrição a partir de um único animal, refere-se à primeira figura da p.46, na qual um crânio humano é posto ao lado de um crânio canino com o intuito de expor aos olhos do leitor o reverso da medalha, por assim dizer, visivelmente cunhado nos animais. Não notou a segunda

4 Andreas Vesalius, *De humani corporis fabrica*. Lv.I. Basil: Oporinum, 1555, cap.IX, Fig.2, p.48, 52, 53. [N. A.] Andreas Vesalius (1514-1564), médico e anatomista belga, considerado o pai da anatomia moderna. Sua obra *De humani corporis fabrica* é um atlas de anatomia publicado em 1543. [Ed. bras.: *De Humani corporis fabrica. Epitome. Tabulae Sex*. São Paulo: Ateliê Editorial, 2003.]

sutura, que se observa no fundo do nariz e parte dos *canalibus naso-palatinis*, podendo ser perseguida até a região da *conchae inferioris*. Por outro lado, ambas se encontram na grande obra de osteologia de Albinus,[5] na ilustração I, indicadas com a letra M. Ele as denominou *suturas maxillae superiori proprias*.

Elas não aparecem na *Osteographia* de Cheselden.[6] Tampouco vê-se qualquer indício delas na *História natural dos dentes humanos* (1771), de John Hunter; no entanto, são sempre mais ou menos visíveis em qualquer crânio, e, observando-se atentamente, não se pode de modo algum ignorá-las.

A prancha X apresenta a metade do maxilar superior de um crânio humano rachado visto pela face interna, por meio da qual ambas as metades se conectam. Aqui, está faltando no osso a partir do qual foram desenhados dois dentes da frente, o canino e o primeiro molar. Eu não quis completá-la, sobretudo porque a parte faltante não tinha a menor importância; além de que, dessa forma, é possível ver o *os intermaxillare* totalmente livre. Na *pictura lineari*, tingi de vermelho aquilo que constitui incontestavelmente o *os intermaxillare*. É possível seguir a sutura desde os alvéolos dos incisivos e dos caninos até os canais. Do outro lado da *spinae*, ou *apophysi palatinae*, que aqui formam uma espécie de crista, ela reaparece, fazendo-se visível até a *eminentiam linearem*, na qual repousa a *concha inferior*. Na *pictura lineari*, indiquei-o com uma pequena estrela vermelha.

Se compararmos essa ilustração com a prancha VII, veremos, admirados, de que modo a forma do *ossis intermaxillaris* de um monstro como a morsa nos ensina a identificar e explicar o mesmo osso no ser humano. Comparando-se também a prancha VI, item n.1, e a prancha IX, item n.1, a mesma sutura se apresenta com toda a evidência tanto no leão quanto no homem. Nada

---

5 Bernhard Siegfried Albinus (1697-1770), anatomista alemão.

6 William Cheselden (1688-1752) foi um cirurgião inglês com notáveis talentos artísticos. Sua *Osteographia or the Anatomy of the Bones*, publicada em Londres, 1733, tornou-se um clássico da ciência anatômica dos ossos. Nela, encontram-se, além de descrições, belíssimas ilustrações dos ossos humanos e animais, elaboradas em grande parte com o auxílio de uma câmera escura. John Hunter (1728-1793) foi outro importante cirurgião inglês, autor da *Natural History of Human Teeth*, publicada em Londres: J. Johnson, 1771. A obra revolucionou a odontologia moderna e introduziu uma nomenclatura científica empregada até hoje.

direi acerca do macaco, uma vez que a semelhança entre ele e o homem é bastante flagrante.

Não resta, portanto, qualquer dúvida de que essa seção óssea se encontra tanto no homem quanto nos animais, embora somente uma parte dos contornos desse osso em nossa espécie possa ser precisamente determinada, pelo fato de os outros ossos serem concrescentes e estarem unidos da maneira mais perfeita ao maxilar superior. Assim, na parte exterior do crânio, não aparece qualquer sinal da presença de uma sutura ou *harmonia* que nos permitiria supor que esse osso existe separadamente no homem.

O motivo disso parece residir principalmente no fato de que esse osso, que, nos animais, é extremamente protendido, encontra-se, no homem, reduzido a dimensões muito pequenas. Se examinarmos o crânio de uma criança ou de um feto, veremos que os dentes incipientes provocam tamanha pressão nessas partes e estiram de tal modo o periósteo, que a natureza precisa empregar todas as forças para amarrar intimamente essas partes. Considere-se, por outro lado, o crânio de um animal, no qual os incisivos são fortemente impelidos para a frente, e a pressão que fazem, tanto uns sobre os outros quanto sobre os caninos, não é tão forte. Dentro das fossas nasais, as coisas se comportam da mesma maneira. Como já foi observado, pode-se perseguir a sutura do *ossis intermaxilaris* a partir dos *canalibus incisivis* até onde repousam os *ossa turbinata* ou *conchae inferioris*. Aqui, os impulsos de crescimento de três ossos distintos atuam uns contra os outros, fazendo que se conectem intimamente.

Estou convencido de que, para aqueles que conhecem mais profundamente essa ciência, esse ponto poderá ser explicado com mais facilidade. Também entre os animais conheço muitos casos[7] nos quais se nota que esses ossos são, ou em parte, ou inteiramente, concrescentes, e talvez haja mais a ser dito a respeito desse assunto futuramente. Há também diversos casos de ossos que podem ser facilmente separados um do outro em um indivíduo adulto, ao passo que, na criança, não se consegue isolá-los.

As pranchas que aqui incluo são, em sua maioria, apenas os primeiros esboços de um jovem artista que evoluiu com o trabalho. Na verdade, so-

7 Sobretudo nos cercopitecos.

mente a terceira e a sétima pranchas foram inteiramente elaboradas segundo o método de Camper;[8] mais tarde, contudo, deixei que desenhasse dessa maneira o *os intermaxillare* de diversos animais. E, caso essa contribuição para a osteologia comparada interesse aos especialistas, não estaria avesso a gravar em cobre uma sequência dessas ilustrações.

Nos cetáceos, anfíbios, aves e peixes, também descobri esse osso, ou ao menos encontrei indícios da sua presença.

A variedade extraordinária que ele apresenta nas diversas criaturas merece, de fato, uma consideração pormenorizada, o que atrairia até mesmo a atenção de pessoas que não veem nenhum interesse nessa ciência aparentemente tão árida.

Poder-se-ia, então, avançar mais nos detalhes e, comparando-se sucessivamente e com precisão os diversos animais, progredir do mais simples ao mais complexo, do menor e mais restrito ao maior e mais amplo.

Que abismo não há entre o osso intermaxilar da tartaruga e o do elefante; contudo, pode-se dispor entre eles uma série de formas, que os vincula. Mostra-se, aqui, em uma pequena parte, aquilo que ninguém nega em relação ao corpo como um todo.

Ainda que queiramos ignorar a atividade viva da natureza em seu conjunto, ou que dissequemos seus restos inanimados, ela permanecerá sempre igual, e cada vez mais admirável.

Também a história natural adquiriria, com isso, novas determinações. Uma vez que a marca distintiva de nosso osso é o fato de ele conter os dentes incisivos, então também, inversamente, os dentes nele inseridos devem ser considerados como incisivos. Até o momento, negou-se que eles estariam presentes na morsa e no camelo; mas, se não estou muito equivocado, devem ser atribuídos quatro à primeira e dois ao segundo.

Assim concluo este pequeno ensaio, com o desejo de que ele não desagrade aos conhecedores e amantes da ciência da natureza, e, aproximando-me destes, me ofereça a oportunidade de realizar nela novos progressos, à medida que as circunstâncias o permitam.

---

8 Petrus Camper desenvolveu um método de desenho do crânio que visava à determinação de um ângulo facial.

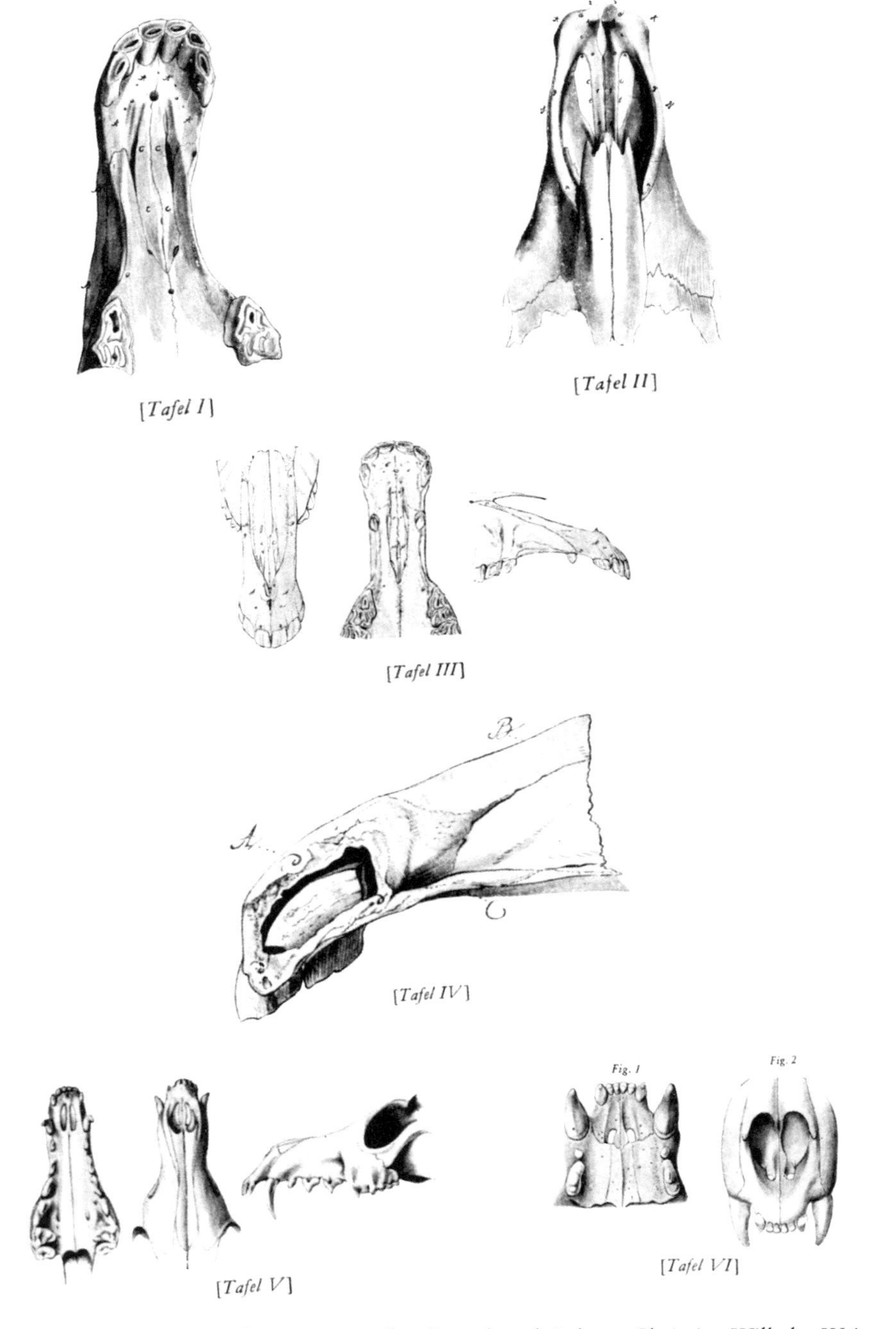

Nesta página e no verso: Osso intermaxilar. Desenhos de Johann Christian Wilhelm Waitz (1766-1796).

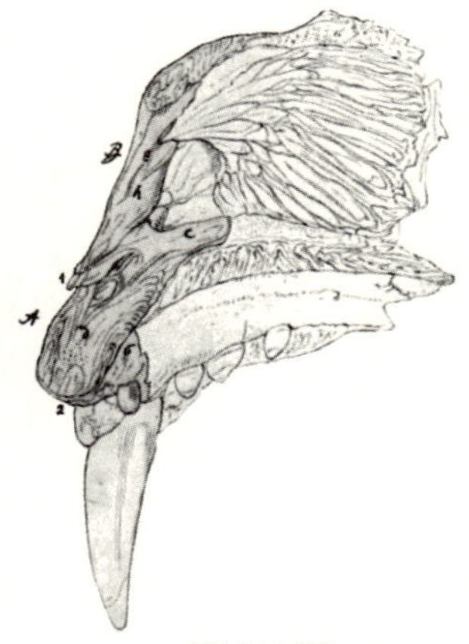

[*Tafel VII*]

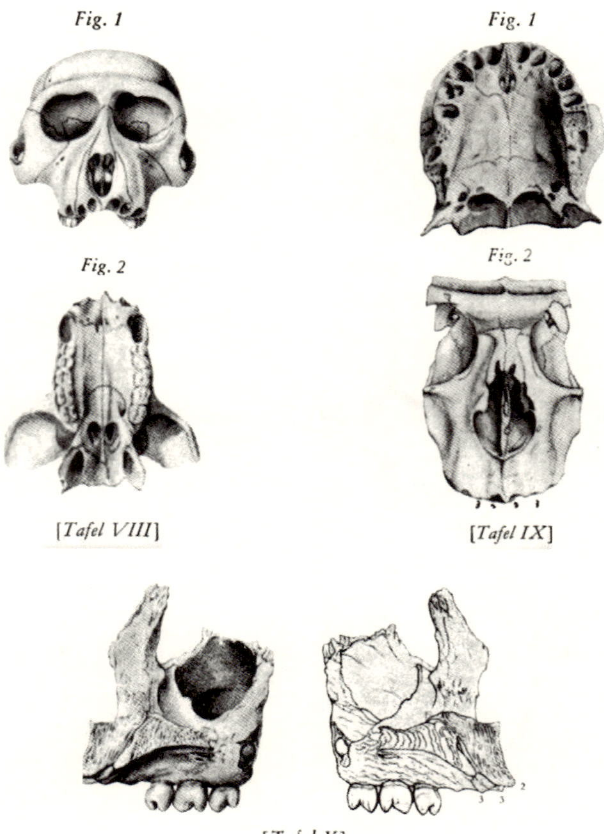

Fig. 1 *Fig. 1*

Fig. 2 *Fig. 2*

[*Tafel VIII*] [*Tafel IX*]

[*Tafel X*]

* * *

O osso do crânio provém da vértebra[1] *(1820)*

Voltemo-nos agora para uma questão que, se for decidida, deverá exercer grande influência sobre tudo o que foi dito anteriormente. Visto que muito se falou sobre formação e transformação, põe-se de fato a seguinte pergunta: podem-se realmente derivar os ossos do crânio a partir das vértebras e, apesar das modificações tão grandes e decisivas, nele identificar a forma inicial destas últimas? Confesso de bom grado que há trinta anos estou convencido desse misterioso parentesco, tendo também realizado observações contínuas acerca disso. Contudo, um tal *aperçu*, ou tal percepção, compreensão, representação, concepção, ideia, seja como for que se queira denominá-lo, conserva sempre uma qualidade esotérica, independentemente de como se proceda; pode-se exprimi-lo no geral, mas não demonstrá-lo; pode-se exibi-lo num caso particular, mas sem dar-lhe um acabamento perfeito. Duas pessoas que estivessem convencidas dessa ideia dificilmente concordariam a respeito de sua aplicação; e, para irmos mais além, podemos afirmar que um naturalista e observador sozinho, isolado e silencioso nem sempre está de acordo consigo mesmo, lidando com o objeto problemático num dia com mais, noutro com menos clareza, a depender de quão pura e íntegra a força do espírito aí se destaque.

1 O texto é parte de um conjunto de estudos preliminares sobre anatomia comparada.

Para explicar-me mediante um exemplo, há algum tempo, passei a interessar-me por manuscritos do século XV inteiramente escritos em abreviatura. Embora esse tipo de decifração jamais tenha sido meu negócio, dediquei-me à tarefa com ânimo e paixão e, para minha surpresa, li sem hesitar escrituras desconhecidas que teriam permanecido enigmáticas para mim por muito tempo. Mas essa satisfação não perdurou: pois, mais tarde, quando retomei a tarefa interrompida, notei que me esforçava erroneamente para realizar, pela via habitual da observação, um trabalho que se iniciara com espírito e amor, luz e liberdade, e convinha apenas esperar, com tranquilidade, que aquela feliz inspiração do momento se renovasse.

Ora, se encontramos uma tal diferença na consideração de antigos pergaminhos, cujos traços se apresentam inteiramente fixos, quão maior não deve ser a dificuldade quando se pretende captar algo da natureza que está em constante movimento e cuja vida que ela lhe concedeu não se deixa conhecer. Ela ora resume em abreviaturas aquilo que, se desenvolvido com clareza, seria facilmente compreensível; ora se faz insuportavelmente tediosa com enumerações em série de uma pormenorizada escrita cursiva; ela revela aquilo que ocultava e oculta o que há pouco revelara. Quem pode se vangloriar de tão amorosa sagacidade, de tão humilde audácia em oferecer-se em todo lugar e a todo momento?

Se, contudo, um tal problema, que resiste a todo tipo de consideração esotérica, cai no domínio de um mundo dinâmico e, mesmo assim, encerrado em si mesmo; e que isso se dê seja de maneira modesta e metódica, seja com engenho e audácia; aquilo que é comunicado experimenta frequentemente uma recepção fria, talvez hostil, e uma natureza tão delicada e espirituosa é vista como inoportuna. E se uma ideia nova, ou talvez renovada, simples e digna, causa alguma impressão, ela jamais será desenvolvida e conduzida de forma pura, como se haveria de desejar. Descobridores e participantes, professores e alunos, alunos e mais alunos, sem contar os opositores, discutem, se confundem, se distanciam cada vez mais uns dos outros por seus diferentes modos de tratar o objeto, e tudo porque cada um quer impor sua própria concepção, e parece-lhes mais louvável ser original errando que, admitindo a verdade, subordinar-se a uma maneira de proceder superior.

Quem, durante uma longa vida, observou o curso das coisas do mundo e da ciência até os dias de hoje, tanto na história quanto na realidade a seu redor, conhece bem aqueles obstáculos, e sabe como e por que é tão difícil elaborar e disseminar uma verdade profunda. Assim, deve-se desculpá-lo por não sentir vontade de se arriscar novamente em um amontoado de adversidades.

Por esse motivo, reitero apenas brevemente esta convicção nutrida ao longo de muitos anos: que a cabeça dos mamíferos deve ser derivada de seis vértebras. Três constituem a parte de trás da cabeça, como que guardando o tesouro do cérebro e enviando as delicadas terminações vitais, que se ramificam da maneira mais fina, para o conjunto do corpo e, ao mesmo tempo, para fora; as outras três, por sua vez, formam a parte frontal da cabeça, que se abre para o mundo exterior, recebendo-o, apreendendo-o, captando-o.

Os três primeiros são assim conhecidos:

osso occipital;
esfenoide posterior;
esfenoide anterior.

Os três últimos, por sua vez, o são assim:

osso palatino;
maxilar superior;
osso intermaxilar.

Se um dos homens excepcionais que até hoje já se ocuparam diligentemente com esse objeto se alegrar, ainda que apenas problematicamente, com a opinião aqui formulada, e empregar aí algumas figuras, a fim de tornar visível essa relação secreta e esse nexo recíproco a ser averiguado, então a publicidade que não mais se poderia evitar logo adquiriria uma direção decisiva, e talvez ousássemos proferir ainda algumas coisas sobre a maneira de tratar e observar tais mistérios da natureza, a fim de conduzi-la a resultados práticos, talvez de uma forma universalmente compreensível, de modo que a importância e a dignidade de uma ideia possam finalmente ser reconhecidas e valorizadas de modo geral. Diversas comunicações desse tipo serão ainda reservadas para os próximos fascículos.

* * *

Touro fóssil
(1822)

Na página 147 dos anais de Württemberg, de 1820, o dr. Jäger[1] compartilha algumas informações a respeito dos ossos fósseis encontrados em Stuttgart, nos anos de 1819 e 1820.

Nas escavações realizadas em um porão, foi descoberto um pedaço de presa de mamute. Ele estava sob uma camada de 9 pés de argila vermelha e uma outra de quase 2 pés de húmus, o que nos remete a uma época muito remota, uma vez que o nível do rio Neckar era ainda alto o bastante não apenas para que esses restos se depositassem sobre o leito, mas também para que fossem recobertos até esse ponto. Em um local semelhante de igual profundidade, encontrou-se um grande molar de mamute e vários outros de rinoceronte. Ao lado desses fósseis, porém, descobriu-se também alguns fragmentos de uma grande espécie de touro,[2] que bem se poderia julgar serem contemporâneos daqueles. Foram medidos pelo sr. Jäger e comparados com esqueletos de animais existentes no presente; e ele descobriu, para dar apenas um exemplo, que o colo da omoplata de um fóssil media 102 linhas parisienses, enquanto o do touro da Suíça media 89.[3]

---

1 Georg Friedrich von Jäger (1785-1866), médico e paleontólogo alemão.

2 Touro selvagem conhecido como auroque (em latim, *urus*), já extinto.

3 A linha parisiense é uma antiga unidade de medida equivalente a 2,255877mm.

Em seguida, ele nos dá informações de ossos de touros encontrados anteriormente e conservados em gabinetes. A partir da comparação desses ossos entre si e com esqueletos de criaturas ainda vivas, ousou concluir que o antigo touro poderia facilmente alcançar uma altura de 6 a 7 pés, sendo, portanto, consideravelmente maior que as espécies atualmente existentes. Baseando-se nos relatos apresentados, o leitor poderá verificar por si mesmo quais destas últimas se aproximam mais daquele no que diz respeito à forma. Seja como for, a antiga criatura deve ser considerada como pertencendo a uma raça originária, amplamente disseminada e extinta, da qual o touro comum e o touro indiano seriam descendentes.

As reflexões acerca desses dados foram auxiliadas pela observação de três imensos núcleos córneos descobertos há muitos anos nas areias do Ilm, perto de Mellingen. Eles podem ser vistos no Museu Osteológico de Jena. O comprimento do maior mede 2 pés e 6 polegadas, e sua circunferência no local em que repousa sobre o crânio mede 1 pé e 3 polegadas, na escala de Leipzig.

Em meio a essas considerações, chegou a nós a notícia de que, em maio de 1820, na turfeira de Frose, próximo a Halberstadt, a uma profundidade de 10 a 12 pés, fora encontrado um esqueleto semelhante do qual nada restara além da cabeça. Dele o sr. Körte[4] nos fornece um desenho característico (presente nos *Arquivos das mais recentes descobertas acerca do mundo primitivo*, publicados pela Ballenstedt, v.3, cad.2). Ele o compara com o esqueleto da cabeça de um touro de Vogtland por ele mesmo preparado com muito empenho e cuidado. Deixemos que esse circunspecto observador fale por si:

> Tenho, diante de mim, dois documentos históricos: o crânio do touro originário, como testemunho daquilo que a natureza sempre quis para toda a eternidade; e o crânio de um touro comum, como prova de quão longe ela levou essa formação até o momento. Observei as medidas imensas do touro originário, os colossais núcleos ósseos de seus chifres, sua fronte aprofundada, suas órbitas oculares amplamente voltadas para o lado, suas cavidades auriculares

4 Friedrich Heinrich Wilhelm Körte (1776-1846) foi um historiador da literatura alemão apaixonado pela ciência da natureza.

rasas e estreitas, e os sulcos profundos que os tendões haviam entalhado em sua fronte. Em comparação, o crânio do animal atual possui órbitas oculares maiores e muito mais voltadas para a frente, os ossos nasal e frontal são, em geral, mais arqueados, seu ouvido é mais largo, mais refinado e bem constituído, os sulcos de sua fronte são menos acentuados, e, de modo geral, suas partes são mais bem elaboradas.

A expressão do crânio do animal atual é mais tranquila, dócil, bondosa, e até mesmo mais inteligente. A forma é, em seu conjunto, mais nobre. Já o do crânio do touro originário é mais grosseira, desafiadora, teimosa, obtusa. O perfil do touro originário, sobretudo na fronte, é manifestamente semelhante ao do porco, enquanto o do animal atual se assemelha mais ao do cavalo.

Milênios separam o touro originário do touro atual; e acredito que a necessidade animal de olhar para a frente com maior conforto, tendo se intensificado cada vez mais de espécie em espécie, ao longo de milênios, modificou gradualmente a posição e a forma das órbitas oculares no crânio do touro originário; assim como o esforço para ouvir de maneira mais suave, nítida e contínua alargou os ouvidos dessa espécie animal, e fez que eles se voltassem mais para o lado de dentro; e assim como o poderoso instinto animal de receber cada vez mais impressões do mundo exterior com vistas à nutrição e ao bem-estar elevou gradualmente a fronte do animal. Imagino quão aberto e ilimitado era o espaço para o touro originário, e como a mata cerrada da selva primitiva cedia à sua força bruta; inversamente, imagino como o touro atual desfruta das pastagens extensas e bem ordenadas, assim como da vegetação cultivada. Compreendo como a progressiva domesticação [*Ausbildung*] do animal submeteu-o ao jugo e ao estábulo; como seus ouvidos escutavam a fascinante voz humana e a seguiam involuntariamente; e como seus olhos se habituaram à postura ereta da figura humana e a ela se inclinaram. Antes do homem, havia o touro originário; ou ele ao menos existiu antes de o homem estar lá para ele. A relação do touro originário com o homem, os cuidados que deste último recebia, certamente tornaram mais elevada a sua organização. A cultura tornou-o cativo, ou seja, estúpido e dependente de ajuda; levou-o a comer sua ração no estábulo, acorrentado, a pastar sob a guarda de um cão, um cassetete e um chicote; em suma, a enobrecer-se em sua animalidade na existência do boi, isto é, a domesticar-se.

Permitindo-me tomar parte de maneira direta nessas considerações tão belas, menciono aqui um feliz episódio: na primavera de 1821, nas turfeiras de Haßleben (região de Großrudestedt), foi desenterrado o esqueleto de um animal semelhante, que logo foi levado para Weimar e montado sobre o chão conforme a sua disposição natural. Descobriu-se, porém, que um certo número de suas partes estava faltando. Em novas investigações realizadas logo em seguida no mesmo local, a maioria dessas partes foi encontrada, e, dessa vez em Jena, dispuseram-se a erguer o conjunto, o que se fez com muito empenho e cuidado. As poucas partes faltantes foram provisoriamente substituídas por peças artificiais, uma vez que, devido ao clima permanentemente chuvoso, a esperança de obtê-las desapareceu. Assim, ele agora se oferece à contemplação e aos estudos a serem realizados no presente e no futuro.

Mais tarde trataremos da cabeça; por enquanto, vejamos quanto mede, em pés, na escala de Leipzig, o conjunto do esqueleto:

– Comprimento desde a metade da cabeça até o final da pélvis: 8 pés e 6 1/2 polegadas; altura da parte anterior: 6 pés e 5 1/2 polegadas; altura da parte posterior: 5 pés e 6 1/2 polegadas.

O sr. Jäger, não tendo diante de si nenhum esqueleto inteiro, procurou compensar essa falta por meio da comparação de ossos particulares do touro fóssil com os daquele de um touro atual. Assim, ele encontrou para o conjunto medidas consideravelmente maiores que as nossas, indicadas acima.

No que concerne à cabeça do nosso exemplar, podemos admitir que o desenho característico do sr. Körte lhe é idêntico, faltando apenas, no primeiro, além do *os intermaxillare*, também uma parte do maxilar superior e o osso lacrimal, que estavam presentes no crânio encontrado em Frose. Do mesmo modo, aquela comparação feita pelo sr. Körte pode ser referida, agora, ao touro húngaro que temos diante de nós.

Pois, graças à especial gentileza do sr. diretor Von Schreibers, de Viena,[5] obtivemos o esqueleto da cabeça de um boi húngaro, cujas medidas são um pouco maiores que as do de Vogtland. Nossa cabeça fóssil, em contrapar-

5 Karl Franz Anton von Schreibers (1775-1852), diretor das Coleções de História Natural de Viena.

tida, parece ser um pouco menor que a daquela de Frose. Tudo isso se revela a partir de uma abordagem cuidadosa, de medições precisas e comparações minuciosas.

Voltemos, agora, às considerações de Körte. Uma vez que as julgamos perfeitamente de acordo com as nossas convicções, acrescentaremos apenas alguns elementos para confirmá-las; e, nessa ocasião, desfrutemos novamente das páginas de D'Alton[6] que temos conosco.

Cada órgão isolado dos animais mais selvagens, toscos e subdesenvolvidos possui uma potente *vita propria*. Pode-se afirmá-lo sobretudo a respeito dos órgãos dos sentidos. Eles são menos dependentes do cérebro, pois trazem consigo, por assim dizer, seu próprio cérebro, bastando-se a si mesmos. Na 12ª ilustração de D'Alton, Fig. B, vê-se o perfil de um porco etíope e a posição de seus olhos, que parecem se conectar diretamente com o osso occipital, como se estivessem faltando os outros ossos do crânio.

Aqui, o cérebro parece estar quase inteiramente ausente, tal como se nota na Fig. A, e o olho parece ter, em si mesmo, toda vida que lhe é necessária para exercer sua função. Se, em contrapartida, observarmos um tapir, um babirrussa, um pecari, ou um porco doméstico, veremos como seus olhos são deslocados para baixo, de modo que se supõe haver, entre eles e o osso occipital, um cérebro de tamanho considerável.

Se agora retornarmos ao touro fóssil e observarmos a ilustração de Körte, veremos que, nesta última, a cápsula do globo ocular, se nos permitirmos denominá-la assim, é tão lateralmente projetada que mais parece um membro isolado casualmente ligado ao sistema nervoso. Ocorre o mesmo em nosso touro, embora somente uma cápsula tenha sido inteiramente conservada; já as órbitas oculares dos touros de Vogtland e da Hungria, cujas aberturas na cabeça são um pouco maiores, estão mais próximas uma da outra e não se destacam muito no perfil do animal.

A diferença mais importante, contudo, reside nos chifres, cuja direção não pode ser muito bem representada no desenho. No touro originário, eles apontam para os lados e um pouco para trás; contudo, em seu ponto

6 Eduard Joseph d'Alton (1772-1840), anatomista, desenhista e gravurista alemão, a cujas ilustrações Goethe se refere diversas vezes em seus escritos.

de origem, já se nota que o cerne se dirige para a frente, o que é mais acentuado quando a distância entre os chifres é de cerca de 2 pés e 3 polegadas. Em seguida, eles se curvam para dentro e assumem uma posição tal que, se os imaginarmos recobertos pelos chifres (que devem possuir até 6 polegadas de comprimento), haveremos de supor que alcançarão novamente suas raízes. Dispostos numa tal direção, essas supostas armas deveriam ser tão inúteis para a criatura quanto as defesas do *sus barbirussa*.

Comparando-os agora com o boi húngaro que temos diante de nós, veremos que as estrias do cerne logo se dirigem um pouco para cima e para trás, afinando-se cada vez mais em graciosa curvatura, até a mais afiada ponta.

De modo geral, nota-se aqui o seguinte: quando a vida está prestes a se esgotar, ela tende a se retorcer, afigurando-se como algo que está não apenas desaparecendo, mas também em busca de seu arremate, como se observa comumente nos chifres, nas garras e nas presas; ela se retorce e dá voltas, como uma serpente, produzindo o gracioso e o belo. Esse movimento fixo, que, no entanto, parece sempre dinâmico, é extremamente agradável ao olhar; Hogarth[7] deve ter sido a isso conduzido em sua busca da linha mais simples da beleza, e sabe-se bem quanto proveito os antigos não souberam extrair dessa formação ao inserirem cornucópias em suas obras de arte. Mesmo sozinhas elas ficam encantadoras quando gravadas em baixo-relevo, em pedras preciosas (gema) ou em moedas; quando combinadas entre si ou com outros objetos, são extremamente graciosas e cheias de significado; e quão amável não é o modo pelo qual uma tal cornucópia se enrola no braço de uma deusa benfazeja!

Se Hogarth perseguiu a beleza até em abstrações como essa, é perfeitamente natural que sejamos surpreendidos com uma impressão agradável quando tal abstração efetivamente surge diante de nós. Nas pastagens de uma grande planície da Catânia, na Sicília, lembro-me de ter visto um rebanho de uma espécie de bois pequenos, elegantes e de cor castanha, cujos chifres causavam uma impressão extremamente agradável e, de fato, inesquecível quando o animal erguia sua formosa cabeça, espraiando o olhar.

7 William Hogarth (1697-1764), pintor inglês, autor de *The Analysis of Beauty* (Londres: J. Reeves, 1753).

Disso se conclui que o camponês, para o qual essa magnífica criatura também é muito útil, deve alegrar-se imensamente ao ver entremovendo-se sobre as cabeças de todo o rebanho esses adornos, cuja beleza ele experimenta inconscientemente. Acaso não desejamos ver o útil sempre unido ao belo e, em contrapartida, ver adornado aquilo de que nos ocupamos por necessidade?

Se é verdade que vimos, com base no que precede, que a natureza, por meio de uma espécie de concentração rigorosa e selvagem, volta os chifres do touro originário contra ele mesmo, privando-o, por assim dizer, da arma que lhe seria tão necessária em seu estado de natureza, vimos também que, no estado doméstico, esses mesmos chifres adquirem uma direção totalmente distinta, voltando-se para cima e para fora com grande elegância. A essa disposição própria dos cernes logo se adapta o revestimento externo dos chifres, com toda a flexibilidade e graciosidade. Esse revestimento recobre desde o início os cernes ainda pequenos e precisa dilatar-se junto com eles à medida que crescem, passando a apresentar uma estrutura anelar e escamiforme. Esta, por sua vez, desaparece quando o cerne começa a afinar; o revestimento concentra-se cada vez mais, até que, por fim, alcança seu arremate ao ultrapassar os cernes e tornar-se deles independente, como uma parte orgânica consolidada.

Se a domesticação levou o touro a esse ponto, nada é mais natural que o camponês, considerando as outras partes belas do animal, exija também uma formação regular de seus chifres. Mas, como esse belo e convencional crescimento muitas vezes degenera, impelindo os chifres para a frente, para trás, ou mesmo para baixo, é preciso prevenir ao máximo tais formações desagradáveis para os conhecedores e admiradores.

Pude observar como isso é feito em minha última estadia no distrito de Eger. Aqui, a criação de bovídeos, que são os animais mais importantes da agricultura local, já foi extremamente valiosa, e ainda hoje é praticada em algumas localidades.

Quando esses animais perdem os chifres devido a algum crescimento irregular ou malsão, a ponto de essa direção inadequada colocar em risco o animal, então, a fim de proporcionar um perfeito acabamento a esse ornamento, é usada uma máquina que *controla* os chifres. É esta a expressão mais comum para designar essa operação.

A respeito dessa máquina, convém dizer o seguinte: ela é feita ou de ferro, ou de madeira; a de ferro é composta de dois anéis, ligados por diversos elos e uma rígida dobradiça, que podem se aproximar ou afastar um do outro por meio de um parafuso; os anéis, recobertos por um material maleável, são colocados nos chifres; então, atarraxando e desatarraxando o parafuso, consegue-se atribuir ao crescimento destes a direção desejada. Pode-se ver um instrumento desse tipo no museu de Jena.

Informações presentes nas obras da tradição

Junius Philargyrius, nos comentários ao livro III das *Geórgicas*, de Virgílio, escreve: *camuri boum sunt, qui conversa introrsum cornua habent; laevi, quorum cornua terram spectant; his contrarii licini, qui sursum versum cornua habent* [há os bois *camuri*, que possuem chifres voltados para dentro; há os *laevi*, cujos chifres olham para a terra; e há os *licini*, que, ao contrário destes, possuem os chifres voltados para cima].

* * *

As lepas[1]
(1824)

O estudo fértil e aprofundado do sr. dr. Carus[2] é, para mim, de grande valor; nele, cada região do ilimitado universo natural (ao qual me dediquei ao longo de toda a minha vida, embora baseando-me mais em crenças e suposições que em observações e conhecimentos) é esclarecida, de modo que agora sou capaz de verificar no detalhe as coisas que pensei e desejei em um sentido geral, e até mais do que há em meus pensamentos e desejos. Aqui, encontrei a mais feliz recompensa de meus sinceros esforços, e muitas vezes me alegro quando um ou outro evento me fazem lembrar de certas particularidades que captei no ar, por assim dizer, e registrei, com a esperança de que um dia pudessem se vincular vivamente a algo. Ora, o propósito desses cadernos não é outro senão de nos conduzir pouco a pouco a essas lembranças.

Apresento algumas observações sobre as *lepas*, tal como as encontrei delineadas em meus papéis.

---

1 As *lepas* são crustáceos cirrípedes pertencentes à ordem dos *pedunculata* (em alemão, *Entenmuscheln*).

2 Carl Gustav Carus (1789-1869) foi um naturalista e pintor alemão. Goethe refere-se aqui ao ensaio "Grundzüge allgemeiner Naturbetrachtung", em Goethe (org.), *Zur Morphologie* (1824), v.II, cad.2, nas páginas anteriores ao presente ensaio sobre as *lepas*.

Todo marisco bivalve que, por estar encerrado em suas paredes, encontra-se separado do mundo restante, é visto com justiça como um indivíduo; é assim que ele vive, se movimenta quando necessário, se alimenta, se reproduz – e é devorado. Em um primeiro momento, a *lepas anatifera*, ou *pedunculata*, com seus dois invólucros principais, lembra os moluscos bivalves; logo, porém, se observa que esses invólucros são em maior quantidade, havendo ainda duas conchas acessórias, necessárias para cobrir a criatura com seus múltiplos membros; vê-se, no lugar da charneira, uma quinta concha, que serve de apoio e ligadura para o conjunto, à maneira de uma espinha dorsal. Isso se mostra evidente para todo aquele que deseje conferir a anatomia dessa criatura oferecida por Cuvier nos *Anais do Museu de História Natural*, tomo II, p.100.[3]

Aqui, porém, se observa não um ser isolado, mas ligado a outro por meio de um tubo, ou uma espécie de pedúnculo próprio para se fixar mediante sucção, cuja extremidade inferior se dilata como um útero; e o invólucro do ser vivo em desenvolvimento, sendo necessariamente composto de camadas de conchas, é apropriado para protegê-lo do mundo exterior.

Na pele dessa espécie de pedúnculo há certos locais dispostos regularmente que correspondem a determinadas partes da forma interna do animal; trata-se dos cinco pontos preestabelecidos das formações concoidais, que, tão logo o animal começa a existir, crescem continuamente até certo limite.

Uma observação mais prolongada da *lepas anatifera* não traria novos esclarecimentos a respeito disso. Já o exame de uma outra espécie, que conheço com o nome de *lepas polliceps*, nos desperta para convicções mais gerais e profundas. Aqui, com efeito, embora a forma principal seja a mesma, a pele do pedúnculo não é, como na primeira, lisa ou apenas um pouco rugosa, mas áspera e salpicada de pequenos pontos arredondados e salientes, bem próximos uns dos outros. Atribuímo-nos a liberdade de afirmar que cada uma dessas pequenas proeminências foi dotada pela natureza com a capacidade de formar uma concha; e o fato de pensarmos assim nos levou a acreditar que esse fenômeno era efetivamente visível quando submetido a uma

3 Georges Cuvier (1769-1832), naturalista francês. Goethe se refere às suas *Mémoires du Muséum d'Histoire Naturelle*, publicadas em Paris: G. Dufour, 1815.

ampliação razoável. Ocorre, porém, que esses pontos não são conchas senão segundo a mera possibilidade, e, enquanto o pedúnculo conserva as medidas estreitas que naturalmente possui em seu estágio inicial, elas não se concretizam. Todavia, assim que a criatura em desenvolvimento dilata a base de apoio de sua extremidade inferior, as conchas possíveis adquirem um impulso para se tornarem reais. Na *lepas anatifera*, elas são limitadas em relação ao número e à lei.

Na *lepas polliceps*, essa lei sempre prevalece, mas sem a limitação numérica; pois, por trás dos cinco pontos principais das formações concoidais, surgem rapidamente conchas suplementares, das quais a criatura necessita à medida que cresce, uma vez que isso lhe garante maior cobertura e segurança caso haja uma interrupção precoce no desenvolvimento das conchas principais, ou mesmo se elas forem insuficientes.

Nesse caso, é de se admirar a presteza com que a natureza compensa a insuficiência da força com uma farta atividade. Pois, no momento em que as cinco conchas principais não mais acompanham o estreitamento, surgem, em todos os veios que nelas se formam por meio do choque, novas séries de conchas que, aos poucos, vão diminuindo, até formarem uma espécie de colar de pérolas minúsculo nas bordas da região dilatada – onde, então, é inteiramente negada qualquer passagem do possível para o real.

Percebe-se aí que a condição de realização das conchas é o espaço livre que surge sob a parte inferior do pedúnculo por meio da dilatação. Observando--se com maior atenção, parece que cada ponto concoidal, precisamente no instante de seu vir a ser, apressa-se em consumir o outro, a fim de crescer à sua custa. Uma concha já existente, por menor que seja, não pode ser absorvida por uma outra vizinha que ainda esteja por vir; pois as coisas já existentes põem-se em equilíbrio recíproco. Vê-se, assim, nas *lepas anatiferas*, um crescimento encadeado e regular; já nas outras observa-se um crescimento que tende a avançar livremente, de maneira que cada ponto singular procura conquistar o máximo de espaço possível e se apropriar de tudo o que está a seu redor.

Mas deve-se observar com admiração que, nesse produto da natureza, mesmo o fato de a lei estar em certa medida diluída não resulta em uma perturbação geral. Os pontos centrais do vir a ser da criatura, que, na *lepas anatifera*, se mostram tão regulares e bem definidos, também se encontram na *lepas polliceps*; nesta última, porém, o que se se vê são pequenos mundos que se justapõem em sentido ascendente e se expandem uns contra os outros, sem, contudo, que cada um deles consiga impedir que seus semelhantes se formem e se desenvolvam, ainda que comprimidos e numa escala menor.

Quem tiver a felicidade de observar esse ser pelo microscópio no instante em que a extremidade do pedúnculo se dilata e as conchas começam a surgir, presenciará o espetáculo mais magnífico que um admirador da natureza pode almejar. Uma vez que, de acordo com a maneira de pesquisar, conhecer e contemplar que me é própria, não posso ater-me senão aos símbolos, tais criaturas são como relíquias sagradas que, para mim, sempre se apresentam como um fetiche. Por meio de sua estrutura singular, que, embora tenda ao irregular, não deixa de exercer sempre a regra, torna palpável, nas pequenas e nas grandes coisas, uma natureza que se assemelha tanto a Deus quanto ao homem.

* * *

Osteologia comparada
(1824)

a) Ossos pertencentes ao órgão da audição

Trata-se de uma antiga seção óssea, outrora caracterizada como uma parte (*partem petrosam*) do *ossis temporum* - Atentar para as desvantagens desse método de observação -. A seção foi estabelecida quando a *partem petrosam* do *ossis temporum* foi dele separada e denominada *os petrosum*. Mas essa concepção ainda não é suficientemente precisa. A natureza nos mostra uma terceira maneira, unicamente por meio da qual podemos alcançar um conceito claro em meio a essa grande complexidade das partes. De acordo com ela, o *os petrosum* consiste em dois ossos muito distintos em sua essência, que devem ser considerados isoladamente: a *bulla* e o *ossum petrosum proprie sic dicendum*.

O osso temporal já foi completamente isolado, e o osso occipital também já foi descrito; agora, devemos inserir os ossos que contêm os órgãos da audição na abertura que se encontra entre os ossos temporal e occipital.

Distinguem-se:

I) *bulla* e

II) *os petrosum*.

Conectam-se:

a) devido a uma concrescência,

b) por meio do alargamento do *processus styloidei*,

c) ou por meio de ambos.

Conectam-se com o *ossi temporum* e com o *ossi occipitis*.

(Diversas figuras)

I) *bulla*

Deve-se nela observar:

a) *meatus auditorius externus, collum, orificium bullae*.

I) *collum*, osso tubular: é muito comprido no porco e menor no boi, no cavalo, na cabra e na ovelha.

Pode ser chamado de *orificium* quando a abertura se assemelha a um anel.

No gato e no cão, ele é concrescente com a *bulla*; nos gatos e cães jovens, contudo, há um indício de sua separação; assim como no embrião humano, no qual o anel é isolado e visível. No homem adulto, ele se transforma em uma fenda recoberta pelo osso temporal.

Pode-se, também, compreender o canal auditivo externo como uma fenda virada para cima ou para trás, e, em outros casos, como um anel virado para trás ou para cima. Nos animais mencionados, essa fenda é fechada; no entanto, nota-se que a borda voltada para a frente é sempre a mais forte. O anel está igualmente fechado na parte de cima, e nota-se que a aba voltada para a frente é também a mais forte.

Esse canal auditivo liga-se por fora às partes cartilaginosas e aos tendões do ouvido externo e, por dentro, à *bulla*, onde há nele sempre uma aba, ou um *limbum* mais ou menos envergado para trás. A ela está ligada a membrana timpânica, e assim se conclui o ouvido interno.

b) a própria *bulla*.

Merece esse nome principalmente por sua aparência no gato e no lince.

Possui o mínimo de matéria óssea possível (à exceção do *lapis manati*), é redondo, como se estivesse inchado, e seu desenvolvimento não é impedido por qualquer pressão externa.

Dela, parte apenas um processo frágil e pontiagudo, que a conecta aos tendões mais próximos (como se observa, por exemplo, no cão).

Nas ovelhas e nos animais do mesmo tipo, ela parece uma bolsa, possui ainda menos matéria óssea, é fina como papel e lisa na parte interna. Por fora, é comprimida pelo processo estiloide.

Dessa bolsa, partem processos radiais, que se ligam aos tendões.

Nos cavalos, a *bulla* ainda é bastante fina, porém influenciada pelo processo estiloide. Por esse motivo, estendem-se, para um lado e para o outro, divisórias (*dissepimenta*) em forma de meia-lua que, muitas vezes, formam pequenas células abertas na parte de cima. Cabe observar se, nos potros, ela está separada do osso petroso.

II) *os petrosum*

a) *pars externa.*

Situa-se entre os ossos temporal e occipital, e aí se encaixa firmemente. É, às vezes, muito pequeno (como nos porcos). Dela, parte o processo estiloide. Sua massa óssea é pouco rígida; em alguns casos, é um tecido celular.

b) *pars interna.*

1) *facies cerebrum spectans.*

Recebe os nervos que partem do cérebro. Sua aba está ligada ao tentório do cerebelo ossificado.

foramina [foramens]:

∂) *inferius, constans, necessarium, pervium.*

ß) *superius, accidentale, coecum.*

2) *facies bullam spectans.*

foramina:

Protuberâncias e cavidades. Uma vez que cada uma dessas partes foi percorrida, descrita e comparada, deve-se determinar o que resulta de sua composição e conexão.

Espaço entre a *bulla* e o osso petroso.

Aurícula.

Processo mastoide do osso temporal e da parte externa do osso petroso não pode ser comparado com a *bulla* mamiforme e celular dos animais, sobretudo do porco. Nos animais, ele não aparece. Observar seu lugar, sua natureza.

A apófise mastoide dos animais situa-se sob o meato auditivo externo.

Por trás do processo estiloide, quando ele está presente, há o prolongamento [*continuatio*] inferior da *bulla*.

O processo mastoide liga-se aos ossos internos apenas pela parte anterior e pelos lados. Convém investigar atentamente esse fato.

b) Ulna e rádio

Se observarmos as formas dos dois longos ossos de um modo geral, veremos que a parte mais forte da ulna situa-se em cima, onde ela se liga ao braço superior por meio do olecrano. A parte mais forte do rádio, por sua vez, situa-se embaixo, onde ele se liga ao carpo.

No homem, quando os dois ossos estão um ao lado do outro em supinação, observa-se que a ulna está virada para dentro em relação ao corpo, e o rádio para fora. Nos animais, nos quais esses ossos permanecem em pronação, a ulna está voltada para baixo e para trás, e o rádio para a frente e para cima; os dois ossos são separados, compõem um certo equilíbrio, e se movimentam com muita facilidade.

Nos macacos, são compridos e finos; assim como, na proporção geral, os ossos desse animal podem ser considerados demasiadamente compridos e finos.

Nos animais carnívoros, são delicados, flexíveis e bem proporcionais uns aos outros; se fossem ordenados em uma escala gradual, o gênero dos gatos afirmaria sua primazia. Os leões e os tigres possuem uma conformação muito elegante e bela; a dos ursos, é ampla e pesada. Cães e lontras devem ser caracterizados singularmente; todos possuem pronação e supinação, ora mais, ora menos flexíveis e delicadas.

Com efeito, a ulna e o rádio encontram-se separados em diversos animais. Nos porcos, castores e fuinhas, eles estão tão próximos que, às vezes, parecem estar encaixados um no outro por meio de ligamentos, ou uma espécie de ensambladura, de modo que se poderia tomá-los como fixos.

Nos animais organizados para permanecer de pé, andar e correr, o rádio é predominante; ele é a base de sustentação, enquanto a ulna não faz mais do que formar a articulação com a parte superior do braço. Seu corpo é frágil e apoia-se no rádio somente na parte posterior, voltando-se para o lado de fora, de tal modo que se poderia denominá-lo *fibula*. É assim que a vemos na camurça, no antílope e no boi. Às vezes, os dois ossos são concrescentes, tal como pude observar em um velho bode.

Nesses animais, o rádio possui uma dupla ligação com o úmero por meio de duas facetas articulares semelhantes às da tíbia.

Nos cavalos, os dois ossos são concrescentes, mas nota-se ainda, embaixo do olecrano, uma pequena separação e um interstício entre ambos.

Por fim, quando o peso corporal do animal é maior, de modo que ele suporte uma carga muito elevada mesmo sendo destinado a permanecer de pé, andar e, quando necessário, correr, os dois ossos concrescem sem deixar qualquer vestígio [de sua separação], como ocorre com o camelo. Vê-se que o rádio adquire uma predominância cada vez maior, a ulna torna-se mero *processus anconeus* [processo ancôneo, olecrano] do rádio, e seu delicado corpo tubular cresce junto com ele de acordo com a lei que já conhecemos.

Recapitulemos o que foi dito na direção inversa: quando o animal carrega peso suficiente por si mesmo, e não faz essencialmente mais que permanecer em pé e caminhar, ambos os ossos são simples e concrescentes, robustos e pesados. Quando a criatura é leve, corre e salta, os dois ossos estão separados, sendo a ulna, contudo, pequena, e ambos são imóveis reciprocamente. Quando o animal apreende e maneja coisas, eles são separados, mais ou menos distantes e móveis, até que a pronação e a supinação completas confiram ao homem o movimento mais perfeitamente hábil e gracioso.

c) Tíbia e fíbula

A relação que possuem entre si é praticamente a mesma existente entre a ulna e o rádio. Porém, há de se notar o seguinte:

Nos animais cujas patas traseiras possuem diversas funções (como na foca), esses ossos não possuem volumes tão distintos quanto em outros animais. Com efeito, também aqui a tíbia não deixa de ser o osso mais forte, porém a fíbula a ela se assemelha, e ambos os ossos se articulam com uma epífise, que, por sua vez, se articula com o fêmur.

No castor, que, de modo geral, é uma criatura peculiar, a tíbia e a fíbula afastam-se no centro, formando uma abertura oval. Na parte inferior, são concrescentes. Nos carnívoros pentadáctilos, que saltam intensamente, a fíbula é muito fina. Ela é extremamente delicada no leão.

Nos animais que saltam com facilidade, ou naqueles que apenas andam, ela é completamente ausente. No cavalo, suas extremidades, isto é, seus arremates superior e inferior, são ósseos, e o resto é tendinoso.

No macaco, ambos os ossos são descaracterizados, frágeis e franzinos, assim como o restante de sua estrutura óssea.

Para que se possa compreender melhor o que foi dito, há de se acrescentar o seguinte: no ano de 1795, quando elaborei à minha maneira o tipo osteológico geral, veio-me também o ímpeto de, tomando-o como guia, *descrever* separadamente cada osso particular dos mamíferos. Para tanto, se já me havia sido útil separar o osso intermaxilar do maxilar superior, foi-me igualmente vantajoso considerar o inextricável osso esfenoide como constituído de duas partes, uma anterior e uma posterior. Por essa via, eu haveria de conseguir separar em diversas partes, conforme a natureza, o osso temporal, do qual, segundo o método empregado até o momento, não se tinha nem uma imagem, nem um conceito.

Durante anos me empenhei inutilmente pela via anterior, nutrindo, porém, a esperança de que se abrisse diante de mim uma outra, quiçá a via correta. Afirmava ser necessária, para a osteologia humana, uma ilimitada minúcia na descrição de todas as partes de cada osso e uma diversificação infinita das análises desse objeto. O cirurgião deve ser capaz de encontrar, com os olhos do espírito, e muitas vezes sem o auxílio do tato, o local lesionado no interior do organismo, sendo-lhe por isso exigido alcançar, mediante o mais firme e sólido conhecimento dos detalhes, uma onisciência, por assim dizer, penetrante.

Contudo, após vários empreendimentos fracassados, notei que essa maneira de proceder na anatomia comparada não era aceitável. A tentativa de uma tal descrição nos mostra ser impossível sua aplicação a todo o reino animal, ao mesmo tempo que nem a memória, nem a escrita, seriam capazes de abarcá-la, e tampouco a imaginação conseguiria reproduzi-la.

Pretendeu-se ainda elaborar um método de caracterização e descrição por meio de números e medidas, mas ele em nada contribuiu para vivificar a exposição. Números e medidas, com sua aridez, dissolvem a forma e banem o espírito da viva investigação. Por isso, experimentei uma outra maneira de descrever cada osso, considerando-os em seu vínculo recíproco e sua composição estrutural; disso, a primeira tentativa de separar o osso petroso da *bulla* e, ao mesmo tempo, do osso temporal, pode valer como exemplo.

A seguir, o segundo ensaio sobre a ulna e o rádio, a tíbia e a fíbula, atesta o modo como eu estava inclinado a efetuar rapidamente a *comparação*. Aqui, o esqueleto foi pensado como algo vivo, ou como condição fundamental de toda forma viva superior, motivo pelo qual nosso olhar apreende com firmeza as determinações das partes particulares, bem como suas correlações. Com a intenção de apenas orientar-me em alguma medida, registrei brevemente as observações, e esse trabalho deveria fornecer uma espécie de catálogo com base no qual se pretendia, em condições favoráveis, exibir reunidos em um museu os membros a serem comparados. Disso resultaria que cada série de membros demandaria um outro termo de comparação.

O esboço *supra* indica uma maneira de proceder em relação aos órgãos acessórios, tais como os braços e as patas. Partimos da consideração dos membros rígidos, quase imóveis, e que não servem senão para um único fim, até chegarmos à daqueles cujos movimentos são os mais hábeis e diversificados. Assim, depois de termos percorrido uma multiplicidade de criaturas ao longo desse estudo, haveríamos de alcançar as perspectivas mais desejadas.

Se nosso objeto fosse o pescoço, avançaríamos do mais comprido para o mais curto, da girafa para a baleia. A consideração do osso etmoide partiu do mais largo e indispensável para o mais estreito e comprimido, do pangolim para o macaco, e talvez para as aves, uma vez que o pensamento é logo impelido a ir mais além quando se observa o modo como o aumento do globo ocular espreme esse osso.

Infelizmente, devemos encerrar nosso ensaio; quem, contudo, não percebe a infinita variedade de perspectivas que resulta dessa maneira de investigar, e o quanto ela nos convida, ou mesmo obriga, a atentar não apenas para um órgão particular, mas para todos os outros sistemas, simultaneamente?

Se ainda por um instante reconduzirmos nossa imaginação para aquelas extremidades observadas detalhadamente mais acima, veremos claramente que a toupeira se forma para a terra movediça, a foca para a água, o morcego para o ar; e que o esqueleto não nos ensina menos que os animais vivos cobertos de pele. Assim, com o espírito elevado e os sentidos arrebatados, veríamos renovado nosso desejo de compreender o mundo orgânico.

Talvez o que precede pareça menos relevante aos naturalistas do presente do que me parecia trinta anos atrás; afinal, não é verdade que o sr. D'Alton[1] elevou-se acima de todos os nossos anseios? Devo, pois, confessar: é aos psicólogos que me dirijo. Um homem como o sr. Ernst Stiedenroth[2] deveria seguramente aplicar os elevados conhecimentos que alcançou acerca das funções do corpo espiritual e do espírito corporal humanos para escrever a história de uma ciência que valeria simbolicamente para todas as outras.

A história das ciências sempre conduz ao ponto em que se adquire uma nobre reputação. Estimamos de bom grado nossos predecessores e somos-lhes gratos, em certa medida, por suas conquistas e por seu mérito; ao mesmo tempo, é como se sempre lamentássemos, com certo aborrecimento e resignação, o fato de terem lutado em vão contra determinados limites, ou mesmo recuado diante deles; ninguém os vê como mártires que um impulso incorrigível teria levado a situações perigosas e quase insuperáveis; no entanto, há em geral mais seriedade entre os grandes fundadores de nossas ciências, pais de tudo o que existe hoje entre nós, do que entre seus sucessores, que desfrutam do trabalho daqueles e, na maior parte das vezes, o desperdiçam.

Mas deixemos de lado essas considerações melancólicas e voltemo-nos agora para atividades mais agradáveis e satisfatórias, nas quais a arte e a ciência, os conceitos e as imagens unem-se fielmente, atuando, juntas, em uma esfera mais elevada.

* * *

1 Cf. nota 6, p.331.

2 Ernst Stiedenroth (1794-1858), filósofo alemão. Ver, no presente volume, o texto "*Psicologia para o esclarecimento dos fenômenos da alma*, de Ernst Stiedenroth".

Os esqueletos dos roedores ilustrados e comparados por D'Alton (1823-1824)

Minha primeira intenção, ao elaborar os cadernos de morfologia, era a de conservar alguns de meus manuscritos antigos, se não porque talvez fossem úteis no presente ou no futuro, ao menos como testemunho de meus sinceros esforços na investigação da natureza. Há pouco, seguindo esse objetivo, tomei novamente em mãos alguns fragmentos de osteologia, e percebi efetivamente, sobretudo na revisão da cópia impressa, quando normalmente tudo se apresenta da maneira mais clara, que se tratava de meros palpites, e não de pesquisas preliminares.

Nesse mesmo momento, a referida obra chegou até mim, transferindo-me da região sombria do espanto e da crença para o reconfortante terreno da observação e da compreensão.

Considero aqui o gênero dos roedores, cujo esqueleto tenho agora diante de mim, reproduzido de maneira magistral e em toda sua variedade, e contendo a indicação daquilo que o recobre exteriormente. Percebo que, internamente, ele é genericamente limitado e determinado; por fora, porém, sua forma modifica-se da maneira mais variada, vagando desenfreadamente e especificando-se por meio de formações e transformações.

O que realmente fascina na natureza dessa criatura são seus dentes; a primeira coisa que fazem com tudo aquilo que podem e devem apreender é triturar. A situação embaraçosa dos ruminantes provém da mastigação incompleta, ou da necessidade de triturar novamente aquilo que já foi parcialmente mastigado.

Em contrapartida, a formação dos roedores é, quanto a isso, extremamente notável. Eles apanham os objetos de maneira mordaz, ainda que em pouca quantidade; roem-nos repetidas vezes e saciam-se apressadamente; seu mordiscar é contínuo, veemente, e quase convulsivo, além de sem finalidade e destrutivo; ao mesmo tempo, é também por meio dele que o animal realiza a tarefa de construir uma moradia e montar um leito, visando, assim, à autoconservação. Isso nos leva a ver que, na vida orgânica, aquilo que é inútil, ou mesmo prejudicial, é incorporado ao círculo necessário da existência e intimado a atuar no todo como um vínculo essencial entre as particularidades discordantes.

De modo geral, o roedor possui uma estrutura bem-proporcionada; as dimensões no interior das quais se movimenta não são tão grandes; sua organização inteira está aberta para todo tipo de impressões, além de preparada e ajustada da maneira mais versátil, sendo capaz de desenvolver-se em todas as direções.

Tendemos a deduzir essa volubilidade a partir de sua dentição defeituosa e, em certo sentido, frágil, ainda que forte em si mesma, por meio da qual esse gênero animal está entregue, em absoluto desprendimento, a uma certa arbitrariedade da forma que, muitas vezes, alcança a deformidade; já no caso dos predadores, providos de seis incisivos e um canino, é impossível que surja qualquer tipo de monstruosidade.

Mas quem, entre aqueles que já se dedicaram com seriedade a esse tipo de investigação, não sabe que esse oscilar da forma ao informe e do informe à forma conduz o digno observador a um certo tipo de loucura? Para nós, criaturas limitadas, talvez fosse preferível fixar o erro a hesitar em meio à verdade.

Tentemos, pois, fincar alguma estaca nesse amplo e vasto domínio! Alguns dos animais maiores, tais como o leão e o elefante, possuem, graças ao peso excessivo de suas extremidades dianteiras, um caráter singularmente bestial; isso porque normalmente se nota, sobretudo nos animais quadrúpedes, uma tendência ao predomínio das partes posteriores em relação às anteriores, e creio inclusive que aí se observa o fundamento da posição ereta do homem. Nos gêneros dos roedores, porém, chama a atenção o modo como essa tendência se intensificou progressivamente até a desproporção.

Mas, se quisermos avaliar exaustivamente essas modificações da forma e conhecer sua verdadeira causa, devemos, então, seguindo-se o bom e velho costume, atribuir aos quatro elementos especial influência. Se buscamos a criatura em regiões aquáticas, ela será encontrada nas margens pantanosas e terá uma forma semelhante à do porco; se estiver a construir sua casa em meio às águas frescas, terá a forma de um castor. Depois, buscando sempre alguma umidade, escava a terra; e, em seu apreço pelos locais mais ocultos, esconde-se, medroso e brincalhão, da presença do homem e de outras criaturas. Quando finalmente alcança a superfície, salta alegremente, colocando--se em posição ereta, e até mesmo movendo-se com admirável rapidez para lá e para cá, tal como um ser bípede.

Em regiões mais elevadas e completamente áridas, tem-se, por fim, a influência decisiva dos ares e da luz mais vivificante. Aqui, a criatura se move com toda a agilidade, agindo e realizando suas tarefas da forma mais ligeira, até que seu salto, assemelhando-se ao de uma ave, confunde-se com um voo.

Agora, por que motivo sentimos tanta satisfação ao observar nosso esquilo nativo? Porque ele possui a formação mais elevada de seu gênero e apresenta uma habilidade muito singular. Manuseia com extrema delicadeza os pequenos objetos que o atraem e cativam, e com os quais parece brincar intencionalmente, enquanto, na verdade, está apenas a preparar e facilitar sua verdadeira satisfação com eles. Essa pequena criatura é extremamente graciosa e encantadora ao abrir uma noz e, principalmente, ao degustar uma pinha.

Não é somente sua forma mais fundamental que se modifica até se tornar irreconhecível; também a pele que a reveste exteriormente o faz da maneira mais variada. Na cauda, observam-se anéis cartilaginosos ou escamosos; no corpo, cerdas e espinhos que, em notáveis transições, se tornam iguais à mais delicada e macia pelugem.

Em nosso empenho para descobrir as causas mais remotas de tais fenômenos, percebemos que aquelas influências elementares, com sua força penetrante, não são as únicas que se exercem aqui. Em breve, indicaremos também outros fatores importantes.

Essas criaturas possuem um vivo impulso para a alimentação. O órgão feito para capturar os objetos, a saber, os dois dentes da frente inseridos nos maxilares superior e inferior, já haviam chamado nossa atenção anteriormente; eles são apropriados para morder todo tipo de coisa. Por isso, essa criatura também se preocupa em buscar sua subsistência por diversos meios e caminhos. Seu gosto é variado: alguns são ávidos por alimentos de origem animal; a maioria, porém, deseja alimentos vegetais, razão pela qual o ato de roer deve ser considerado, entre outras coisas, como um farejar, ou um pregustar, independentemente da alimentação propriamente dita. Ele promove uma assimilação excedente de alimentos para preencher fisicamente o estômago, o que pode também ser visto como um exercício continuado, um desejo constante de ocupação, que, por fim, degenera em uma destruição convulsiva.

Tão logo satisfaz uma necessidade, já apanha veementemente seu próximo objeto de desejo. Apesar disso, sente-se mais seguro vivendo em meio à abundância. Isso explica seu instinto de acumulador, além de várias outras atividades que se assemelham perfeitamente a uma capacidade técnica refletida.

Embora a organização dos roedores oscile de um lado para o outro e pareça não possuir limites, ela ainda se encontra encerrada no domínio geral da animalidade, aproximando-se da organização de alguns dos outros gêneros animais. Assim, ela pende tanto para o lado dos predadores quanto para o dos ruminantes, tanto para o dos macacos quanto para o dos morcegos, assemelhando-se ainda a outros gêneros situados entre estes.

Se não tivéssemos diante de nós as ilustrações do sr. D'Alton, que revelam toda sua utilidade à medida que as contemplamos com admiração, não teríamos conseguido realizar facilmente considerações tão vastas. Como poderíamos exprimir suficientemente nosso louvor e nossa gratidão pelo enorme serviço que nos presta essa representação, sempre constante no que concerne à pureza e exatidão, de uma longa série de gêneros animais tão importantes, e cuja força de execução e minúcia elevam-se a cada passo? Ela nos livra de uma só vez do estado de confusão ao qual fomos levados muitas vezes ao tentarmos comparar entre si os esqueletos, seja numa perspectiva geral, seja nos detalhes. Ao examiná-los de maneira mais ou menos fugaz em nossas viagens, ou mesmo no interior das coleções que reunimos e organizamos aos poucos e refletidamente, sempre acabamos por lamentar quão insuficiente e insatisfatório foi o nosso esforço em relação à apreensão de um todo.

Agora, cabe a nós organizar séries tão longas quanto quisermos, comparar os elementos comuns e contraditórios, testando, assim, nossa capacidade de observar e nossa habilidade de combinar e julgar com calma e tranquilidade, respeitando-se o quanto seja concedido a cada um de nós estar em harmonia consigo mesmo e com a natureza.

Se porventura essas ilustrações nos abandonam a uma reflexão solitária, um texto bem-feito, por sua vez, nos proporciona um espirituoso diálogo. Sem essa colaboração, não teríamos alcançado, com certa facilidade e rapidez, as coisas aqui mencionadas.

Seria, então, supérfluo recomendar aos naturalistas as páginas impressas aqui inseridas. Elas contêm uma *comparação geral* dos esqueletos dos roedores e, em seguida, *observações gerais* sobre as influências externas no desenvolvimento orgânico do animal. Nós as utilizamos fielmente em nossa breve exposição, mas nem de longe as esgotamos; e devemos ainda acrescentar os resultados que se seguem.

No fundamento de toda organização reside uma união interna e original; a diversidade das formas, por sua vez, provém da necessária relação com o mundo exterior. Tem-se, por isso, o direito de admitir tanto uma diversidade originária e simultânea quanto uma transformação que avança incessantemente, a fim de que se possam compreender tanto os fenômenos constantes quanto os desvios.

Uma sobrecapa nos leva a supor que se trata, aqui, de uma seção do conjunto. Um prefácio exprime claramente que nada de supérfluo fora incluído na obra, e que ela não deve ultrapassar os recursos e as posses dos amantes da natureza: uma promessa que se cumpriu inteiramente por meio do que foi realizado até o momento.

A esse fascículo foram acrescentadas algumas páginas que, embora as tenhamos mencionado somente ao final, deverão ser colocadas logo no início, já que contêm a dedicação à vossa majestade, o rei da Prússia.

O autor reconhece, com o mais sincero agradecimento, que esse empreendimento contou com significativos recursos do trono, sem os quais mal poderia ter sido concebido. Nesse sentimento de gratidão reúnem-se todos aqueles que apreciam as ciências da natureza. Devemos, sem dúvida, louvar a prestatividade dos grandes homens deste mundo quando não permitem que as coisas reunidas com amor e cuidado por uma pessoa se dispersem, mas sejam sabiamente conservadas em seu conjunto e oferecidas ao público; e reconhecer, com toda a gratidão, o valor das instituições fundadas para que os grandes talentos sejam explorados e os mais capazes incentivados e conduzidos a seus objetivos; porém, é ainda mais admirável quando uma oportunidade rara que se apresenta é bem aproveitada; quando se reconhece, no instante preciso de sua realização, o trabalho de uma única pessoa que passou toda vida se esforçando, muitas vezes com dificuldade, para desenvolver seu talento nato, ou para produzir sozinho algo que muitos homens juntos jamais conseguiriam realizar. Assim, sempre que o tempo urgir, caberá aos superiores e a seus altos funcionários o dever mais invejável, que consiste em favorecer o momento decisivo e conduzir à mais prolífica maturidade os frutos já prósperos em circunstâncias limitadas.

* * *

Princípios de filosofia zoológica discutidos em março de 1830 no interior da Academia Real de Ciências, *por Geoffroy de Saint-Hilaire*[1] *– Paris, 1830 –*

(Primeira parte)

Em uma reunião da Academia de Ciências da França, realizada no dia 22 de fevereiro deste ano, houve um importante incidente, cujas consequências serão decerto significativas. Nesse santuário das ciências, onde tudo costuma ocorrer na presença de um numeroso público sempre da maneira mais respeitável; onde se encontram pessoas bem-educadas, que agem de maneira comedida, e até mesmo dissimulada; onde se responde sempre com ponderação às opiniões contrárias; e onde as questões duvidosas são muitas

1 Em 1830, Geoffroy Saint-Hilaire (1772-1844) e Georges Cuvier (1769-1832), dois dos mais importantes naturalistas da época, protagonizaram uma famosa disputa no interior da Academia de Ciências da França acerca da constituição dos seres vivos. O primeiro afirmava haver um plano, ou modelo único no fundamento da organização de todos eles. O segundo, por sua vez, defendia a existência de quatro tipos distintos de organização, irredutíveis uns aos outros. Geoffroy Saint-Hilaire publicou um relato da disputa, intitulado *Principes de philosophie zoologique discutées en Mars 1830 au sein de l'Académie Royale des Sciences* (Paris: Pichon et Didier, 1830). Goethe teve notícia do debate nesse mesmo ano e, fortemente envolvido e interessado pelo tema, decidiu redigir um comentário crítico da publicação de Cuvier, texto que aqui traduzimos. A leitura de seus próprios ensaios osteológicos nos permite observar que ele tendia a concordar com a visão de Saint-Hilaire, embora valorize diversas ideias de Cuvier.

vezes deixadas de lado, em vez de serem debatidas; houve, pois, uma controvérsia acerca de uma questão científica cuja importância, se considerada mais atentamente, vai muito além de uma disputa pessoal.

O permanente conflito entre duas maneiras distintas de pensar, que já há muito divide o mundo científico e constantemente se insinua entre nossos naturalistas vizinhos, tornou-se manifesto; e dessa vez, porém, irrompendo e evidenciando-se com singular violência.

Dois homens ilustres, o secretário perpétuo da Academia, sr. Cuvier, e um de seus membros mais distintos, sr. Geoffroy Saint-Hilaire, insurgiram-se um contra o outro; o primeiro, famoso em todo o mundo; o segundo, honrado entre os naturalistas. Ensinam história natural no Jardim das Plantas,[2] onde são colegas há mais de trinta anos; trabalharam inicialmente juntos nesse imensurável domínio de que se ocupam com todo o empenho; aos poucos, porém, por divergirem em suas opiniões, separaram-se e distanciaram-se.

Cuvier não se cansa de realizar distinções[3] e descrições exatas daquilo que tem diante de si, o que lhe permite adquirir domínio sobre um vasto terreno. Geoffroy Saint-Hilaire, por sua vez, sempre discreto, esforça-se para compreender as analogias e as misteriosas afinidades entre os seres; o primeiro parte do particular para um todo, que, embora pressuposto, é visto como algo que jamais será conhecido; o segundo preserva o todo dentro de si, nutrindo a convicção de que o particular possa, aos poucos, desenvolver-se a partir dele. Mas é importante notar que Cuvier reconhece muitas das coisas que Saint-Hilaire consegue demonstrar, de maneira clara e distinta, por meio da experiência; do mesmo modo, tampouco este últi-

2 O Jardim das Plantas, situado em Paris, é parte do Museu de História Natural da cidade. Foi fundado em 1635 pelo médico Guy de la Brosse (1586-1641), sob a decisão de Luís XIII e, inicialmente, era destinado ao cultivo de plantas medicinais. Graças ao empenho de importantes naturalistas que nele trabalharam (em particular do conde de Buffon, que ocupou sua intendência de 1739 a 1788), o Jardim transformou-se numa verdadeira instituição de pesquisa em diversas áreas das ciências naturais, contando com uma enorme coleção de espécimes animais, vegetais e minerais provindas de todas as partes do mundo.

3 "Cuvier arbeitet unermüdlich als Unterscheidender", no original.

mo desdenha as observações incontestáveis feitas pelo outro; de modo que ambos concordam em relação a muitos pontos, sem, por isso, admitirem uma influência recíproca. Pois aquele que separa e distingue, que sempre se refere à experiência e dela parte, não admite que se possa antever ou pressentir o particular no interior de um todo. Considera manifestamente presunçosa a pretensão de conhecer e identificar aquilo que não se vê com os olhos e não se pode representar de maneira tangível. O outro, porém, apoiando-se em certos princípios e obedecendo a uma orientação superior, não reconhece a autoridade desse método.

Após essa exposição introdutória, ninguém mais haverá de nos repreender quando repetirmos o que foi dito: trata-se aqui de duas maneiras de pensar distintas, que se encontram normalmente separadas, e foram de tal modo distribuídas no gênero humano que, não apenas no domínio científico, mas por toda parte, dificilmente convivem ou se conciliam. E essa separação é levada tão longe que, mesmo quando uma das partes pode servir à outra de algum modo, esta o recebe com certa má vontade. Se observar a história das ciências e considerar minha longa experiência pessoal, serei levado a temer que a natureza humana jamais poderá salvar-se desse conflito. Levemos um pouco mais adiante esse assunto.

Aquele que distingue faz uso de muita perspicácia, necessitando, por isso, de uma atenção contínua, de uma grande desenvoltura para penetrar nos detalhes e notar os desvios das formas e, por fim, de um talento intelectual decisivo para indicar essas diferenças; de modo que não se deve repreendê-lo quando disso se orgulha, ou quando valoriza seu método como sendo o único bem fundamentado e correto.

Ao notar, pois, que a isso deve sua fama, acaso será capaz de partilhar tranquilamente seus merecidos privilégios com um outro investigador que, segundo lhe parece, fizera um trabalho mais fácil para alcançar algo cuja glória somente o empenho, a diligência e a perseverança proporcionam?

Aquele que parte da ideia certamente acredita poder representar-se uma coisa particular. Mas tal investigador, que sabe apreender a ideia principal, a quem a experiência aos poucos se subordina, e prefere viver em segurança, tal investigador, digo, certamente reencontrará, nos casos particulares, aquilo que já observou aqui e ali e exprimiu de uma maneira geral. Em um homem que assim se apresenta se observa uma espécie de orgulho e uma percepção íntima de seus privilégios. É capaz de suportar, sem se rebaixar, o desdém que seu opositor com frequência lhe dirige, ainda que de maneira discreta e comedida.

Aquilo que torna insuperável o conflito talvez seja o seguinte: uma vez que aquele que distingue trabalha sempre com o que é apreensível e pode provar as coisas que elabora, sem exigir considerações inabituais, e sem jamais apresentar algo que possa parecer um paradoxo, ele deverá, por isso, conquistar um público maior, ou mesmo a totalidade deste. Em contrapartida, aquele que se comporta mais ou menos como um eremita nem sempre consegue se associar a outros, nem mesmo com aqueles que compartilham de suas opiniões. Esse antagonismo já se fez presente muitas vezes nas ciências, e trata-se de um fenômeno que sempre se repetirá, pois, como acabamos de ver, os elementos que o constituem desenvolvem-se sempre separados um do outro e, cada vez que se encontram, provocam uma explosão.

Isso geralmente ocorre quando indivíduos de diferentes nacionalidades, diferentes idades, ou que se diferenciem por outros motivos influenciam-se reciprocamente. O caso em questão, porém, nos apresenta a extraordinária situação na qual dois homens, igualmente avançados em idade, colegas há trinta anos em uma mesma instituição e dedicados a um mesmo campo de pesquisa, atuando cada um por si mesmo e exercendo sua profissão da maneira mais distinta, acabaram seguindo direções opostas, evitando-se e suportando-se reciprocamente, até, por fim, se entregarem a um rompimento e uma repugnância mútua, que acabou se tornando pública.

Depois de termos nos demorado nessas considerações gerais, convém examinar mais de perto a obra, cujo título indicamos no título.

Desde o início de março, os periódicos de Paris[4] nos entretêm com esse caso, tomando partido ora de um, ora de outro lado. A controvérsia ocorreu durante algumas sessões, até que Geoffroy de Saint-Hilaire julgou conveniente o momento de afastar a discussão daquele círculo e trazê-la para o grande público por meio de uma publicação própria.[5]

---

4 São estes o *Le Globe*, o *Le Temps*, e possivelmente também o *Le National*.

5 Saint-Hilaire, *Principes de philosophie zoologique*, op. cit.

Lemos e estudamos a obra com atenção, e tivemos de superar diversas dificuldades. Decidimos, então, elaborar o presente ensaio, a fim de oferecermos àqueles que decidirem lê-la uma breve introdução, pela qual nos serão amigavelmente gratos. Assim, o conteúdo da referida obra será apresentado, aqui, como uma crônica da mais recente disputa acadêmica francesa.

15 de fevereiro de 1830.

Geoffroy de Saint-Hilaire expõe seu parecer sobre um artigo de dois jovens pesquisadores que continha algumas considerações acerca da organização dos moluscos. Nele, o autor demonstra claramente uma especial predileção pela maneira de proceder denominada *a priori*, na qual se assume a *unité de composition organique*[6] como a verdadeira chave para a investigação da natureza.

22 de fevereiro.

O barão de Cuvier intervém com uma objeção; ele combate esse princípio supostamente único, julgando-o secundário, e enuncia um outro, que considera mais elevado e profícuo.

Na mesma sessão.

Geoffroy de Saint-Hilaire improvisa uma resposta, na qual exprime ainda mais categoricamente sua crença.

Sessão de 1º de março.

Geoffroy de Saint-Hilaire lê um artigo que aponta para a mesma direção daquele, e no qual apresenta a teoria das analogias como uma contribuição nova e extremamente útil.

Sessão de 22 de março.

Ele mesmo tenta realizar uma aplicação produtiva da teoria das analogias no estudo da organização dos peixes.

---

6 "Unidade de composição orgânica".

Na mesma sessão.

O barão de Cuvier procura enfraquecer seu adversário referindo-se ao osso hioide, que entrara em discussão.

Sessão de 29 de março.

Geoffroy de Saint-Hilaire defende suas opiniões acerca do osso hioide e acrescenta algumas considerações finais.

Em seu número de 5 de março, a revista *Le Temps* disponibiliza um dossiê favorável a Geoffroy Saint-Hilaire com o título "Acerca da doutrina das semelhanças filosóficas entre os seres".[7] *Le National* fez o mesmo em seu número de 22 de março.

Geoffroy de Saint-Hilaire decide levar o debate para fora do círculo da Academia e publica um resumo do que havia ocorrido até então, redigindo para ele o prólogo: "Sobre a teoria das analogias", datado de 15 de abril.

Nesse prólogo, ele apresenta suas convicções de forma bastante clara, atendendo oportunamente ao nosso desejo de ver o assunto exposto da maneira mais acessível possível. Afirma também, em um apêndice (p.27), a necessidade de se debater os assuntos por meio de textos impressos, uma vez que, nas discussões orais, a distinção entre o correto e o incorreto costuma se perder.

Nutrindo forte simpatia pelos estrangeiros, menciona, com satisfação, as contribuições dos alemães e escoceses para o domínio da história natural. Declara-se seu aliado, e afirma que dessa união o universo científico haveria de esperar grandes benefícios.

Antes de tudo, convém aqui apresentarmos algumas observações variadas, feitas à nossa maneira, isto é, partindo do universal para o particular, a fim de podermos extrair desse empreendimento o máximo proveito.

Na história do conhecimento, assim como na história das nações, há diversos exemplos de acontecimentos particulares, ou mesmo casuais e insignificantes, que levaram à oposição manifesta de partidos distintos até então desconhecidos. O caso aqui é o mesmo, mas ele possui uma infeliz particularidade: a de que a ocasião que suscitou a controvérsia é de natureza

7 "Auf die Lehre der philosophischen Übereinstimmung der Wesen bezüglich".

muito especial, e ameaça conduzir a questão a uma confusão sem limites; além de que os temas abordados, por si mesmos, não despertam interesse, e tampouco podem ser esclarecidos para a maior parte do público. Por esse motivo, seria mais estimável reconduzir a disputa a seus primeiros elementos.

Como todos os acontecimentos importantes entre os homens devem ser considerados e julgados a partir de um ponto de vista ético, é preciso, então, antes de tudo, atentar para as características individuais e para a personalidade de cada uma das pessoas envolvidas. Assim, devemos primeiramente nos familiarizar com a biografia de ambos os homens, ainda que apenas de modo geral.

Geoffroy de Saint-Hilaire, nascido em 1772, foi nomeado professor de Zoologia no ano de 1793, quando o Jardim do Rei se tornou uma escola de ensino pública. Pouco tempo depois, Cuvier também foi chamado para essa instituição. Trabalharam juntos em recíproca confiança, tal como é comum entre os jovens bem-intencionados e inconscientes de suas diferenças íntimas.

No ano de 1798, Geoffroy de Saint-Hilaire juntou-se à imensa e problemática expedição napoleônica ao Egito, o que em certa medida o afastou das funções do ensino. Porém, sua tendência inata de proceder do universal para o particular consolidou-se ainda mais nesse período e, após seu retorno, tendo participado da elaboração da grande obra sobre o Egito,[8] encontrou a ocasião desejada para empregar seu método.

Provou-se novamente a confiança que suas ideias e seu caráter haviam conquistado quando, em 1810, o governo o enviou a Portugal para "organizar os estudos", tal como se diz. Ao retornar dessa breve missão, enriqueceu o museu de Paris com significativas contribuições.

Por sua incansável dedicação à disciplina de sua especialidade, passou a ser visto pela nação como um homem honrado e, no ano de 1815, foi eleito

8 A "grande obra sobre o Egito" intitula-se *Description de l'Égypte: Recueil des observations et des recherches qui ont été faites en Égypte pendant l'expédition de l'armée française* (Descrição do Egito. Coletânea das observações e pesquisas que foram feitas no Egito durante a expedição do exército francês), e foi publicada entre 1809 e 1813. Trata-se de uma série de publicações contendo relatos e descrições do país africano elaborados por cerca de 160 pesquisadores civis que participaram da expedição napoleônica.

deputado. No entanto, jamais subiu à tribuna; não era este o palco em que deveria brilhar.

Em uma obra publicada em 1818, Saint-Hilaire finalmente apresenta com clareza os princípios que o orientam em sua investigação da natureza, elucidando a ideia principal: "A organização dos animais está subordinada a um plano geral que de uma para a outra se modifica apenas aqui ou ali, o que nos permite derivar as diferenças entre eles".

Tratemos agora de seu adversário.

Georg Leopold Cuvier nasceu em 1769, em Montbéliard, que, à época, ainda pertencia a Württenberg. Por esse motivo, adquiriu conhecimentos precisos da língua e da literatura alemãs. Sua convicta inclinação para a história natural aproximou-o do admirável Kielmeyer;[9] e, mais tarde, os dois seguiram se relacionando à distância. Lembro-me de ter visto, no ano de 1797, as cartas que Cuvier havia enviado ao naturalista, entre as quais se encontravam magistrais ilustrações anatômicas de seres vivos inferiores por ele examinados.

Em sua temporada na Normandia, estudou a classe dos vermes designada por Lineu e, tendo se tornado conhecido pelos naturalistas parisienses, foi chamado à capital por Geoffroy Saint-Hilaire. Juntos, editaram diversas obras para fins didáticos, buscando sobretudo estabelecer uma ordem para os mamíferos.

As qualidades desse homem certamente não passaram despercebidas, de modo que, em 1795, foi contratado pela Escola Central de Paris[10] e admitido como membro da 1ª classe do Instituto. Em 1798, por exigência dessa escola, publicou o *Tableau élémentaire de l'histoire naturelle des animaux.*[11]

Assumiu o cargo de professor de Anatomia Comparada, e conquistou a mais clara e ampla perspectiva acerca da história natural graças à sua

9 Karl Friedrich Kielmeyer (1765-1844), influente anatomista alemão.

10 As Escolas Centrais (Écoles Centrales) eram estabelecimentos de ensino público fundadas em 1795, durante a Revolução Francesa, em substituição às escolas de arte das antigas universidades. Começaram a ser abolidas em 1802. Cuvier lecionou na École Normale du Panthéon, aberta em 1795 e substituída em 1804 pelo Lycée Napoléon.

11 Georges Cuvier, *Tableau élémentaire de l'histoire naturelle des animaux* [Quadro elementar da história natural dos animais]. Paris: Baudouin, 1798.

sagacidade, e a mais sonora e universal aprovação por meio de suas lições, tão claras e elucidativas. Após a morte de Daubenton,[12] substitui-o no Collège de France e, tendo Napoleão reconhecido seu valor, entrou para o Departamento de Ensino Público. Como membro deste último, viajou pela Holanda e pela Alemanha, bem como pelas províncias à época incorporadas ao império, a fim de estudar suas escolas e instituições de ensino. Ainda não tive acesso a seu relatório; mas soube provisoriamente que ele não deixou de afirmar a superioridade das escolas alemãs em relação às francesas.

A partir de 1813, foi convocado para assumir elevadas funções públicas, nas quais se firmou após o regresso dos Bourbon; até hoje, segue ativo tanto nas ciências quanto na vida pública.

Seus trabalhos vastíssimos abarcam todo o reino animal, e suas exposições também contribuem para o conhecimento dos objetos na medida em que servem como modelo de como devem ser abordados. Além de ter se empenhado em investigar e ordenar o infinito reino dos organismos vivos, foi também o responsável por ressuscitar cientificamente espécies já há muito tempo extintas.

Seus necrológios[13] dos falecidos membros do Instituto demonstram uma capacidade de analisar profundamente o caráter das pessoas e um acurado conhecimento do universo humano em geral; ao mesmo tempo, revela-se também aqui sua ampla visão das mais diversas regiões do saber científico.

Perdoem-me as imprecisões desse esboço biográfico; a intenção não era a de instruir os interessados, ou de apresentar-lhes algo novo, mas apenas a de lembrá-los daquilo que provavelmente já sabem há muito tempo acerca desses homens ilustres.

Agora, porém, convém perguntar: por qual motivo, ou qual interesse teriam os alemães em conhecer mais de perto essa disputa? Talvez para tomar partido de um ou outro lado? Pode-se de fato afirmar que toda questão científica, seja onde for que se tenha começado a discuti-la, interessa a todas as nações civilizadas, de modo que o universo científico pode ser

---

12 Cf. nota 4, p.277.

13 Esses necrológios se encontram nos Memoriais da Academia de Ciências da França (*Mémoires de l'Académie des Sciences*).

visto como um corpo único. Sendo assim, trata-se aqui de mostrar que, desta vez, sentimo-nos particularmente convocados ao debate.

Geoffroy Saint-Hilaire menciona vários alemães que compartilhavam de suas ideias; o barão de Cuvier, ao contrário, parece ter formado para si os conceitos mais desfavoráveis de nossos esforços nesse campo. Ele o exprime em uma nota do dia 5 de abril: "Bem sei que, para certos espíritos, por trás dessa teoria das analogias, esconde-se, ainda que confusamente, uma outra teoria muito antiga, a qual, embora já há muito rejeitada, foi redescoberta por alguns alemães para promover o panteísmo, por eles denominado *Naturphilosophie*". Comentar cada palavra dessa declaração, elucidar seu sentido e expor claramente a pura inocência dos naturalistas alemães exigiria provavelmente um volume *in-octavo*. Na sequência, tentaremos alcançar nosso objetivo pela via mais curta possível.

Sem dúvida, a posição de um naturalista como Geoffroy Saint-Hilaire é tal que provavelmente lhe trará prazer instruir-se em alguma medida a respeito das contribuições dos pesquisadores alemães e convencer-se de que eles possuem concepções semelhantes às suas e se empenham pelos mesmos caminhos, assim como de que poderá esperar da parte deles uma refletida aceitação e, se necessário, suficiente apoio. Pois, sobretudo nos últimos tempos, nossos vizinhos do Ocidente jamais tiveram qualquer prejuízo por terem extraído alguns conhecimentos das pesquisas e das iniciativas alemãs.

Os naturalistas alemães mencionados nessa ocasião são: Kielmayer, Meckel, Ocken, Spix, Tiedemann;[14] além deles, reconhece-se já há trinta anos a minha própria participação nesses estudos. Em verdade, posso afirmar que já há mais de cinquenta me encontro envolvido em tais investigações com autêntica dedicação. Quase ninguém, além de mim, se lembra de minhas primeiras investidas; permitam-me, então, falar desses trabalhos in-

14 Johann Friedrich Meckel (1781-1833) foi um médico e anatomista alemão, professor de Anatomia, Patologia e Zoologia da Universidade de Halle; Lorenz Ocken (1779-1851), naturalista, fisiólogo, biólogo e anatomista alemão; Johann Baptist Spix (1781-1826), naturalista alemão que acompanhou Von Martius em sua viagem pelo Brasil; Friedrich Tiedemann (1781-1861), fisiólogo e anatomista alemão.

gênuos da juventude, que talvez possam lançar alguma luz sobre as disputas do presente.

"*Eu não ensino; eu relato*". (Montaigne, *Essais*)[15]

(Segunda parte)

"*Eu não ensino; eu relato..*" Com essas palavras encerrei a primeira parte de minhas considerações sobre a referida obra. Agora, a fim de determinar mais precisamente o ponto de vista a partir do qual eu mesmo gostaria de ser julgado, considero oportuno apresentar as palavras de um francês que exprimem sucintamente, e da melhor maneira possível, o modo como procuro me fazer entender:

> Há certos homens espirituosos que possuem uma maneira própria de expor as ideias. Começam falando sobre si mesmos, e apenas com dificuldade desapegam-se de sua personalidade. Antes mesmo de terem apresentado os resultados de sua reflexão, sentem a necessidade de contar como e quando chegaram a tais considerações.

Nesse sentido, permitam-me então abordar, ainda que apenas de maneira geral e sem qualquer pretensão, a história das ciências às quais me dediquei ao longo de tantos anos em sincronia com a minha própria vida.

Convém mencionar que, desde cedo, os acontecimentos referentes à história natural exerceram sobre mim uma influência vaga, porém profunda. Em 1749, no ano de meu nascimento, o conde de Buffon publicou a primeira parte de sua *História Natural*, a qual obteve grande repercussão entre os alemães, à época muito abertos às influências francesas. Os volumes continuaram a ser publicados ano após ano, de modo que pude acompanhar, à medida que crescia, o interesse que suscitavam em um determinado cír-

15 Michel de Montaigne, *Les Essais*. Lv.III. Paris: Garnier Frères, 1865-1866, cap.2: "Sur le Repentir: "*Je n'enseigne point, je raconte*".

culo de pessoas instruídas, sem que eu soubesse nada além do nome desse homem importante e de seus eminentes contemporâneos.

O conde de Buffon nasceu em 1707. Esse homem notável possuía uma visão ampla, livre e lúcida, amava viver e se regozijava diante de toda natureza viva. Com alegria, interessava-se por tudo o que existe. *Bon-vivant*, homem do mundo, desejava tornar o ensino prazeroso e a instrução cativante. Seus textos são mais ilustrações que descrições; ele apresenta a criatura em sua totalidade, sobretudo ao tratar do ser humano, razão pela qual fala dos animais domésticos logo na sequência. Apoderava-se de tudo o que era conhecido, e sabia não apenas aproveitar o trabalho dos naturalistas, como também servir-se dos relatos dos viajantes. Em Paris, o grande centro das ciências, ocupou o cargo de intendente do já importante gabinete real.[16] Era favorecido em sua aparência e abastado; além disso, elevou-se à dignidade de conde, e sempre se dirigiu a seus leitores de forma tão elegante quanto encantadora.

A partir dessa elevada posição, foi capaz de extrair as perspectivas mais abrangentes dos menores detalhes; e quando escreve, à página 544 do segundo volume: "Os braços dos seres humanos não se assemelham em nada nem às patas dianteiras dos animais, nem às asas das aves", está a falar como o vulgo, que aceita os objetos tal como lhe são dados e os observa da maneira mais natural. Mas, em seu íntimo, as ideias vão mais além, razão pela qual ele afirma, à página 379 do quarto volume: "Há um esboço geral e original, que pode ser perseguido ao longe". Com isso, ele estabeleceu para todo o sempre a máxima fundamental da história natural comparada.

Perdoem-me as palavras superficiais, apressadas, ou mesmo irreverentes com as quais apresento esse homem tão digno; mas basta nos convencermos de que, não obstante as infinitas particularidades às quais se entregava,

---

16 Em 1739, Buffon foi nomeado intendente do Jardim do Rei, de Paris, que atualmente hospeda o Museu de História Natural da cidade. Ao assumir o cargo, Buffon recebeu a tarefa de elaborar um catálogo da grande coleção de espécimes contida no gabinete de história natural da instituição. Sua dedicação ao gabinete, porém, extrapolou em grande medida essa função, tendo consistido num vastíssimo empreendimento científico que resultou na elaboração de sua monumental *História Natural, geral e particular*, op. cit.

jamais deixava de admitir as perspectivas mais amplas. Decerto, quando percorremos sua obra, vemos que ele tinha consciência de todos os principais problemas de que se ocupa a história natural, empenhando-se seriamente em solucioná-los, embora nem sempre com sucesso. Isso não prejudica minimamente o respeito que sentimos por ele, pois se observa com frequência que nós, que viemos mais tarde, comemoramos cedo demais a vitória, como se já tivéssemos solucionado totalmente muitas das questões lançadas. Ainda assim devemos admitir que ele não despreza o recurso à imaginação sempre que deseja alcançar um ponto de vista mais elevado; razão pela qual, sem dúvida, recebeu maior aprovação por toda parte, embora, em certa medida, isso o tenha afastado do verdadeiro elemento que constitui a ciência e conduzido os assuntos abordados aos campos da retórica e da dialética.

Sejamos mais claros em relação a esses pontos tão importantes.

O conde de Buffon foi contratado como intendente do Jardim do Rei, de Paris, onde deveria estabelecer as bases para o aperfeiçoamento das pesquisas em história natural. Tendendo sempre para a apreensão do todo, dedicou-se à investigação dos seres naturais desde que fossem vivos, atuassem uns sobre os outros e se relacionassem especialmente com os seres humanos.

Como necessitava de ajuda para investigar os detalhes, convocou Daubenton, seu conterrâneo, para trabalhar consigo.

Daubenton abordava as questões a partir do lado oposto. Foi um sagaz anatomista, essa disciplina lhe deve muito; mas ele se prendia tanto ao particular que era incapaz de associar até mesmo as coisas mais semelhantes entre si.

Infelizmente, essas duas maneiras de proceder tão distintas ocasionou, também entre os dois homens, uma separação jamais superada. De acordo com o que provavelmente decidiram juntos, Daubentou deixou de participar da *História Natural* de Buffon no ano de 1768 e seguiu trabalhando intensamente sozinho; e, depois que Buffon faleceu em idade já avançada, Daubenton, também idoso, assumiu seu posto e atraiu para junto de si, como colaborador, o jovem Geoffroy de Saint-Hilaire. Este, por sua vez, buscava um colega, e o encontrou em Cuvier. É bastante curioso que esses dois homens, ambos tão dignos, tenham desenvolvido em silêncio aquela mesma diferença, agora levada a um outro patamar. Cuvier detém-se convictamente, e de maneira sistematicamente ordenada, ao particular; pois uma visão ampla o conduziria necessariamente a um método de organização do conjunto. Geoffroy, por sua vez, procura imergir no todo: mas não no das coisas existentes, formadas e desenvolvidas, como faz Buffon, mas daquelas que estão em vias de ser, de existir e se desenvolver. Assim, nutria-se em segredo aquele mesmo conflito, permanecendo oculto por mais tempo que o antigo, pois, à medida que passavam os anos, sua nobre educação para o convívio social, determinadas conveniências e um cuidado recíproco adiavam a ruptura; até que, finalmente, uma ínfima circunstância revelou o secreto conflito por meio de uma violenta explosão, tal como se os dois polos de eletricidade artificialmente separados, um na parte de dentro e outro na parte de fora da garrafa de Leiden, tivessem entrado em contato.[17]

Mas, se convém ainda sermos um pouco repetitivos, sigamos em frente com as considerações acerca daqueles quatro homens, cujos nomes são tão frequentemente citados na história natural, e sempre o serão; pois, apesar de tudo, foram eles que fundaram e difundiram a história natural francesa, lançando luz sobre seu caminho e formando seu núcleo, a partir do qual muitas coisas desejáveis vieram à tona. Liderando a importante instituição já há quase cem anos, souberam ampliá-la, aproveitá-la e promover a história natural de todas as maneiras possíveis, representando os métodos sintético e analítico nas ciências. Buffon considerava o mundo exterior tal como o via, isto é, como um todo coeso e estabelecido em meio à diversidade, e cujas partes se influenciam reciprocamente. Daubenton, enquanto anatomista, mantinha-se predisposto a separar e isolar, sempre hesitando em associar com outra coisa aquilo que descobria. Ele dispõe cuidadosamente as coisas umas ao lado das outras, medindo e descrevendo cada uma delas.

Nesse mesmo sentido, embora com mais liberdade e prudência, trabalha Cuvier. Possui o dom de observar, diferenciar, comparar entre si, dispor e ordenar infinitas particularidades, obtendo com isso grandes méritos.

---

17 A garrafa de Leiden é uma versão primitiva dos capacitadores modernos. Foi inventada praticamente ao mesmo tempo, nos anos de 1745 e 1746, por dois cientistas: o alemão Ewald von Kleist (1700-1748) e e o holandês P. van Musschenbroek.

No entanto, também ele demonstrava uma certa apreensão em relação a um método mais abrangente, de que ele mesmo não precisava, porém empregava, ainda que inconscientemente. Assim, ele apresenta as qualidades de Daubenton em um sentido mais elevado. Do mesmo modo, pode-se dizer que Geoffroy, em alguma medida, nos faz lembrar de Buffon; pois este último, ao mesmo tempo que reconhece a grande síntese do mundo empírico e a assimila por completo, também apresenta e utiliza todas as características pelas quais os seres se diferenciam. Geoffroy, por seu turno, se interessa imediatamente pela grande e abstrata unidade apenas entrevista pelo outro, sem se assustar diante dela e sabendo tirar proveito daquilo que dela deriva à medida que a apreende.

Talvez não se repita, na história do saber e da ciência, o caso em que, ao longo de tanto tempo, no mesmo lugar, na mesma posição, lidando com os mesmos objetos, assumindo o mesmo dever e o mesmo ofício, homens tão eminentes tenham promovido uma ciência em constante antagonismo. Em vez de buscarem um arranjo colaborativo por meio da unidade da tarefa a que se dedicavam, ainda que o fizessem a partir de diferentes pontos de vista, entraram num conflito tão arrebatado um contra o outro que foram levados a uma hostilidade recíproca, não devido ao objeto, mas à maneira de vê-lo. Um caso tão notável, porém, deverá resultar num bem maior para todos, inclusive para a própria ciência! Que cada um de nós afirme, diante dessa ocasião, que *isolar* e *reunir* são atos inseparáveis para nós. Ou, melhor dizendo: querendo-se ou não, é tão imprescindível partir do geral para o particular quanto do particular para o geral; e, quanto mais vivamente essas funções do espírito cooperarem, tal como o expirar e o inspirar, mais fértil será o campo para as ciências e aqueles que a elas se dedicam.

Deixemos de lado esse ponto e retornemos ao momento em que falávamos daqueles homens que, nas décadas de 1770 e 1780, abriram o caminho que agora trilhamos.

Petrus Camper, um homem cujo espírito de observação e associação era muito particular, conciliava a contemplação atenta com um afortunado dom de copiar os objetos da experiência; assim, por meio dessa reprodução, conseguia reavivá-los dentro de si e apurar sua reflexão.

Seus grandes méritos são universalmente reconhecidos; menciono, aqui, apenas sua ideia da linha facial, segundo a qual o caráter proeminente da fronte, sede do órgão espiritual, sobressaía-se em relação à conformação inferior mais característica dos animais e se mostrava mais apropriada para o pensamento.[18]

Geoffroy dedica-lhe esse magnífico testemunho (p.149, nota): "Seu espírito era muito abrangente, extremamente cultivado e constantemente imerso em reflexões; possuía um sentimento tão vivo e profundo da harmonia entre os sistemas orgânicos que preferia investigar os casos extraordinários – nos quais encontrava uma ocasião para ocupar-se de problemas e um ensejo para exercitar sua perspicácia – a fim de reconduzir à regra as assim chamadas anomalias". E quantas outras coisas não poderíamos ainda acrescentar se aqui nos fosse permitido oferecer mais que um breve delineamento.

Caiba agora a seguinte observação: é por esse caminho que o naturalista aprende a conhecer, primeiramente e da maneira mais fácil, o valor e a legitimidade das leis e das regras. Se apenas olharmos para aquilo que é regular, pensaremos que as coisas devem ser sempre assim, que assim teriam sido determinadas desde sempre e estariam, portanto, estagnadas. Mas se olharmos para os desvios, as deformações e as monstruosidades, aprendemos que a regra é, de fato, firme e eterna, mas ao mesmo tempo viva, e que os seres podem se transformar até o informe mantendo-se dentro, e não fora, dos limites daquela, e reconhecendo a todo momento o inevitável domínio da lei, que os detém com suas rédeas.

Samuel Thomas von Sömmerring[19] foi influenciado por Camper. Seu espírito era extremamente hábil, vivo e desperto para a contemplação, a observação e o pensamento. Sua pesquisa sobre o cérebro, que o levou a afirmar, de maneira muito pertinente, que o ser humano se diferencia dos animais

---

18 Petrus Camper (1722-1789) foi um naturalista e artista holandês. Em seus estudos de craniologia, desenvolveu a famosa teoria do ângulo facial da espécie humana.

19 Samuel Thomas Sömmerring (1755-1830) foi um médico e anatomista alemão. Estabeleceu uma classificação dos nervos cranianos empregada até hoje e descobriu a mácula lútea na retina.

sobretudo porque a massa de seu cérebro supera em grau muito elevado a do complexo dos nervos restantes, algo que não ocorre nos primeiros, foi extremamente bem-sucedida.

E quanto interesse não suscitou, naquela época tão receptiva, a descoberta da mancha amarela no centro da retina?[20] Por conseguinte, quanto de nossos conhecimentos dos órgãos dos sentidos, do olho, do ouvido, não devemos à sua capacidade de observar e à sua mão hábil nas reproduções ilustrativas?

A convivência com ele, e mesmo a correspondência por meio de cartas, eram algo absolutamente inspirador e encorajador. Cada fato novo, cada ideia fresca e cada ponderação profunda era sempre compartilhada por ele, e não deixava de surtir algum efeito. Tudo aquilo que nele despontava desenvolvia-se com rapidez; e, em seu frescor juvenil, não pressentia os obstáculos que se lhe opunham pelo caminho.

Johann Heinrich Merck,[21] contratado como tesoureiro de guerra em Hesse-Darmstadt, merece de toda forma ser mencionado aqui. Foi um homem de uma atividade espiritual incansável, jamais foi condecorado por qualquer feito importante, uma vez que, por ser um talentoso diletante, foi atraído e conduzido para todos os lados. Também ele se dedicou à anatomia comparada com vivacidade; e, nesse campo, muito lhe auxiliou seu talento para o desenho, que sabia exprimir com leveza e determinação.

Verdadeiro pretexto para exibi-lo foi proporcionado pelos fósseis notáveis desenterrados nas várias e repetidas escavações da região fluvial do Reno que, naquele momento, recebiam pela primeira vez a atenção dos cientistas. Com ambiciosa paixão, apossou-se de muitos exemplares de primeira qualidade, cuja coleção foi adquirida e organizada pelo museu do grão-duque de Hesse-Darmstadt. Lá, foi também cuidadosamente conservada e ampliada pelo judicioso curador do museu, Ernst Schleiermacher.[22]

20 A mácula lútea, responsável por tornar nossa visão dos objetos mais nítida e bem definida.

21 Johann Heinrich Merck (1741-1791), escritor e naturalista alemão.

22 Ernst Christian Friedrich Adam Schleiermacher (1755-1844), naturalista e diretor de museu alemão.

Minhas íntimas relações com ambos os homens se deram, inicialmente, por contato pessoal; depois, intensificaram-se por meio de correspondências contínuas, que alimentavam minha inclinação por esses estudos. Em conformidade com minha disposição inata, procurei, antes de tudo, um fio condutor, ou, como também se pode dizer, um ponto de partida, uma máxima à qual me segurar, ou um círculo do qual não me pudesse desviar.

Embora haja, nos dias de hoje, divergências notáveis no interior de nosso campo de pesquisa, é natural que elas tenham sido mais numerosas e frequentes naquela época, pois cada pesquisador, partindo de seu ponto de vista, procurava empregar todas as forças para alcançar seus próprios objetivos.

Na anatomia comparada, tomada em seu sentido mais amplo (segundo o qual ela deveria fundamentar a morfologia), tanto as diferenças quanto as semelhanças eram investigadas. Entretanto, logo notei que muitos esforços haviam sido feitos até aquele momento apenas para ampliá-la, porém não para estabelecer um método. Comparava-se um animal com outro, um animal com outros animais e os animais com os homens, considerando-se cada ser tal como ele aparece para nós. Uma vez que tais comparações ora eram pertinentes, ora descabidas, resultava disso uma divagação sem limites e uma entorpecente confusão.

Nesse momento, deixei os livros de lado e passei a lidar diretamente com a natureza, isto é, com um esqueleto animal bastante palpável. O quadrúpede apresenta sua posição mais característica quando está de pé, sobre as quatro patas; assim, comecei a investigá-lo da frente para trás, seguindo a ordem das partes.

O osso intermaxilar foi o que primeiro me chamou a atenção; assim, decidi estudá-lo em meio às diversas espécies animais.

Antes, porém, esse estudo havia suscitado considerações muito distintas. As afinidades entre o macaco e o homem forçaram os naturalistas a penosas reflexões, e o ilustre Camper acreditou que a diferença entre o macaco e o homem residia precisamente no fato de que o osso intermaxilar estaria presente no primeiro e ausente no segundo.

Não posso exprimir quão dolorosa me foi a sensação de estar em declarada oposição em relação àquele a quem tanto devia e de quem desejava me aproximar, esperando com ele tudo aprender e me declarar seu discípulo.

Quem tiver a intenção de recuperar meus trabalhos daquela época encontrará, no primeiro volume do material escrito, aquele que dediquei à morfologia, acompanhado das tentativas de ilustrar os diversos desvios da forma daquele osso (que constituem a parte mais importante). Eles podem agora ser vistos nos autos da Academia Imperial Leopoldina, nos quais não apenas o texto foi reimpresso como também as pranchas que o acompanhavam e permaneceram ocultas por tantos anos foram-lhe generosamente acrescentadas. Ambos se encontram na primeira seção do 15º volume.

Antes de abrir esse volume, porém, tenho ainda algumas coisas a relatar, pontuar e admitir, que, embora não sejam de grande importância, talvez possam ser úteis aos nossos empenhados sucessores.

Tanto o jovem no frescor da idade como o homem já formado, tão logo são acometidos por uma ideia pregnante e consistente, desejam comunicá-la aos outros e fazê-los pensar de uma maneira semelhante.

Por esse motivo, não notei o equívoco que cometi ao enviar a Camper, com irrefletida boa vontade, meu ensaio, que também se encontra traduzido para o latim, acompanhado de ilustrações ora apenas esboçadas, ora mais bem-acabadas. Dele recebi uma resposta longa e amistosa, elogiando-me muito por dar atenção a tais objetos. Não desaprovou os desenhos; porém, a respeito de como extrair melhor da natureza tais objetos, ofereceu-me bons conselhos, e sugeriu-me atentar para alguns pontos que poderiam ser úteis. Pareceu, inclusive, um tanto admirado com meu empenho; perguntou se eu gostaria de publicar o caderno e apontou detalhadamente as dificuldades próprias das gravuras em cobre, bem como os meios de superá-las. Em suma, o interesse que demonstrou foi como o de um pai, ou um protetor.

Não houve aí o menor indício de que ele tivesse notado minha intenção de combater sua opinião e propor um programa inteiramente diverso. Respondi-lhe com modéstia, e recebi ainda algumas outras generosas cartas, que, bem examinadas, continham apenas materiais que não se relacionavam de modo algum com meus propósitos. Por fim, visto que essa incipiente relação não levaria a lugar algum, abandonei-a aos poucos, sem, contudo, extrair disso – tal como deveria – a notável experiência de não ser capaz de convencer um mestre de seu erro pelo fato de já ter ele conquistado sua maestria e, por meio dela, sua autoridade.

Infelizmente, perderam-se, junto com vários outros documentos, as cartas que evocariam vivamente a grande competência daquele homem distinto e, ao mesmo tempo, minha devota e juvenil deferência com relação a ele.

Mas sucedeu-me ainda um outro infortúnio: um homem extraordinário, chamado Johann Friedrich Blumenbach, que se dedicava com êxito à ciência natural e havia começado a voltar seus estudos principalmente para o domínio da anatomia comparada, assumiu o mesmo lado de Camper em seu compêndio,[23] negando ao homem o osso intermaxilar. Com isso, meu constrangimento alcançou o grau máximo, uma vez que um professor digno de confiança eliminava minhas convicções e meus planos em um livro tão estimável.

Mas um homem tão perspicaz, constantemente dedicado à pesquisa e à reflexão, não poderia prender-se para sempre em opiniões preconcebidas. Tivemos uma relação próxima e, no que diz respeito a esse assunto, bem como a muitos outros, devo-lhe uma generosa instrução: foi ele quem me informou que, nas crianças hidrocéfalas, o osso intermaxilar encontra-se separado do maxilar superior, e, na dupla fenda palatina,[24] manifesta-se patologicamente isolado.

Posso agora evocar aqueles trabalhos que haviam sido rejeitados sob protestos, e que durante tantos anos repousaram em silêncio, pedindo que lhes deem um pouco de atenção.

Primeiramente, devo reportar-me não apenas às já mencionadas ilustrações, mas principalmente à grande obra osteológica de D'Alton, a fim de obter maior clareza. Isso nos permitirá alcançar uma perspectiva mais ampla, livre e universal.

---

23 Johann F. Blumenbach, *Handbuch der vergleichenden Anatomie* [Manual de anatomia comparada], publicado pela primeira vez em Göttingen: Heinrich Dieterich, 1805. J. F. Blumenbach (1752-1840) foi um importante naturalista alemão, professor da Universidade de Göttingen.

24 Lábio leporino.

Tenho, contudo, razão de pedir ao leitor que considere tudo o que foi dito até aqui, bem como o que ainda se haverá de dizer, como algo relacionado, direta ou indiretamente, com o conflito entre aqueles dois ilustres naturalistas franceses, que permanecem sendo o assunto deste texto.

Em seguida, permito-me ainda pressupor que o leitor possui diante de si as pranchas indicadas e estará disposto a acompanhá-las conosco.

Quando se fala de ilustrações, entende-se que se trata de formas. No presente caso, porém, somos enviados diretamente às funções das partes; pois a forma está relacionada ao conjunto do organismo, ao qual pertence a parte – e, consequentemente, também ao mundo exterior, do qual o ser perfeitamente organizado deve ser visto como uma parte. Isto posto, seguimos adiante com nosso trabalho.

Na primeira prancha, vemos o osso intermaxilar, que identificamos ser aquele situado mais à frente na estrutura do animal, e cuja forma varia muito. Se observarmos mais de perto, notaremos que, por meio dele, o animal apreende os alimentos que lhe são necessários. A forma desse órgão varia em cada animal em função da diversidade de sua alimentação. Na corça, encontramos uma leve arqueadura óssea desprovida de dentes, adequada para arrancar ramos e folhas de grama. No boi, observa-se praticamente a mesma forma, porém mais larga, forte e maciça, conforme a necessidade da criatura. Na terceira figura temos o camelo, no qual se observa uma indefinição quase monstruosa, semelhante à da ovelha, de modo que não se pode distinguir o osso intermaxilar do maxilar superior, e nem mesmo o dente incisivo do canino.

Na segunda prancha, vemos o cavalo, com seu avantajado osso intermaxilar e seis incisivos, cujas pontas estão desgastadas. Aqui, o canino ainda não desenvolvido do indivíduo jovem pertence inteiramente ao maxilar superior.

Na segunda figura da mesma prancha, observa-se o impressionante maxilar superior do *sus barbirussa*, visto de perfil. Vê-se aqui o prodigioso canino perfeitamente inserido no maxilar superior, enquanto seu alvéolo praticamente não encosta no intermaxilar (o qual é semelhante ao do porco e provido de dentes), e tampouco parece exercer sobre ele qualquer influência.

Voltemos nossa atenção para a terceira figura da terceira prancha, onde se vê a arcada dentária de um lobo. Na Figura *b*, o protendido osso intermaxilar, provido de seis firmes e afiados dentes incisivos, distingue-se do maxilar superior muito nitidamente por meio de uma sutura, e, apesar de protendido, nos permite perceber sua proximidade em relação ao canino. Na arcada dentária do leão, mais condensada, mais feroz e provida de dentes mais fortes, essa distinção e essa proximidade são ainda mais nítidas. A arcada do urso polar é potente, porém grosseira e imprestável, além de possuir uma forma descaracterizada, menos apta para capturar que para mastigar. Seus canais naso-palatinos são largos e abertos; não há qualquer sinal daquela sutura, cuja linha podemos, contudo, desenhar em nossa mente.

A morsa (*trichechus rosamarus*), na prancha 4, nos leva a diversas considerações. A grande predominância dos caninos obriga o osso intermaxilar a recuar, conferindo à repugnante criatura uma aparência semelhante à do homem. Na Figura 1, que consiste numa ilustração em pequena escala de um animal já adulto, vê-se claramente o osso intermaxilar isolado; além disso, observa-se como a potente raiz do dente, fixada no maxilar superior, produz uma espécie de saliência na superfície do rosto à medida que cresce continuamente para cima. As figuras 2 e 3 foram desenhadas a partir de um animal jovem de mesmo tamanho. Nesses exemplares, é possível separar inteiramente osso intermaxilar do maxilar superior, uma vez que o canino fica para trás, sem ser perturbado, em seu alvéolo inteiramente inserido no maxilar superior.

De acordo com isso, nos atrevemos a afirmar que a grande presa do elefante também se enraíza no maxilar superior, o que nos leva a pensar que, dada a dimensão da tarefa que lhe compete, o vizinho osso intermaxilar deve contribuir, se não para a formação dos imensos alvéolos, ao menos para torná-los mais fortes, produzindo uma lamela.

Acreditamos ter descoberto tais coisas a partir da cuidadosa investigação de muitos exemplares, ainda que as ilustrações de crânios presentes no 12º volume não nos levem a qualquer definição acerca desse ponto.

Pois aqui o gênio da analogia haverá de estar ao nosso lado, tal como um anjo protetor, para que não menosprezemos uma verdade provada a partir de diversos exemplos por causa de um único caso duvidoso. Haveremos de demonstrar o devido respeito pela lei mesmo quando ela parece se ocultar entre os fenômenos.

Na quinta prancha, encontram-se contrapostos o macaco e o homem. Quanto a este último, observa-se, a partir de um singular espécime, que a cisão e a fusão do mencionado osso são claramente indicadas. Talvez ambas as formas devessem ter sido representadas de maneira mais clara e detalhada, uma ao lado da outra, como objetivo principal de todo o ensaio. No entanto, precisamente no momento mais pregnante, acabei perdendo o interesse por essa disciplina e deixei de me ocupar dela. Devo, portanto, agradecer que uma honrada sociedade de naturalistas tenha dirigido sua atenção para esses fragmentos e desejado conservar a memória de meus sinceros esforços no corpo de seus memoráveis dossiês.

Mas devemos ainda solicitar que o nosso leitor permaneça atento, pois, graças aos trabalhos do próprio senhor Geoffroy, há um outro órgão a ser considerado de maneira semelhante.

A natureza deve ser sempre respeitada, e jamais poderá ser conhecida senão até certo ponto; no entanto, o investigador inteligente saberá sempre tirar dela algum proveito. Ela se nos revela em múltiplas faces, e as coisas que nos oculta, ao menos insinua. Ao observador, assim como ao pensador, oferece diversas possibilidades, e temos razão em não menosprezar qualquer meio pelo qual se faz possível observá-la exteriormente com maior perspicácia e perscrutá-la internamente com maior minúcia. Em função de nossos objetivos, trataremos agora, sem mais delongas, das *funções*.

Compreendida corretamente, a função é a existência pensada em atividade. Assim, incentivados pelo próprio senhor Geoffroy, nos ocuparemos dos braços dos seres humanos e das patas dianteiras dos animais.

Sem a intenção de parecermos eruditos, comecemos com Aristóteles, Hipócrates e Galeno, baseando-nos nos relatos que este último nos deixou. Os gregos, alegres como foram, atribuíam à natureza uma belíssima inteligência. Ela teria arranjado as coisas de maneira tão adorável que o todo seria perfeito. Aos animais fortes concede garras e chifres; aos fracos, membros leves. O homem, porém, no lugar dos chifres e das garras, foi especialmente provido de mãos polivalentes, com as quais conseguiu construir a espada e a lança. Igualmente divertida é a finalidade que atribuem ao fato de o dedo médio ser maior que os restantes.

Para seguirmos adiante da maneira como desejamos, devemos ter diante de nós a grande obra de D'Alton, a fim de extrairmos de sua riqueza as comprovações de nossas observações.

O antebraço do homem, a sua ligação com a mão e as maravilhas que disso resultam é algo universalmente conhecido. Não há nenhuma ação do espírito que não passe por aqui.

Observe-se quão diligentes e hábeis são as garras e unhas dos animais rapaces para capturar o alimento, e como, exceto por um certo impulso lúdico, subordinam-se ao osso intermaxilar e permanecem escravas do órgão da alimentação [*Freßwerkzeug*].

No cavalo, os cinco dedos estão encerrados em um casco. Quando alguma monstruosidade impede que sejamos disso imediatamente convencidos, então recorreremos a uma intuição intelectual. Essa nobre criatura não precisa capturar seu alimento com violência; uma pastagem arejada e não excessivamente úmida favorece sua livre existência, a qual de fato parece adequada ao agradável propósito de vaguear para lá e para cá, movendo-se sem limites. Tal destinação natural o homem sabe bem aproveitar e empregar para seus próprios fins.

Se observarmos atentamente o antebraço em meio às diferentes espécies, veremos que seu grau de perfeição é maior ou menor em função de quão facilmente são executadas a *pronação* e a *supinação*. Diversos animais possuem essa capacidade em maior ou menor grau; mas, uma vez que precisam utilizar as patas dianteiras para permanecer em pé e caminhar, elas geralmente estão em pronação, com o rádio virado para dentro junto com o polegar, ao qual está ele organicamente conectado. Devido à natureza das circunstâncias, esse osso, considerado como o ponto central do referido órgão, acaba sendo o único nessa posição.

Entre aqueles que possuem os antebraços mais flexíveis e as mãos mais hábeis observam-se o esquilo e outros roedores semelhantes. Seu corpo leve, que lhe permite permanecer mais ou menos em posição ereta, bem como seus movimentos saltitantes, impedem que seus pequenos braços se tornem mais robustos. Nada é mais encantador que observar um esquilo a descascar uma pinha; ele lança fora o eixo central, e valeria a pena observar se acaso não abocanha e apreende as sementes tal como se desenvolvem, isto é, numa sequência espiral.

Aqui, convém mencionar os dois incisivos roedores dessa família de animais, inseridos no osso intermaxilar. Eles não se encontram representados em nossas pranchas, mas aparecem nos cadernos de D'Alton em toda sua variedade.

É notável que, devido a uma misteriosa harmonia, a atividade das mãos se aperfeiçoe na mesma medida em que os dentes da frente se tornam mais sofisticados. Pois, enquanto outros animais utilizam esses dentes para capturar o alimento, os roedores o levam habilmente à boca com suas mãos, sendo seus dentes destinados apenas para roer, algo que, de certa forma, se converte numa atividade técnica.

Aqui somos levados pela tentação não exatamente de repetir aquela máxima grega que expusemos antes, mas de modificá-la e desenvolvê-la, afirmando que "os animais são tiranizados por seus membros".[25] Eles de fato os utilizam para prologar e reproduzir sua existência; porém, visto que a atividade correspondente a essa destinação continua a se realizar mesmo quando não há necessidade, os roedores devem, assim, uma vez saciados, começar a destruir. No caso do castor, essa tendência finalmente produz algo análogo a uma arquitetônica racional.

Mas não é dessa maneira que devemos prosseguir, pois assim nos perderemos no infinito. Façamos um breve resumo:

Quanto mais o animal se sente destinado a andar e permanecer em pé, maior será a força do rádio, que subtrai uma parte da massa da ulna, até que, finalmente, ela quase desaparece, restando apenas o olécrano, que realiza a articulação necessária com a parte superior do braço. Percorrendo-se as imagens da obra de D'Alton, é possível observá-lo em pormenor; e, ao final, sempre se consegue entrever, em uma parte ou em outra, a presença viva da função correspondente, que se revela por meio da forma.

25 A máxima a que Goethe se refere não aparece no presente ensaio, mas somente em seus escritos preliminares, e é referida a Anaxágoras. Ela diz: "os animais aprendem com seus órgãos".

Agora, porém, devemos citar os casos em que se observam indícios suficientes do órgão mesmo quando a função deixa de ser exercida. Isso nos permitirá adentrar os mistérios da natureza por outra via.

Tenhamos em mãos a representação das aves brevipenes presente nos cadernos do jovem D'Alton. Nas pranchas 1 a 4, que representam desde o esqueleto do avestruz até o do casuar da Nova Holanda, nota-se que o antebraço se contrai e se simplifica gradualmente.

Por fim, esse órgão, que constitui a característica distintiva tanto do homem quanto do pássaro, às vezes aparece de maneira tão estranhamente reduzida que se poderia tomá-lo por uma deformação acidental. Ainda assim, porém, é necessário distinguir cada membro que o compõe. As analogias dessa forma não devem ser menosprezadas, e tampouco o quanto ela se alonga, onde se insere etc.; pois, ainda que as extremidades diminuam em número, os membros restantes conservam a relação com os órgãos vizinhos.

Geoffroy compreendeu corretamente e exprimiu de maneira decisiva algo muito importante, que deve ser bem observado nas investigações osteológicas dos animais superiores, a saber: todo e qualquer osso particular que pareça oculto pode ser descoberto dentro dos limites de sua *vizinhança*.

Ele também admitiu uma outra grande verdade, diretamente ligada a esse fato: a de que a natureza, sempre econômica, prescreve para si mesma um orçamento, um *budget*, de modo que se permite agir com total arbitrariedade nas questões particulares, sem, contudo, deixar de respeitar perfeitamente a soma global. Assim, quando ela gasta muito de um lado, subtrai de outro, permanecendo em resoluto equilíbrio. Esses dois seguros princípios norteadores, pelos quais já há muito são gratos nossos alemães, são admitidos pelo sr. Geoffroy e sempre o auxiliaram ao longo de sua carreira científica; com eles, o triste recurso às causas finais é deixado de lado.

Já dissemos suficientemente que, se quisermos compreender internamente o labiríntico organismo a partir de sua aparência exterior, não devemos negligenciar nada que nele se manifeste.

A partir do que foi abordado aqui, é evidente que Geoffroy eleva seu pensamento ao plano das ideias. Infelizmente, em diversos pontos, sua língua não lhe proporciona a expressão mais correta; e, como se passa o mesmo com seu adversário, a disputa entre os dois se torna obscura e confusa.

Nossa humilde intenção é a de esclarecê-lo. Pois não queremos descuidar da oportunidade de chamar a atenção para o fato de que, nas exposições em francês, mesmo que se trate de uma disputa entre homens tão ilustres, o uso questionável das palavras oferece a ocasião para equívocos significativos. Acredita-se estar discursando em prosa quando, na verdade, se está falando por meio de metáforas; e cada um emprega as metáforas à sua maneira, atribuindo-lhes significados semelhantes, de modo que a disputa se torna infinita e o enigma insolúvel.

Matériaux: emprega-se essa palavra para designar as partes de um ser orgânico que, juntas, constituem ou um todo, ou uma parte subordinada ao todo. Nesse sentido, o osso intermaxilar, o maxilar superior e o osso palatino são denominados *materiais* dos quais se compõe a abóboda da garganta; do mesmo modo, o osso da parte superior do braço, os dois ossos do antebraço e os vários ossos da mão são considerados materiais que compõem o braço dos seres humanos e a pata dianteira dos animais.

No sentido mais geral, designamos com a palavra *materiais* corpos desconexos, que não se articulam uns com os outros, e cujas relações são estabelecidas por meio de determinações arbitrárias. Vigas, tábuas e estacas são materiais de um certo tipo, com os quais se pode, por exemplo, montar um telhado. Telha, cobre, chumbo e zinco não possuem nada em comum com os primeiros e, no entanto, são necessários, eventualmente, para a cobertura e o acabamento do telhado.

Devemos, portanto, atribuir à palavra francesa *matériaux* um sentido muito mais elevado que o que ela possui. Mas faremos isso de má vontade, porque já prevemos as consequências.

Composition: uma palavra igualmente infeliz, extraída da mecânica, tal como a primeira. Os franceses a introduziram na teoria da arte quando começaram a refletir e a falar sobre o tema. O pintor *compõe* seu quadro, tal como se diz, e o músico foi desde sempre denominado *compositor*. Ora, se ambos merecem ser verdadeiramente chamados de artistas, então eles não compõem[26]

26 Assim como o termo latino *compono*, também o termo alemão *zusammensetzen* pode ser traduzido por "montar", "agregar", "juntar", ou, mais literalmente, "pôr junto". Goethe pretende, aqui, ressaltar o caráter mecânico da ação representada pelo verbo.

suas obras, mas expõem uma imagem que possuem dentro de si, ou uma elevada harmonia, em conformidade com a natureza e com a arte.

Essa expressão rebaixa tanto a natureza quanto a arte. Não há, aqui, uma reunião, ou composição de órgãos já previamente prontos; mas esses órgãos se desenvolvem uns a partir dos outros, alcançando uma existência necessária em seu conjunto. Pode-se falar de função, forma, cor, dimensão, massa, peso, e de outras propriedades, seja como for que as denominemos; tudo é permitido quando se trata de observar e investigar. O ser vivo segue em paz seu caminho, se difunde, hesita, vacila, até por fim alcançar sua perfeição.

Embranchement[27] é, também, uma palavra extraída da carpintaria, e refere--se ao ato de unir as vigas e os caibros. Essa palavra é empregada de modo preciso e legítimo quando designa a divisão de uma via em muitas outras.

Reconhece-se, aqui, tanto nos casos particulares quanto no todo, uma influência daquela época em que a nação estava abandonada ao sensualismo e habituada a servir-se de expressões materialistas, mecanicistas e atomistas. O uso da língua falada transmitida de geração em geração é, de fato, suficiente para os diálogos comuns; porém, tão logo a conversa se eleva ao plano intelectual, converte-se claramente num obstáculo para as elevadas concepções de homens mais distintos.

Mencionemos ainda a palavra *plan*, que é empregada para designar uma determinada ordem preconcebida de que se necessita para a composição dos materiais. No entanto, ela nos conduz imediatamente ao conceito de uma casa ou uma cidade, que, por mais bem concebidas e estruturadas que sejam, não permitem qualquer analogia com um ser orgânico. Mesmo assim, os conceitos de edifícios e ruas são muitas vezes empregados em sentido alegórico. A expressão *unité du plan*[28] também dá ocasião a mal-entendidos e contradições, fazendo que a questão central, de que tudo depende, se dissipe.

A expressão *unité du type*[29] está mais próxima do caminho correto. É por isso que a palavra *type*, uma vez que se saiba empregá-la de maneira contex-

---

27 Ramificação, entroncamento.

28 Plano; unidade do plano.

29 Unidade do tipo.

tualizada, deveria aparecer logo no título do ensaio, de modo a contribuir para a conciliação da disputa.

Recordemos aquilo que o conde de Buffon publicou, já no ano de 1753, no tomo IV, p.379, de sua *História Natural*: ele admite a existência de um *dessin primitif et général – qu'on peut suivre très loin – sur lequel tout semble avoir été conçu.*[30]

---

30 Vale a pena reproduzir a passagem da *História Natural*, de Buffon, à qual Goethe se refere. Ela se encontra no capítulo sobre o asno: "Se, em meio à imensa variedade apresentada por todos os seres animados que povoam o Universo, escolhêssemos um animal, ou, ainda, o corpo do homem, para servir de base para os nossos conhecimentos, e a ele relacionássemos, pela via da comparação, os outros seres organizados, descobriríamos que, embora todos esses seres existam solitariamente, e que todos variem por diferenças gradativas ao infinito, existe ao mesmo tempo um desenho primitivo e geral que se pode seguir de muito longe, e cujas degradações são muito mais lentas do que as das figuras e outras relações aparentes; pois, sem falar dos órgãos da digestão, da circulação e da geração, que pertencem a todos os animais, e sem os quais o animal cessaria de ser animal e não poderia subsistir nem se reproduzir, há, nas próprias partes que mais contribuem para a variedade da forma exterior, uma prodigiosa semelhança que nos evoca necessariamente a ideia de um primeiro desenho, sobre o qual tudo parece ter sido concebido: o corpo do cavalo, por exemplo, que na primeira olhada parece tão diferente do corpo do homem, quando vem a ser comparado a este detalhadamente e parte por parte, ao invés de surpreender pela diferença, espanta mais pela singular e quase completa semelhança nele encontrada. Com efeito, tomai o esqueleto do homem, inclinai os ossos da bacia, encurtai os ossos das coxas, das pernas, e dos braços, alongai os dos pés e das mãos, soldai as falanges, alongai os maxilares encolhendo o osso frontal, e, finalmente, alongai também a espinha dorsal: esse esqueleto deixará de representar os despojos de um homem para ser o esqueleto de um cavalo; pois pode-se facilmente supor que, alongando a espinha dorsal e os maxilares, aumenta-se, ao mesmo tempo, o número de vértebras, costelas e dentes. [...] Julgar-se-á se essa semelhança oculta não é mais esplêndida do que as diferenças aparentes, se essa conformidade constante e esse desenho segue do homem para os quadrúpedes, dos quadrúpedes para os cetáceos, dos cetáceos para os pássaros, dos pássaros para os répteis, dos répteis para os peixes, etc. nos quais as partes essenciais, como o coração, os intestinos, a espinha dorsal, os sentidos etc. estão sempre presentes, e não parecem indicar senão que, ao criar os animais, o Ser supremo não quis empregar mais do que uma ideia e variá-la, ao mesmo tempo, de todas as maneiras possíveis, a fim de que o homem pudesse admirar igualmente a magnificência da execução e a simplicidade do desenho [*dessein*]". Buffon, "O asno", em *História Natural*, op. cit., p.574.

"Que necessidade temos ainda de testemunhas?"[31]

Agora, porém, é o momento de retornar ao conflito do qual partimos e expor suas consequências em ordem cronológica.

Decerto nos lembraremos daquele artigo que Geoffroy publicou na data de 15 de abril de 1830. Logo a seguir, todos os jornais tomaram conhecimento do assunto e posicionam-se contra ou a favor.

No mês de junho, os editores da *Revue Encyclopédique* trouxeram o assunto à baila, pronunciando-se a favor de Geoffroy. Declararam que a questão dizia respeito a toda a Europa, fazendo-se relevante tanto dentro quanto fora dos círculos científicos. Publicaram um ensaio do ilustre autor *in extenso*, que merecia ser universalmente conhecido, pois aí ele se exprime de forma breve e concisa, como era a sua intenção.

O fato de que, em 19 de julho, num momento em que a agitação política já havia alcançado um grau bastante elevado, uma questão teórico-científico como esta, tão afastada dos problemas mais prementes, tenha ocupado e inquietado as almas dessa forma revela a maneira apaixonada com que foi tratada.

Seja como for, por meio dessa controvérsia, fomos levamos a conhecer a dinâmica interna da Academia de Ciências da França; pois a razão pela qual essa divergência interna não se tornou pública antes deve ser a seguinte.

Inicialmente, as reuniões da Academia eram fechadas; somente os membros participavam e debatiam suas experiências e opiniões. Aos poucos, passou-se a permitir amigavelmente a entrada de pessoas que se interessavam pelas ciências, que ali permaneciam como ouvintes. Em seguida, não se pôde mais impedir a entrada de outros que também desejavam participar, de modo que, hoje, o público presente é significativo.

---

31 Mateus, 26,65: "E o Sumo Sacerdote lhe disse: 'Eu te conjuro pelo Deus Vivo que os declares se tu és o Cristo, o Filho de Deus'. Jesus respondeu: 'Tu o disseste. Aliás, eu vos digo que, de ora em diante, vereis o *Filho do Homem sentado à direita do Poder e vindo sobre as nuvens do céu*'. O Sumo Sacerdote então rasgou suas vestes, dizendo: 'Blasfemou! Que necessidade temos ainda de testemunhas? Vede: vós ouvistes neste instante a blasfêmia. Que penas?'. Eles responderam: 'É réu de morte'". *Bíblia de Jerusalém*. São Paulo: Paulus, 2002, p.1753. Também em Marcos, 14,63; e Lucas, 22,7.

Considerando-se cuidadosamente o curso das coisas, percebe-se que, cedo ou tarde, todo debate público, seja ele religioso, político ou científico, transforma-se em algo formal.

Por esse motivo, os acadêmicos franceses abstinham-se de toda controvérsia exaustiva e, ao mesmo tempo, violenta, tal como se faz tradicionalmente na boa sociedade. As conferências não eram debatidas; eram entregues à avaliação das comissões e, depois de emitido seu parecer, apenas um ou outro ensaio recebia a honra de ser inserido nos anais da Academia. É isso que se sabe, de modo geral.

Agora, quanto ao caso de que tratamos aqui, tive notícias de que a disputa deflagrada trará consequências também para esse tradicional costume.

Na reunião da Academia de 19 de julho, ouviram-se ecos dessa divergência, e dois secretários vitalícios, Cuvier e Arago,[32] entraram em conflito.

Até aquele momento, tal como pudemos notar, o costume era o de mencionar somente os itens daquilo que fora apresentado na reunião anterior, deixando de lado todo o restante.

Dessa vez, porém, o outro secretário vitalício, Arago, decidiu-se por uma inesperada exceção, expondo detalhadamente a protestação de Cuvier. Este colocou-se contra essa inovação, afirmando que seria necessário um longo período de tempo para que pudesse prestar queixas das lacunas do resumo apresentado.

Geoffroy de Saint-Hilaire então contestou, citando exemplos de outros institutos nos quais isso ocorria de maneira profícua.

Outros contestaram-no, e, por fim, julgou-se necessário refletir mais longamente sobre o tema.

Em uma reunião de 11 de outubro, Geoffroy leu um artigo sobre a singular forma da parte posterior da cabeça dos crocodilos e teleossauros, no qual censura Cuvier por ter negligenciado a observação dessa parte do organismo. Este último replicou, contra sua vontade, conforme assegura, mas sentindo-se forçado por uma tal repreensão a fazê-lo, a fim de com ela não consentir por meio de seu silêncio. Este é um exemplo notável de como

---

32 François Jean Dominique Arago (1786-1853, Paris): astrônomo, físico e político francês.

pode ser prejudicial que uma controvérsia em torno de ideias elevadas seja discutida em suas miudezas.

Logo a seguir, houve uma reunião, assim comentada pelas palavras do próprio sr. Geoffroy na *Gazeta Médica* de 23 de outubro:

> A *Gazeta Médica*, assim como outros boletins públicos, espalhou a notícia de que a controvérsia iniciada por mim e pelo sr. Cuvier seria retomada na próxima reunião da Academia. Todos se apressaram para comparecer a ela, a fim de ouvir os desenvolvimentos das ideias sobre o osso occipital proclamadas provisoriamente por meu adversário.
>
> O salão estava mais cheio que de costume, e acredita-se que, entre os ouvintes, constavam não somente aqueles inspirados por genuíno interesse, que já frequentavam os meios científicos, mas também curiosos de todos os tipos; e percebiam-se manifestações de um *parterre*[33] ateniense movido por interesses muito diversos.
>
> Tais circunstâncias, como nos comunica o sr. Cuvier, moveram-no a adiar a conferência sobre seu ensaio para outra reunião.
>
> Como havia sido informado de sua intenção inicial, estava pronto para responder; no entanto, fiquei muito satisfeito de ver a coisa solucionar-se dessa maneira. Pois prefiro consignar minhas inferências e conclusões à Academia a meter-me em uma competição científica.
>
> Redigi meu ensaio com a intenção de entregá-lo aos arquivos acadêmicos para que fosse conservado, ainda que contendo certos improvisos, com a condição: *ne varietur.*[34]

Já se passou um ano desde aqueles acontecimentos, e, com base no que foi dito, nos convencemos de que estivemos atentos às consequências dessa tão importante explosão científica mesmo após a grande explosão política. Agora, para que as coisas aqui mencionadas não sejam esquecidas, devemos apenas declarar que, desde então, nas terras de nossos vizinhos, as

33 Público, plateia.

34 "Gazette Médicale: Résumé sur quelques conditions générales des Rochers", *Gazette Médicale*, v.I, n.43, 1830.

pesquisas nesse domínio científico têm sido tratadas com mais liberdade e discernimento.

Entre nossos colaboradores alemães, foram citados os seguintes nomes: Bojanus, Carus, Kielmayer, Mekkel, Ocken, Spix, Tiedemann.[35] Pode-se, assim, pressupor que o mérito desses homens foi reconhecido e aproveitado, e que o método genético, do qual o alemão não consegue livrar-se, tem recebido maior crédito. Dessa forma, certamente nos alegrará a possibilidade de uma colaboração contínua com nossos vizinhos.

* * *

35 Ludwig Heinrich von Bojanus (1776-1827), médico e anatomista alemão; Carl Gustav Carus (1789-1869), médico, pintor e filósofo alemão.

GEOLOGIA

MINERALOGIA

Blocos de granito espalhados ao redor

Podem ser explicados de diferentes maneiras:

1) Como sendo os restos dos rochedos que estavam no mesmo local e, tendo em grande parte se decomposto, deixaram aí seus resíduos mais sólidos.

O mais importante fenômeno de Luisenburg, próximo a Alexandersbad, foi observado e examinado por nós da maneira mais precisa.

Menos notável, embora bastante reveladora: a *Markgrafenstein*, além de outras pedras cuja descoberta será ainda de grande importância.

Semelhantes são os rochedos que permanecem nos desertos do Egito.

No Baixo Egito, na Alexandria, eles desaparecem, devido à decomposição.

2) Como sendo massas que se deslocaram ou foram trazidas de regiões vizinhas.

Nesse caso, não podemos desconsiderar a ação do gelo.

Grandes blocos de gelo teriam trazido granito para o estreito.

Tivemos notícia disso por meio do sr. Von Preen,[1] que faleceu precocemente.

Recomenda-se realizar mais observações.

---

1 August Claus von Preen (1776-1821), camareiro-mor de Baden.

Afluxo mais antigo dessas torrentes e tempestades de gelo que ainda há no Mar Báltico.

É bem possível que as rochas da Heilige Damm[2] tenham caído e sido conduzidas até a Prússia, desobrigando-nos a deduzir que todas teriam vindo do norte.

Disso resulta apenas que a natureza, em todo o Mar Báltico, assim como por toda parte, teria procedido de maneira simples e harmônica em suas formações.

* * *

2 Falésia de detritos glaciais situada na costa do Mar Báltico, em Heiligendamm, a noroeste de Rostock.

Granito (I)
(1784)

Uma vez que pretendemos falar das camadas rochosas tal como aparecem para nós, na ordem em que se encontram sobrepostas e justapostas umas às outras, é natural que comecemos pelo granito.

Pois todas as observações acerca do granito, sendo muitas delas recentes, concordam em afirmar que ele é a rocha mais profunda do solo terrestre, sobre a qual todas as outras rochas repousam, sendo que ele próprio não repousa sobre nenhuma outra. Assim, se ele não constitui todo o cerne da Terra, consiste ao menos no estrato mais profundo que dela conhecemos.

Essa pedra notável diferencia-se das outras pelo fato de não ser simples, mas composta de partes visíveis. À primeira vista, porém, essas partes se mostram apenas dispostas umas ao lado das outras e retendo-se reciprocamente, sem estarem ligadas por meio de um terceiro elemento. Denominamo-las quartzo, feldspato e mica. Às vezes, soma-se a elas ainda uma rocha semelhante à turmalina preta.

Se as observarmos atentamente, não nos parece que tenham existido antes do conjunto, como normalmente se pensa. Elas não parecem ter sido reunidas ou agregadas, mas surgido junto com o todo que constituem. E, embora apenas a mica apareça com frequência em sua cristalização hexagonal e tabular, tirando espaço do quartzo e do feldspato e fazendo que não pudessem assumir as formas que lhe são próprias, vê-se manifestamente que o granito surgiu a partir de uma cristalização viva e muito concentrada em sua origem.

Permitam-nos, aqui, expor algumas conclusões a respeito de seu surgimento e da matéria que lhe deu origem.

O homem, uma vez que só percebe aqueles fenômenos que surgem a partir de uma grande movimentação e potência das forças, tende sempre a crer que a natureza emprega meios violentos para produzir coisas grandes, muito embora ela lhe ensine diariamente algo diverso. Foi assim que os poetas prefiguraram um caos onde reina a desunião, o conflito e a fúria.[1]

Julgou-se que massas imensas do corpo do Sol haviam sido lançadas no infinito, dando origem ao nosso sistema solar.[2]

Meu espírito não possui asas para voar em direção àquela origem primeira. Permaneço, então, sobre o granito, perguntando-lhe se acaso não gostaria de nos dar alguma ideia de como a massa que lhe deu origem se formou.

* * *

1 Alusão às *Metamorfoses*, de Ovídio, I, 5-9.

2 Goethe refere-se, aqui, às *Épocas da natureza*, de Buffon.

Granito (II)
(1785)

Se já nos tempos mais remotos o granito era visto como uma rocha especial, hoje ele o é ainda mais. Os antigos não o conheciam com esse nome. Chamavam-no *syenite*, significando aquilo que provém de *Syene*, um local nas fronteiras da Etiópia. Os volumes imensos dessa pedra inspiraram nos egípcios as ideias de suas imensas obras. Com ela seus reis elaboravam as pirâmides para honrar o Sol, e, por ser toda salpicada de vermelho, recebeu posteriormente o nome que remete a essa coloração.[1] As esfinges, os colossos de Memnon e as monstruosas colunas ainda espantam os viajantes, e até hoje o impotente soberano de Roma mantém erguidos os escombros de um alto obelisco[2] que seus poderosos antepassados trouxeram de outra parte do mundo.

Os modernos atribuíram a essa pedra seu nome atual devido ao aspecto granulado de sua coloração. Em nossa época, ela provavelmente teve de suportar alguns momentos de humilhação antes de alcançar o prestígio que hoje lhe atribuem todos os naturalistas. O imenso volume daquelas pirâmi-

---

1 Goethe provavelmente extraiu essa informação da *Naturalis historia*, de Plínio, o Velho, na qual se lê: "Na região de Syene, na Tebaida, encontramos a *syenite*, antigamente denominada *pyrrhopoecilos*". *Pyrrhopoecilos*, em grego, significa "salpicada de vermelho". Plínio, *Naturalis historia*, v.XXXVI, 13, 63.

2 Trata-se de um obelisco de mármore egípcio branco disposto na frente do Palácio do Quirinal, em Roma. Esse obelisco estava originalmente no Mausoléu de Augusto, e foi levado para o Palácio pelo papa Sisto V, em 1589.

des e a extraordinária diversidade de matizes de seu granulado induziram um naturalista italiano a crer que essas obras consistiam num aglomerado de uma massa líquida elaborado artificialmente pelos egípcios.

Mas essa opinião dissipou-se rapidamente e, a partir das observações dos viajantes mais perspicazes, o verdadeiro valor do granito finalmente se estabeleceu. Cada via trilhada em meio a montanhas desconhecidas confirmava a velha experiência de que as camadas mais altas e mais profundas eram feitas de granito, e de que essa pedra, que agora conhecemos melhor e aprendemos a distinguir das outras, constitui o alicerce de nossa Terra, sobre o qual se formaram todas as mais diversas rochas. Ela repousa inabalável nas entranhas mais íntimas da Terra e ascende em elevadas encostas, sem que seu cume jamais tenha sido alcançado pelas águas que tudo cercam. Isso é quase tudo o que sabemos dessa pedra. Pelo fato de ser misteriosamente composta de elementos que nos são familiares, não se pode derivar sua origem nem do fogo, nem da água. Possui uma variedade extrema no interior da maior simplicidade, e suas combinações se alternam de incontáveis maneiras. A posição e a proporção entre suas partes, bem como sua cor e sua duração, alteram-se de uma rocha para outra, sendo que muitas vezes a massa de uma mesma rocha é diversificada, ainda que, no conjunto, se assemelhem umas às outras. Assim, aquele que conhece o modo como os mistérios da natureza podem encantar uma pessoa não se espantará que eu tenha abandonado o domínio dos estudos que costumava frequentar e me transportado com verdadeira paixão para este outro. Não temo a acusação de que um espírito de contradição me tenha conduzido da observação e descrição do coração humano, daquilo que é mais jovem, diversificado, flexível, inconstante e instável de toda a Criação para o estudo do mais antigo, estável, profundo e inabalável rebento da natureza. Pois haver-se-á de admitir que todas as coisas da natureza se articulam da maneira mais precisa, e um espírito inquiridor não desiste de bom grado de algo alcançável. Assim, visto que muito sofri, e ainda sofro devido às inconstâncias da disposição humana, bem como a seus rápidos movimentos tanto em mim quanto nos outros, peço que me seja concedida a sublime tranquilidade proporcionada pela silenciosa e solitária proximidade em relação à natureza, a qual, grandiosa, está sempre a sussurrar; e que me siga todo aquele que o compreende.

Com tal disposição aproximo-me de vós, que sois os mais antigos e respeitáveis monumentos do tempo. Sentado sobre um elevado e árido cume, e abarcando com a vista um vasto terreno, posso dizer a mim mesmo: aqui, repousas diretamente sobre um solo que se estende até as regiões mais profundas da Terra; nenhum estrato recente, nenhum amontoado de escombros coloca-se entre ti e esse sólido solo do mundo primitivo; não caminhas sobre permanentes sepulturas, como naqueles vales belos e férteis; estes cumes não geraram nem tragaram nenhum ser vivo; eles precedem toda vida, e ultrapassam toda vida. Nesse instante em que as forças de atração e movimento internas da Terra agem sobre mim como que imediatamente, e a influência dos céus paira sobre mim a uma curta distância, estou pronto para uma contemplação mais elevada da natureza; e, como o espírito humano tudo vivifica, também haverá de despertar em mim uma imagem a cuja eminência e superioridade não poderei me opor. Tão solitário – digo a mim mesmo, ao olhar para baixo a partir deste cume inteiramente escalvado, mal podendo enxergar à distância o escasso musgo ao pé da rocha –, tão solitário, digo, haverá de sentir-se aquele que deseja abrir sua alma apenas para os sentimentos mais primitivos e profundos da verdade. Sim, ele poderá dizer a si mesmo: aqui, sobre o mais antigo e eterno altar, erigido diretamente sobre as profundezas da Criação, faço ao Ser de todos os Seres um sacrifício. Sinto a solidez dos primórdios de nossa existência, observo o mundo, seus vales íngremes e agradáveis, seus ervaçais amplos e férteis, e minha alma eleva-se sobre si mesma e todas as coisas, ansiando pelo céu próximo. Mas logo o sol ardente evoca-lhe a sede e a fome, suas necessidades humanas. Ele olha ao redor em busca daqueles vales, sobre os quais sua mente já se lançara; inveja os habitantes daquelas planícies férteis e ricas em fontes, que construíram suas felizes habitações sobre os escombros e as ruínas de equívocos e meras opiniões; espantam a poeira de seus antepassados e satisfazem sossegadamente, em um estreito domínio, as pequenas necessidades de seus dias. Prevenida por essas ideias, a alma perscruta os séculos passados, evocando todas as experiências de cuidadosos observadores e as suposições de espíritos apaixonados. Digo para mim mesmo: este penhasco devia ser mais elevado, íngreme e recortado, pois este cume estava lá durante as antigas cheias, ainda como uma ilha cercada pelo mar; à sua volta, sibilava o espírito que originava as ondas; em seu amplo seio, a partir das ruínas da primitiva rocha, formaram-se as montanhas mais elevadas; e, a partir das ruínas e dos restos daqueles que ali habitavam, formaram-se as montanhas mais tardias e distantes. Primeiramente, assim que começou a nascer o musgo, as movimentações dos moluscos marinhos se tornaram mais raras, a maré baixou, as altas montanhas ficaram verdes, e a vida começou a pipocar por toda parte.

Logo, porém, contrapõem-se a essa vida novos cenários de destruição. Ao longe, elevam-se os furiosos vulcões, parecendo ameaçar o fim do mundo. Todavia, enquanto os habitantes das margens e ilhas distantes são sepultados sob o solo traiçoeiro, aquele alicerce sobre o qual ainda repouso em segurança permanece inabalável. Afasto-me de toda reflexão errante e examino os próprios rochedos, cuja presença enaltece minha alma e lhe traz confiança. Vejo-os entrecortados por intricadas fissuras erguendo-se ora retos, ora inclinados; ora edificando-se uns sobre os outros com precisão, ora como se tivessem sido jogados uns sobre as outros num amontoado informe. Num primeiro instante, quase desejo exclamar: aqui, nada está em seu lugar de origem; tudo é desordem, ruína e destruição. Teremos essa mesma opinião ao retornarmos da contemplação viva dessa rocha para o gabinete de estudos e abrirmos os livros de nossos antepassados. Nestes, diz-se ora que a rocha primitiva teria sido moldada a partir de uma única peça; ora que seria dividida, por meio de fissuras, em bancos e camadas atravessados por uma grande quantidade de veios em todas as direções; ora que essa pedra não teria camadas, mas estaria dividida em massas inteiras, de forma alternada, e sem a menor regularidade. Um outro observador pretende ainda ter encontrado ora camadas firmes, ora uma desordem. Como unificar todas essas concepções contraditórias e encontrar um fio condutor para nos guiar em nossas observações futuras?

No momento, é isso que me proponho a fazer. E, caso eu não seja tão feliz quanto desejo e espero, ao menos meus esforços terão proporcionado uma outra oportunidade para seguir adiante; pois, nas observações, até mesmo os equívocos são úteis, uma vez que nos tornam mais atentos e oferecem a ocasião para nos exercitarmos. Aqui, não seria supérflua a seguinte advertência (mais para os estrangeiros, se esse escrito os alcançar, que para os alemães): é preciso aprender a diferenciar o granito de outras pedras. Os italianos ainda confundem a lava com o granito granular, e os franceses o confundem com o gnaisse, que chamam de granito lamelar, ou granito de segunda ordem. E mesmo nós alemães, que normalmente somos tão minuciosos em relação a essas coisas, há pouco confundíamos arenito, um tipo de pedra que consiste num aglutinado de quartzo e sílex, geralmente encontrado sobre a camada de xisto, e grauvaque do Harz, uma mistura recente de quartzo e partes de xisto, com o granito.

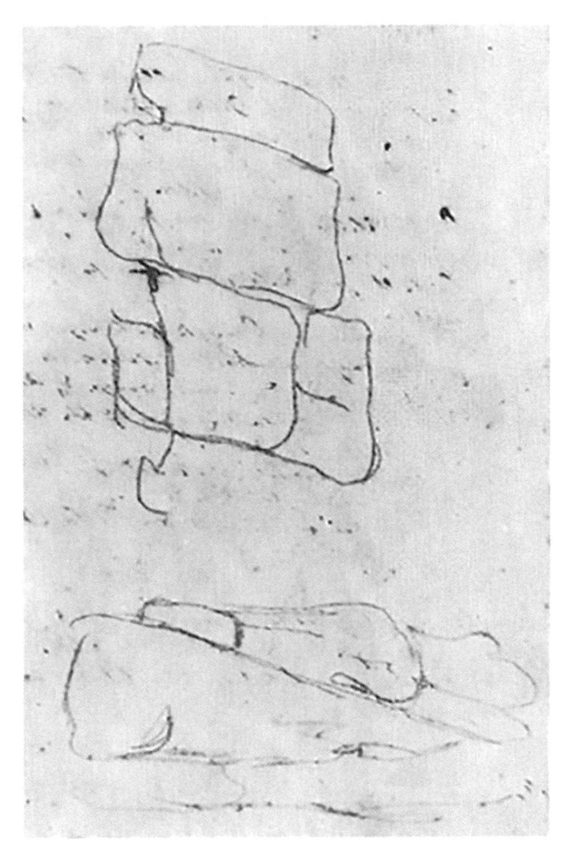

Nesta página e no verso: Rochas de granito. Desenho de Goethe.

* * *

Kammerberg próximo a Eger (1808)

A montanha Kammerbühl, ou Kammerberg, recebeu esse nome porque, em uma vizinha zona florestal, instalou-se um pequeno conjunto de casas, conhecidas como *câmaras*. Ela aparece no caminho de Franzenbrunnen a Eger, situando-se à direita, a cerca de meia hora de distância da via, e podendo ser perfeitamente identificada, sobretudo devido aos produtos vulcânicos que a constituem, a partir de um pequeno pavilhão de lazer aberto, situado em seu cume. Se tais produtos são verdadeiramente vulcânicos ou "pseudovulcânicos" é de se questionar; mas, seja qual for o lado para o qual se tenda, devido às circunstâncias particulares aqui presentes, muitos pontos problemáticos ainda persistem.

Minha exposição será acompanhada de uma gravura e de uma coleção de amostras, para embasá-la. Pois, no que diz respeito aos objetos da natureza, ainda que as palavras possam dizer muitas coisas, é sempre bom ter diante dos olhos ou o próprio objeto, ou uma imagem do mesmo, a fim de que cada um possa familiarizar-se mais rapidamente com a questão.

Mas, embora eu aqui esteja privado de ambos, não deixarei de redigir esse ensaio. É sempre vantajoso ter tido antecessores, de modo que utilizarei, mais adiante, o texto do falecido sr. Von Born.[1] Sempre vemos com maior atenção aquilo que outros viram, quando isso nos é exigido; e já é muito ver

1 Ignaz Edler von Born (1742-1791) foi um minerologista e geólogo austríaco.

algo que foi visto por outro, ainda que talvez o façamos de outra maneira. Em todo caso, no que diz respeito às ideias e opiniões acerca desses objetos, não se deve esperar qualquer consenso.

São muitos os naturalistas que visitam anualmente essa região e sobem essa maravilhosa montanha de altura moderada. Seguindo-se as orientações de nosso manual anexo, poderão reunir, sem grandes dificuldades, uma coleção de amostras talvez até mais completa que a nossa. Sugerimos-lhes principalmente que procurem pelos números 11 a 14; elas são raramente caracterizadas de maneira clara e correta; mas a sorte favorece o entusiasta apaixonado e infatigável.

Se considerarmos a Boêmia como um grande vale, cuja água escoa junto a Aussig, o distrito de Eger pode ser pensado como um vale menor que deságua no rio de mesmo nome. Consideremos, agora, a região de que inicialmente se tratava aqui; fazendo uso de nossa imaginação, veremos facilmente que, antigamente, no lugar do grande pântano de Franzenbrunnen, havia um lago cercado por montes e colinas, cujo solo ainda não secou inteiramente e está recoberto por uma camada de turfa cheia de álcalis minerais e outros componentes químicos. Nesta última, desenvolvem-se amiúde diversos tipos de gases, dos quais as ricas e vivas fontes minerais, bem como outros fenômenos físicos, são o mais perfeito testemunho.

Os montes e colinas que circundam essa superfície pantanosa remontam, todos, aos tempos mais primitivos. Próximo ao eremitério de Liebenstein, há granito com grandes cristais de feldspato, semelhantes aos de Carlsbad. Próximo a Hohehäusel, ele é encontrado em grãos finos e em partes homogêneas, excelente para ser usado nas construções. Em Rossereit, extrai-se muito gnaisse. Todavia, a encosta que separa o pântano de Franzenbrunnen do vale de Eger é composta de micaxisto, o qual aqui nos interessa particularmente. Da decomposição dessa rocha provém a maior parte do solo dessa suave elevação, motivo pelo qual há restos de quartzo por toda parte. A caverna situada atrás de Dresenhof é talhada em micaxisto.

Nessa encosta (que, embora se eleve suavemente, não deixa de ser íngreme), situa-se, sozinha, isolada e visível por todos os lados, a Kammerberg. Sua localização já é por si mesma elevada, mas, em seu cume, a perspectiva torna-se ainda mais ampla.

Quando nos deslocamos para o pequeno pavilhão, nos encontramos cercados de picos e colinas ora mais, ora menos distantes. Na direção nordeste, temos diante de nós os edifícios belos e regulares de Franzenbrunnen. Ao virarmos para a direita, vemos, ao longe, por sobre a paisagem bem cultivada e habitada, o Fichtelberg da Saxônia e as montanhas de Carlsbad; depois, próximo às torres reluzentes de Maria Culm, a pequena cidade de Königswart, onde o pântano escoa no Eger. Atrás dela, vê-se o monte Königswart, e, na direção leste, ao longe, o Tillberg, onde se encontra micaxisto com granadas. Ao fundo, oculta, está a cidade de Eger; e tampouco o rio pode ser visto. Do outro lado do vale que ele recorta, a uma altura considerável, fica o mosteiro Santa Anna, onde há belas plantações agrícolas sobre o micaxisto decomposto. Depois dele, há um monte arborizado, que esconde um eremitério; ao longe, surgem o Fichtelberg de Bayreuth e as montanhas de Wunsiedel. Mais próximo de nós, logo se vê o castelo Hohberg; em pleno fim de tarde, vê-se o Kappelberg, diversos povoados, vilarejos e castelos, até que, passando pelos vilarejos de Unter- e Oberlohma,[2] encerra-se novamente o círculo em Franzenbrunnen.

Encontramo-nos, então, sobre o cume de uma montanha escalvada, que se estende do sudoeste ao nordeste; ao redor desse cume, ela se esparrama de maneira relativamente plana em relação à sua base, sendo apenas sua face oeste mais íngreme. Esse caráter plano de sua encosta torna indefinido seu contorno; entretanto, pode-se estimar que ele tenha mais de 2 mil passos. O comprimento da encosta desde o pavilhão até o desfiladeiro, onde ainda há vestígios de escória vulcânica, possui quinhentos passos. Sua altura é ínfima, se comparada com sua largura e seu comprimento; e a vegetação que recobre diretamente a escória decomposta sofre para aí sobreviver.

Se descermos a encosta a partir do pavilhão no sentido nordeste, logo encontraremos uma pequena cavidade claramente escavada por mãos humanas. Percorrendo-se 150 passos sobre o suave declive, chegaremos ao local em que se desgastou a parte lateral da montanha para se construir a estrada; para tanto, muita massa mineral foi extraída, revelando a parte interna da colina e oferecendo ao observador uma perspectiva muito valiosa.

2 Algumas das cidades e regiões aqui citadas pertencem, hoje, à República Tcheca.

O corte aqui presente possui, em seu ponto mais elevado, algo em torno de 30 pés de altura. Observam-se camadas regulares de produtos vulcânicos com um declive leve, somente um pouco mais acentuado que o da colina, na direção nordeste, além de uma pequena inclinação na direção sul-norte. Suas cores são diversas: mais embaixo, dominam tons de preto e castanho--avermelhado; a seguir, predomina o castanho-avermelhado; mais acima, a coloração se torna menos expressiva; e, no local em que ela se aproxima da superfície, se torna amarelo-acinzentada.

É notável que todas essas camadas sejam tão pouco elevadas e possuam um declive tão suave, seguindo-se estavelmente umas às outras, sem qualquer tipo de movimento ou desordem. Sem se atentar devidamente aos matizes, pode-se facilmente contar 40 pés, em vez desses 30 que perfazem o todo.

As partes que compõem essas camadas são, em geral, soltas, separadas umas das outras, e em parte alguma formam uma massa compacta e coesa. O maior fragmento que aí se poderia encontrar teria pouco mais de uma alna.[3]

Muitos elementos dessa espantosa e desordenada composição revelam claramente sua origem. Com bastante frequência, encontra-se o micaxisto completamente inalterado em sua cor e sua forma, ora mais sólido, ora mais macio. Nas camadas superiores, ele é geralmente mais avermelhado que nas inferiores.

Ainda mais raros, porém, são os fragmentos parcialmente envolvidos por uma matéria escoriácea delicada e fundível. Em alguns destes, a própria pedra parece ter se corroído e começado em parte a derreter. Todo esse micaxisto permanece, como dissemos, inalterado em sua forma, não havendo qualquer sinal de desgaste ou desbastamento. As escórias que sobre ele repousam estão tão frescas e afiadas quanto se tivessem acabado de se resfriar.

Também são bastante angulosas as partes do micaxisto que, sozinhas ou em múltiplos fragmentos, são inteiramente envolvidas em sólida escória. Disso provêm as raras formas esféricas, que poderíamos confundir com seixos rolados se não soubéssemos que, na verdade, foi a própria escória que se consolidou em torno de um núcleo que lhe era estranho, formando corpos esféricos mais ou menos regulares.

---

3 Alna (*Elle*): antiga medida de variação regional, em torno de 60 cm.

Nas camadas superiores, sobretudo nas que são vermelhas, o micaxisto também é avermelhado, mole e amassável, consistindo em uma pasta vermelha oleosa e muito macia ao tato.

O elemento que acompanha o micaxisto, o quartzo, também se encontra inalterado; na maior parte das vezes, ele é vermelho por fora, e essa cor invade também suas fendas. Quando ainda permanece ligado ao micaxisto, surge envolvido pela matéria escoriácea, o que não ocorre em seus fragmentos isolados.

Examinemos, agora, a escória perfeita, completamente fundida, bastante leve, espumosa, e que se derrama como um purê; por fora, ela é irregular, com arestas afiadas e cheia de cavidades; por dentro, é geralmente mais densa. A montanha inteira é composta principalmente dessa escória. Ela é encontrada em pedaços isolados e em si mesmos bem-acabados. Os maiores, de uma alna ou mais de comprimento, são raros; tanto aqueles que são longos e achatados quanto os que são mais irregulares e concentrados, do tamanho de um punho fechado, merecem ser tomados como amostras. Todos possuem uma superfície cortante e são frescos, tal como se tivessem acabado de se solidificar.

Mais abaixo, há pedaços de todos os tamanhos, até que, por fim, se desmancham em pó. Esse pó preenche todos os espaços vazios, de modo que a massa, em seu conjunto, permanece solta, embora sem deixar de ser densa e compacta. O preto é a cor mais frequente. Por dentro, as escórias são todas pretas. O vermelho que a reveste às vezes parece derivar do micaxisto avermelhado, convertido em uma pasta que se desmancha facilmente, muito frequente nas camadas vermelhas, nas quais também aparecem conglomerados soltos da mesma cor.

Pode-se facilmente adquirir todos esses elementos, pois eles podem ser extraídos isoladamente do conjunto da massa. Há, contudo, um incômodo e um risco em sua observação e extração: à medida que a massa da parte inferior do conjunto é removida para construir a estrada, a parte de cima desmorona, as paredes se inclinam e pendem para baixo, além de que as chuvas abundantes facilitam a queda de grandes blocos.

Na superfície da colina, as escórias são todas marrons; nos fragmentos menores, essa cor também penetra bastante em seu interior. A parte exterior é mais embotada, e indicaria um outro tipo de fusão se não devêssemos atribuir esse embotamento, ou mesmo a própria cor, às condições meteorológicas que aqui atuam desde os tempos mais remotos.

Embora as características originais dessas escórias pareçam ter se perdido, encontram-se, desde as camadas inferiores até as superiores, e mesmo naquelas que derreteram por completo, nítidos fragmentos de micaxisto e quartzo inalterados; de modo que não se pode duvidar do material do qual provêm.

Retornemos, agora, ao pavilhão, e nos dirijamos ao sudoeste; encontraremos uma rocha semelhante, porém, em certo sentido, inteiramente oposta à outra. O sudoeste é mais escarpado que o nordeste; porém é impossível avaliar quão estratificado é o terreno, uma vez que, aqui, nenhum corte foi realizado. Em contrapartida, evidenciam-se, em direção ao sul, grandes massas de rocha que se estendem na *mesma* direção desde o ponto mais alto até o pé da colina. Essas rochas são de dois tipos: as de cima são inteiramente escoriáceas, e suas partes isoladas quase não se distinguem, pela aparência, daquele estrato superior marrom que mencionamos anteriormente; embora não possuam arestas afiadas, são completamente porosas e cheias de falhas, como se fossem formadas por nódulos. Mas o fato de ser esta a sua natureza original, sem que tenha prevalecido aqui qualquer processo de embotamento, revela-se nas cavidades e falhas que observamos quando separamos alguns pedaços da rocha. Vemos que a parte interna é igual à externa, sendo que a interna não sofre qualquer decomposição por ação do clima.

A principal diferença entre essa rocha que aparece à superfície e todas as anteriores consiste no fato de ela ser mais firme e pesada. Embora pareça solta e quebradiça, é muito difícil extrair-lhe algum fragmento.

Há ainda uma outra rocha, que reside em grandes massas ao pé da colina. Entre ela e a que foi mencionada anteriormente há uma fenda, provavelmente oriunda de antigas pedreiras, pois o velho torreão da cidadela de Eger, cuja construção remonta ao tempo dos romanos, foi esculpida com essa pedra. Com efeito, nela se encontram, em alguns pontos, vários orifícios enfileirados, que indicam a inserção de instrumentos em forma de garfo ou pente, provavelmente destinados a mover as massas rochosas contíguas.

Tal rocha, que se situa na parte inferior da montanha, quase não se deixa atingir pelas condições climáticas, pela vegetação, ou mesmo pelo martelo geológico. Suas arestas são muito afiadas, a camada de musgo que a recobre é antiquíssima, e somente com instrumentos muito eficientes se consegue quebrá-la. Ela é pesada e firme, sem ser, contudo, inteiramente fechada em suas fendas; pois suas partes maiores são muito porosas, de modo que mesmo a fenda mais fresca é rude e discreta. Suas partes mais firmes e densas, cujas fendas se mostram irregulares e quebradiças, possuem cavidades maiores e menores, tal como se observa claramente nos fragmentos de menor tamanho. Sua cor é de um cinza luminoso que, às vezes, passa de um tom azulado a um tom amarelado.

Depois de termos apresentado de maneira clara e detalhada aquilo que podemos perceber por meio do sentido externo, é natural que consultemos nossas faculdades internas e procuremos descobrir o que o juízo e a imaginação podem extrair desses objetos.

Se observarmos a Kammerberg a partir de seu próprio cume, ou mesmo se olharmos para baixo a partir de Santa Anna, concluiremos facilmente que ela deve ter permanecido muito tempo sob a água enquanto as montanhas mais altas que cercam o vale já havia muito se destacavam. Se imaginarmos a água reduzindo-se gradualmente, a conceberemos como uma ilha banhada pelas águas; por fim, esvaindo-se ainda mais a água, será vista como um promontório, que, já seco, se ligaria ao resto da encosta pela face nordeste, enquanto, na face sudoeste, a água do vale de Eger ainda teria uma conexão com as águas do atual pântano.

Em seu estado presente, em que se encontra completamente seca, observamos uma aparência dupla: em parte estratificada e, em parte, maciça, ou sem camadas. Convém tratarmos antes da primeira, já que foi necessariamente originada pelas águas.

Antes de abordarmos o tema diretamente, devemos discutir uma questão preliminar, que consiste em saber se a matéria dessa montanha de aparência estratificada surgiu nesse local ou se veio de algum lugar distante. Tendemos a admitir a primeira opção: pois, se é verdade que a colina se formou por meio de correntezas, teria sido necessário, para tanto, que houvesse volumes imensos de rochas semelhantes na vizinhança, o que não é o caso. Ademais, encontramos micaxisto, sobre o qual repousa todo o conjunto, ainda inalterado em meio às camadas. Todos os produtos são cortantes, enquanto o micaxisto revestido pela escória possui uma textura tão macia que a ideia de que tenha sofrido qualquer atrito ou desgaste deve ser totalmente excluída. Nada é mais redondo que essas esferas, cuja parte exterior não é lisa, mas áspera e escoriácea. Se quisermos explicar seu surgimento por meio da ação de uma outra força, devemos nos lembrar de que tais formas esféricas são encontradas na matéria que recai na cratera quando vulcões ainda ativos explodem repetidas vezes.

Suponhamos, pois, que essa montanha surgiu no local em que se encontra por meio de processos vulcânicos; ao mesmo tempo, devido a seu caráter estratificado, seremos obrigados a admitir que suas camadas estiveram inteiramente cobertas pela água naquela época. Pois todas as explosões ao ar livre se dão de maneira mais ou menos perpendicular, e os materiais que caem novamente no solo formam camadas que, se não são mais irregulares, são ao menos muito mais íngremes. Nas explosões sob a água (a qual suporemos tranquila e imóvel), o material vulcânico, seja por causa da resistência da própria água, seja pelo fato de que os gases produzidos ascendem verticalmente, será movido para os lados, fazendo as partes que recaem se espalharem em camadas planas. Além disso, as circunstâncias que se apresentam nos levam a presumir que o material derretido explodiu instantaneamente. O micaxisto inalterado, o caráter cortante das escórias, bem como o fato de estarem isoladas e encerradas em si mesmas (pois não há qualquer sinal de um derretimento conjunto) parecem favorecer essa suposição.

Uma e a mesma ação deve ter ocorrido continuamente, desde o início até a formação completa da montanha em seu estado presente. Pois, de cima a baixo, as camadas sucedem-se umas às outras da mesma maneira. Seja quando for que a água se evadiu, não há justificativa suficiente de que explosões ao ar livre tenham ocorrido posteriormente.

Há, antes, motivos para presumirmos que as enchentes teriam coberto de água a parte inferior da colina durante algum tempo, removido as extremidades das camadas em seus pontos mais salientes e, banhando ainda o pé da colina, espalhado as escórias mais leves; por fim, no local onde terminam as superfícies íngremes, a água teria coberto o barro que surgiu devido à decomposição do micaxisto ali presente e no qual não se encontra mais qualquer vestígio de produtos vulcânicos.

Parece-nos, inclusive, que a própria cratera, isto é, o local de onde vieram as explosões, que deveríamos procurar junto ao pé da montanha em sua face sul, foi apagado pelas águas e permanece oculto.

Em alguma medida, podemos representar dessa maneira a origem da parte estratificada dessa montanha; em relação à sua parte não estratificada, porém, será muito mais difícil fazê-lo.

Suponhamos que ela tenha existido antes da parte estratificada, que essa rocha similar ao basalto tenha repousado sobre o micaxisto desde os primórdios, e que uma parte da mesma, fundida e modificada por meio da ação vulcânica, tenha contribuído na composição da parte estratificada; a isso contrapõe-se, porém, o fato de que nem mesmo por meio da análise mais meticulosa encontra-se qualquer traço dessa rocha nas referidas camadas. Se lhe atribuirmos uma origem mais tardia, quando o resto da montanha já estivesse formado, restam-nos duas opções: ou bem o deduzimos de alguma formação rochosa similar à do basalto, que deve sua origem à água; ou bem lhe atribuímos uma origem vulcânica simultânea ou posterior à da parte estratificada.

Não negamos nossa inclinação por esta última opinião. Todas as ações vulcânicas consistem ou em explosões de partes isoladas de matéria já fundida, ou no derrame contínuo e em grandes quantidades de matéria líquida. Por que não haveriam de combinar-se ambas aqui, nesse declive que, ao menos de um lado, é manifestamente vulcânico? Tal como nos ensina o vulcão ainda ativo no presente, elas podem ter sido simultâneas, ter se seguido uma à outra, se revezado, ou mesmo se suprimido e destruído reciprocamente, fazendo que surgissem e desaparecessem os resultados mais complexos.

O que nos faz tender a tomar essas massas rochosas por produções vulcânicas é sua constituição interna, revelada quando dela se desprendem alguns fragmentos. As rochas situadas mais acima, que surgem logo abaixo do pavilhão, distinguem-se das escórias da camada superior apenas por serem mais sólidas, e as massas rochosas inferiores situadas sobre a fenda mais recente se mostram ásperas e porosas. Contudo, uma vez que nessas massas quase não se observa qualquer sinal de uma origem a partir do micaxisto ou do quartzo, somos inclinados a supor que, após o escoamento da água, as explosões tenham cessado, mas o fogo concentrado teria fundido novamente as camadas nesse local e produzido uma pedra compacta e homogênea, razão pela qual a face sul da colina ter-se-ia tornado mais íngreme que o restante da mesma.

Entretanto, à medida que tratamos aqui das operações da natureza relacionadas ao aquecimento, percebemos que nos inserimos em um debate teórico ainda "acalorado", uma vez que a disputa entre vulcanistas e neptunistas não esfriou totalmente. Talvez por isso fosse necessário apenas expor aquilo que se deixa entender por si mesmo; pois não pretendemos atribuir um valor dogmático à nossa tentativa de representar a origem da Kammerberg, mas convidar cada um a também exercitar sua inteligência acerca desse tema.

Ao realizarmos esforços como este, convém sempre recordar que, na verdade, todas as tentativas de solucionar os problemas da natureza não passam de conflitos entre o pensamento e a intuição. A intuição nos fornece, de uma só vez, um conceito completo de algo realizado. O pensamento não fica para trás, e também tem motivos para se vangloriar: à sua maneira, ele expõe e explica de que modo algo pode e deve ser realizado. Por não se sentir inteiramente suficiente, recorre ao auxílio da imaginação, e assim surgem, aos poucos, aqueles entes racionais (*entia rationis*) cujo grande mérito, para nós, reside no fato de nos remeterem à intuição, impelindo-nos a uma observação mais atenta e um exame mais completo.

Também no presente caso, após ponderar minuciosamente todas as circunstâncias, muitas coisas ainda poderiam ser feitas para a compreensão do tema. Com a permissão do proprietário do terreno,[4] alguns poucos trabalhadores logo nos ajudariam a fazer descobertas gratificantes. Procuramos, contudo, avançar com as tarefas de acordo com o que nos era permitido pelo tempo e pelas circunstâncias, sem que pudéssemos recorrer a todos livros e recursos e desconhecendo tudo o que já foi dito publicamente acerca desses assuntos. Esperamos que nossos sucessores possam reunir todos esses

4 O conde de Zedwits.

materiais, observar novamente a natureza, determinar mais precisamente a composição de suas partes, indicar com mais perspicácia os fatos, estabelecer as quantidades de maneira mais determinada, e, com isso, completar aquilo que seus antecessores fizeram, ou mesmo, como se costuma dizer mais grosseiramente, retificá-lo.

Kammerberg próximo a Eger. Desenho de Goethe.

* * *

Coleção

A coleção de amostras que embasa nossos estudos foi trazida para o gabinete da Sociedade Mineralógica de Jena, onde pode ser contemplada por todos aqueles que se interessam pela ciência da natureza. Estes, aliás, ao visitarem a Kammerberg, poderão facilmente obtê-las para si mesmos a partir da presente instrução.

1) Granito em grãos finos de Hohehäusel.
2) Gnaisse de Rossereit.
3) Micaxisto sem quartzo de Dresenhof.
4) Micaxisto com quartzo do mesmo local.
5) Micaxisto n.3 avermelhado, aquecido em um forno para porcelanas.
6) Micaxisto n.4, também avermelhado e aquecido da mesma maneira.*

* Fez-se esse experimento para mostrar mais claramente que o micaxisto mais ou menos avermelhado que se encontra nas camadas da Kammerberg sofreu a ação de um fogo muito forte.

7) Micaxisto sem quartzo das camadas da Kammerberg. Sua cor, contudo, é cinza e permanece inalterada.
8) O mesmo, submetido ao fogo do forno de porcelana, o que o deixou avermelhado.
9) Micaxisto avermelhado das camadas da Kammerberg.

10) O mesmo.
11) O mesmo, com uma matéria escoriácea na superfície.
12) Micaxisto com a superfície escoriácea.
13) Quartzo no micaxisto com superfície escoriácea.
14) Micaxisto parcialmente coberto por uma escória perfeita.*

* Fragmentos relevantes desse tipo são raros.

15) Rochas esféricas, irregulares e cobertas de escória.
16) Quartzo avermelhado por fora em todas as fendas.
17) Micaxisto que se aproxima de uma argila friável.
18) Argila vermelha e gordurosa ao tato, cuja origem não se pode mais conhecer.
19) Rocha sólida em vias de tornar-se escória.
20) A mesma, porém menos nítida.
21) Escória perfeita.
22) A mesma, avermelhada por fora.
23) A mesma, amarronzada por fora, coberta de vegetação.
24) Rocha sólida, semelhante à escória, provinda das massas rochosas sob o pavilhão.
25) Rocha sólida, semelhante ao basalto, provinda do pé da colina.

* * *

Kammerberg próximo a Eger
(1820)

A partir de nossa primeira exposição sobre a Kammerberg próxima a Eger, recordemos aquilo que foi dito no fascículo anterior (mais precisamente no capítulo sobre a ciência da natureza, p. 49 e seguintes) a respeito desse objeto natural tão importante, e de como consideramos essa elevação montanhosa como um verdadeiro vulcão que se teria formado sob o mar, diretamente a partir do micaxisto.

Quando, no dia 26 de abril deste ano, em minha viagem a Karlsbad, passei por Eger, vim a saber por meio do conselheiro policial Grüner (um homem tão instruído quanto solícito e proativo) que, sobre a superfície da grande área do vulcão da Kammerberg escavada para a construção da estrada, fora aberta uma claraboia, a fim de se observar o que se revelaria nas profundezas, e se talvez não seria possível encontrar carvão mineral.

No dia 28 de maio, ao retornar, fui recebido da maneira mais amigável por esse honrado homem. Ele me contou uma breve história da abertura da claraboia, a qual, contudo, já fora suspendida, e me apresentou as amostras minerais encontradas. Primeiramente, a cerca de uma braça e meia de profundidade, encontrou-se uma lava um pouco mais sólida; a seguir, a lava habitual, inteiramente escorificada, em pequenos e grandes fragmentos; por fim, uma massa avermelhada e solta, que consistia manifestamente numa areia fina de mica modificada pelo fogo. Esta aparecia, em parte, misturada com pequenos destroços de lava e, em parte, firmemente ligada a blocos de lava. Sob ela, a mais ou menos duas braças de profundidade em relação à superfície, encontrou-se a mais fina areia de mica branca, da qual se extraiu uma boa parte. Depois disso, porém, a investigação foi interrompida, uma vez que nada mais se esperava encontrar. Se tivessem ido mais fundo (e, nesse caso, a areia fina decerto exigiria uma entivação cuidadosa), teriam certamente encontrado micaxisto, o que confirmaria a opinião que expus anteriormente. Em toda a operação, encontrou-se apenas um pedaço de mais ou menos um dedo de comprimento, que, na melhor das hipóteses, poderia ser tomado por uma pedra de carvão.

A conversa sobre o tema prosseguiu, até que alcançamos a altura do antigo pavilhão. Aqui, pode-se bem notar, olhando de cima a baixo, que, ao pé da colina, na direção de Franzenbrunn, a areia branca de mica encontrada na claraboia de fato se mostrava à superfície, e sobre ela já haviam feito escavações para alguma finalidade. A partir disso, pode-se concluir que a elevação vulcânica da Kammerberg apenas superficialmente se estende sobre um solo de mica em parte arenoso, em parte pulveriforme, e em parte xistoso e sólido. Se quiséssemos fazer alguma contribuição importante, e não sem algum custo, para a compreensão desse fenômeno natural, poderíamos começar, seguindo-se os rastos da mica arenosa que se manifesta no declive, abrindo uma galeria precisamente no local da montanha onde, logo ao lado do ponto mais elevado da casa de veraneio, há uma cavidade que se julgava ser a cratera. Essa cavidade não seria feita para escoar água, de modo que seria possível transitar sob toda a oficina vulcânica e (algo que tão raramente ocorre) observar os primeiros pontos de contato da antiga montanha natural com a rocha modificada, fundida e intumescida. Tal empresa seria única; e decerto o momento em que a lava sólida finalmente aparecesse na parte de trás da montanha proporcionaria ao naturalista uma inestimável visão.

Antes de concluir, devo dizer que nos traz as melhores esperanças o fato de nos ter sido assegurado que o conde Kaspar Sternberg,[1] a quem tanto devemos, haverá de realizar tal empresa, depois de ter sido aconselhado e estimulado a fazê-lo. Cada investigador deverá agora refletir acerca de quais perguntas faria à natureza nesse caso, e quais respostas haveria de desejar.

* * *

1 Conde Kaspar Maria von Sternberg (1761-1838), teólogo, mineralogista, entomologista e botânico boêmio, considerado o fundador da paleobotânica.

Sobre a formação das pedras preciosas (1816)

Todos os minerais se separam e se formam de maneira cósmica; no interior de sua massa, porém, produz-se uma tendência a apresentar-se segundo uma forma muito própria.

Em Karlsbad, sobre a Serra de Oden, e decerto em uma centena de outros lugares, há granito cristalizado em granito.

Também encontramos gnaisse cristalizado em gnaisse. Aqueles conhecidos cristais duplos[1] são, na verdade, curvos e deformados pelo fato de que a mica tende ao aplainamento. Eles se apresentam como fieiras que a mica separada envolve em ondulações.

No pórfiro, formam-se cristais semelhantes àquela forma originária; em Ilmenau e Teplitz, esses cristais são manifestos, porém raramente encontrados.

Esse esforço empreendido pela massa para aprimorar-se adquirindo uma forma ocorre em todas as épocas, inclusive nos dias de hoje. A mais recente gipsita é tão porfírica quanto o próprio pórfiro, e sobre isso elaborei algumas considerações próprias a partir de minhas coleções.

Até mesmo a massa dos metais, tais como o estanho, o tungstênio e outros afins, adquire uma forma. Nesse caso, observo apenas que tal coisa pode ocorrer tanto em pedras homogêneas quanto naquelas em que há ganga.

---

1 Cristais gêmeos (maclas) de feldspato.

Deve-se também atentar para um segundo caso: o do aprimoramento em liberdade, isto é, quando a massa deixa espaço para que certos tipos de gases que seguem circulando eternamente, dos tempos mais remotos aos mais recentes, dissolvam, libertem e transformem as características da rocha, permitindo-lhe o convívio com outras semelhantes. Aqui, parecem ter origem aqueles corpos denominados pedras preciosas.

Trouxe de Gotthard a face de uma ganga cujas pedras vizinhas compunham-se de quartzo, feldspato e horneblenda. Sobre essa superfície de ganga cristalizaram-se, cada um por si, o quartzo, o feldspato e a horneblenda, de maneira admirável, e assim os encontrei em todos os tipos de rochas.

A primeira pergunta que se coloca é a seguinte: acaso se observa hoje algo como uma pedra preciosa, isto é, uma pedra cuja massa assim se aperfeiçoa?

Talvez em um sentido inferior, tal como outrora era feita a lapidação da pirite e outras afins.

Segue-se uma segunda pergunta: qual é a idade dos tipos de rochas nas quais encontramos as chamadas pedras preciosas que tanto estimamos? A análise mais apurada deve preceder a resposta, pois, se podemos confiar nas informações que temos, fornecidas por viajantes respeitáveis a partir de Visapur e Soumelpur,[2] os diamantes parecem ser muito modernos.

Quanto a mim, confio que a natureza ainda possa formar pedras preciosas dos tipos que conhecemos atualmente. Quem poderá dizer o que ainda hoje é possível ocorrer nas imensas superfícies rochosas cobertas pelo mar? E eu tampouco negaria à superfície seca e unificada (os continentes) uma força produtiva semelhante, embora menor.

26 de março de 1816.

* * *

2 Ambos os locais ficam na Índia.

Sobre a relação com as ciências, em particular com a geologia (1820)

Desde a juventude, somos habituados a considerar as ciências como objetos que devemos dominar e utilizar, e aos quais devemos nos dedicar.

Sem essa crença, ninguém teria vontade de aprender coisa alguma.

Contudo, cada um trata as ciências à sua própria maneira.

O jovem anseia pela certeza, e exige uma exposição didática e dogmática.

Na realidade, se analisarmos mais profundamente a questão, veremos o quanto a subjetividade prevalece também nas ciências, não sendo possível prosperar nesse domínio antes de começar a conhecer a si mesmo e sua própria personalidade.

Mas, visto que nossa individualidade, por mais bem definida que seja, está condicionada à época à qual pertence e ao lugar em que está posta, essas casualidades não poderão exercer influência senão sobre aquilo que já está necessariamente dado.

Fui particularmente instado a tais considerações pelo fato de que, tendo ingressado no domínio das ciências tanto por minha inclinação pessoal quanto em função de objetivos práticos, alcancei certas convicções que não deixei de perseguir, até que, ao final, formou-se e fixou-se em mim uma determinada maneira de pensar, a partir da qual julgo e aprecio os objetos.

Assim, admiti aquilo que se conformava a mim, e recusei aquilo que me perturbava. Como eu não era obrigado a lecionar publicamente, instruí-me à minha própria maneira, sem ter de guiar-me pelas coisas já dadas ou provenientes da tradição.

Isso me permitiu acolher alegremente cada nova descoberta e desenvolver aquilo que eu mesmo percebia.

Tirava proveito das coisas vantajosas, e as desagradáveis não precisava considerar.

Agora, há, nas ciências, um ciclo eterno; isso não significa que os objetos mudam, mas que, à medida que são feitas novas experiências, cada um é solicitado a se posicionar e tratar o saber e as ciências à sua maneira.

Visto, porém, que as maneiras de pensar propriamente humanas também estão encerradas em um determinado círculo, a inversão sempre reconduz os métodos para o lado oposto; as concepções atomista e dinâmica alternam-se constantemente, mas sempre *a potiori*, pois nenhuma delas substitui inteiramente a outra, nem mesmo para um único indivíduo, pois o dinâmico mais resoluto, antes mesmo que o perceba, haverá de falar como um atomista, e tampouco o atomista pode afirmar definitivamente que jamais se tornaria, aqui ou ali, um dinâmico.

É isso que ocorre com os métodos estético e < >,[1] pois um é apenas o inverso do outro; assim, se abordarmos os objetos de maneira viva, ora um, ora outro estará à nossa disposição.

Fui levado a apresentar meu percurso geológico por perceber que tem se destacado uma maneira de pensar inteiramente oposta à minha,[2] a qual não posso admitir, mas de modo algum pretendo contestar.

Tudo o que exprimimos são como profissões de fé,[3] e assim teve início a minha em relação a essa disciplina.

Geologia

Interesse por objetos naturais e, além disso, visíveis.

Ímpeto de comunicar aos outros as opiniões.

Representações figurativas.

É algo que também sinto quando me dedico à história natural e à teoria da natureza.

1 Parece haver, aqui, uma lacuna no texto original.

2 O vulcanismo.

3 Isto é, são como símbolos de uma única e mesma ideia.

Ilustrações osteológicas mencionadas anteriormente; hoje, convém falar de um trabalho semelhante que deve esclarecer a estrutura da Terra e aprimorar a geologia.

Exploração mineralógica em Ilmenau.

Esboço de um estudo do interior da Terra, na medida em que ele se manifesta exteriormente, ou se revela a partir de dentro.

Primeira viagem de inverno a Harz, da qual resta ainda um poema ditirâmbico.

Observação contínua das formas das rochas.

Massas rochosas que se dividem em partes.

Convicção de que essa separação ocorre segundo certas leis.

Dificuldade de exprimir-se acerca disso.

Por isso, um ensaio.

Divisões rochosas verticais, ou próximas da posição vertical.

Posicionam-se de maneira mais ou menos precisa em relação aos principais pontos cardeais; e são atravessadas por outras, na maioria das vezes, de forma oblíqua, e muito raramente de maneira perpendicular, dando origem aos fragmentos rombiformes.

Muitas observações foram feitas para que se conheça melhor em que medida a direção desses supostos desprendimentos relacionam-se com os principais pontos cardeais.

Acreditou-se ter descoberto que, no processo de solidificação, as fendas se formariam na direção norte; as fendas transversais, porém, cruzando de oeste a leste, e não perpendicularmente, causariam os desprendimentos rombiformes.

Deve-se ter em mente um modelo.

Com ele, devem ser realizados trabalhos preliminares sobre a natureza.

Para tanto, devem ser incluídos desenhos precisos.

Viagem a Harz em agosto de 1784, com o conselheiro Kraus.[4]

Breve biografia.

Qualidades artístico-sociais desse homem.

---

4 Georg Melchior Kraus (1733-1806), pintor alemão, diretor da escola de desenho de Weimar.

Incluir todas as ilustrações que levaram em consideração os desprendimentos, as divisões e as transformações das partes das rochas e dos rochedos, às quais também se referem as anotações do diário, infelizmente formuladas de maneira demasiado breve.

O ensaio deve ser publicado com notas que tornam mais evidente o propósito; ao mesmo tempo, porém, as ilustrações devem ser apresentadas como algo que será claro e útil no futuro.

Jena, 7 de outubro de 1820.

* * *

Sobre a geologia em geral e a da Boêmia em particular (1820)

What is the inference? Only this, that geology partakes of uncertainty which pervades every other department of science.

Greenough, *A Critical Examination*[1]

Dê-me um ponto de apoio!

Arquimedes

Toma um ponto em que possas apoiar-te!

Nose, *Historische Symbola*[2]

Na época em que comecei a me interessar cientificamente pela constituição física da Terra, empenhando-me em conhecer, interna e externamente, tanto no todo quanto nas partes, suas massas rochosas; naqueles dias, digo, descobrimos um ponto fixo, que não se poderia desejar mais propício. Situávamo-nos sobre o granito, a rocha apontada como a mais sublime e

1 George Bellas Greenough, *A Critical Examination of the First Principles of Geology*. Londres: Strahan and Spottiswoode, 1819.

2 Karl Wilhelm Nose, *Historische Symbola die Basalt-Genese betreffend*. Bonn: Weber, 1820, p.83.

profunda; nós a respeitávamos nesse sentido, e os naturalistas se esforçavam para conhecê-la. Como consequência disso, várias outras rochas, de aspecto completamente distinto do dele, receberam esse mesmo nome. Mesmo depois que se conseguiu isolar o sienito, ainda restavam desconhecidas inúmeras variedades. A característica principal do granito, contudo, foi registrada: o fato de ele ser composto de três partes intimamente ligadas, a saber, o quartzo, o feldspato e a mica, semelhantes em sua substância, porém distintas em seu aspecto. As três possuíam igual importância no conjunto. De nenhuma delas se podia dizer que continha as outras, ou que era contida por elas; no entanto, notava-se que, em meio à grande variedade de composições, uma parte poderia adquirir preponderância em relação às outras.

Nas minhas frequentes viagens a Karlsbad, chamou-me a atenção principalmente o fato de que grandes cristais de feldspato, que ainda continham em si mesmos todas as outras partes do granito, haviam se acumulado nas rochas ali presentes e predominavam entre elas. Recordemos o distrito de Elbogen, onde se pode dizer que a natureza se excedeu na formação do feldspato e se esgotou por completo nessa atividade. Ao mesmo tempo, as duas outras partes também parecem ter renunciado à comunidade. A mica, em particular, se aglomera em esferas, colocando em risco a trindade. Em seguida, ela começa a exercer um papel principal, dispondo-se em folhas e obrigando as outras partes a se acomodarem a essa disposição. Mais adiante, porém, a separação se torna mais acentuada: no caminho para Schlaggenwald, encontramos mica e quartzo em grandes volumes completamente separados, até que finalmente chegamos às massas rochosas inteiramente compostas de quartzo, contendo apenas algumas nódoas de mica de tal modo permeadas pelo quartzo que quase não se pode mais reconhecê-la como tal.

Em todos esses fenômenos, é manifesta uma completa separação das partes do granito. Cada uma delas assume a predominância sempre que as condições o permitem; e tais observações nos colocam diante dos acontecimentos mais importantes. Pois, se não se pode negar que o granito, em seu estado originário mais perfeito, continha ferro, deve-se reconhecer que, na época seguinte, é primeiramente o estanho que aparece nessa rocha, abrindo de uma vez a via para os outros metais.

De maneira surpreendente, muitos outros minerais surgiram junto com esse metal: a hematita possui um papel muito importante; o tungstênio; o cálcio acidificado de diversas maneiras, como fluorita e apatita; além de muitos outros! Se no verdadeiro granito não há estanho, então em que tipo de rocha derivada encontraremos esse importante metal? Em Schlaggenwald, primeiramente, ele será encontrado em uma rocha à qual falta apenas o feldspato para se converter em granito, e na qual a mica e o quartzo combinam-se da mesma maneira como o fazem nessa rocha, numa união tão pacífica que ambos permanecem em equilíbrio, sem que nenhum deles possa ser visto como contendo ou sendo contido pelo outro. Os mineiros chamaram essa pedra de *greisen*, nome muito feliz, contendo um pequeno desvio em relação a *gnaisse*. Se agora pensarmos que, para além de Schlaggenwald, junto a Einsiedeln, encontra-se serpentina na superfície; que, ainda nessa região, se observa a presença de celestina; e que, junto a Marienbad e em direção às fontes do Tepel, encontra-se granito em grãos finos e gnaisse com grande quantidade de almandina; admitiremos de bom grado ser esse um bom local para se estudar uma importante época geognóstica.

Todas essas coisas foram ditas sobretudo para legitimar meu interesse pela formação do estanho; pois, embora seja importante firmar os pés em algum lugar, é ainda mais importante dar o primeiro passo a partir dali e pisar novamente sobre um lugar firme, que possa novamente servir de base e ponto de apoio. Por esse motivo, observei a formação do estanho durante muitos anos. Uma vez que, na floresta da Turíngia, onde se iniciaram meus anos de aprendizagem, não há qualquer vestígio desse metal, decidi começar pelas aluviões de Fichtelberg. Estive diversas vezes em Schlaggenwald; Geyer e Ehrenfriedersdorf conheci por meio das descrições de Charpentier[3] e de outros atentos naturalistas. Graças às magníficas amostras que devo a meu falecido amigo F. von Trebra,[4] pude instruir-me, com toda a precisão, acerca dos minerais que ali se produzem. De Krupka obtive conhecimentos

3 Johann Friedrich Wilhelm Toussaint von Charpentier (1740-1819), geólogo e diretor de minas alemão.

4 Friedrich Wilhelm Heinrich von Trebra (1740-1819) foi um importante minerador da Saxônia.

mais precisos; de Cínovec e Altenberg apenas dados superficiais ou panorâmicos. Em pensamento, porém, segui as ocorrências dessa formação até as Montanhas dos Gigantes, onde deve haver dela alguns vestígios. Tive a felicidade de conseguir algumas importantes amostras provindas dos principais locais mencionados. O senhor Mawe,[5] comerciante de minerais de Londres, forneceu-me uma coleção perfeitamente satisfatória da Cornualha, e devo ao senhor Von Giesecke,[6] além das amostras adicionais decisivas das aluviões de estanho inglesas, também amostras do estanho de Malaca. Tudo isso está bem reunido e ordenado; o propósito, porém, de apresentar algo mais completo a respeito desse objeto dissipou-se em um vão desejo, assim como tantas outras coisas que eu teria empreendido e produzido com tanto prazer no campo das ciências naturais.

Se nem tudo haverá de se perder, devo, nestes fascículos, tal como já o fiz em outros ramos das ciências, comunicar aquilo que já foi feito, a fim de relacioná-lo, se possível, a outros fragmentos, e, talvez, vivificá-lo por meio de algumas ideias principais.

* * *

5 John Mawe (1764-1829), mineralogista britânico. Entre 1804 e 1811 viajou por diversos países da América do Sul, entre eles o Brasil. É autor do livro *Travels in the Interior of Brazil: Particularly in the Gold and Diamond Districts of that Country*. Londres: Longman, Hurst, Rees, Orme and Brown, 1812. [Ed. bras.: *Viagens ao interior do Brasil particularmente nos distritos do ouro e do diamante, em 1809-1810*. Trad. Dermeval Lessa. São Paulo: Imprensa Oficial, 1922.]

6 Carl Ludwig von Giesecke, nascido Johann Georg Metzler (1761-1833), dançarino, ator, explorador polar e mineralogista alemão.

Formação[1] *do globo terrestre* (*1821*)

A Alemanha, em sua representação geognóstico-geológica, por Christian Keferstein. Weimar, 1821

Uma revista, 2 fascículos; 1º fascículo: mapa geral da Alemanha, dois recortes, de sul a norte; 2º fascículo: dois recortes, de oeste a leste. Mapa do Tirol.

Ninguém, mais do que eu, deverá agradecer com toda alegria e sinceridade as contribuições que os amantes da geognosia devem ao sr. Keferstein,[2] cujo importante trabalho veio-me em auxílio e proveito na hora certa.[3] Quando chegamos a uma idade em que ansiamos por resultados, porém já não somos capazes, em várias disciplinas, de alcançar por nós mesmos uma

1 *Formação* (no original, *Bildung*) não possui, aqui, um sentido temporal, ou genético, mas significa a constituição, ou composição do corpo terrestre.

2 Christian Keferstein (1784-1866), mineralogista e etnógrafo alemão. Publicou na revista *Teutschland geognostisch-geologisch dargestellt* (Weimar, 1821) o primeiro mapa geológico da Alemanha. Durante a elaboração do trabalho, pediu a Goethe alguns conselhos. Goethe, então, decide colaborar sobretudo no que diz respeito à escolha das cores para as diferentes formações geológicas. Essas cores são empregadas até hoje nos mapas geológicos.

3 No momento em que Goethe realizava estudos geológicos em Marienbad.

experiência completa, ou de apreender a conexão entre aquilo que já está disponível há muito tempo e as descobertas mais recentes, é extremamente bem-vindo que os jovens cumpram nosso intento e realizem nosso desejo.

Quando penso em todo o esforço que dediquei a essa disciplina durante cinquenta anos; em como, para mim, nenhuma montanha era demasiado alta, nenhum poço demasiado profundo, nenhuma galeria demasiado estreita, nenhuma selva suficientemente labiríntica; e em como eu gostaria, agora, de tornar presentes os elementos particulares a fim de reuni-los em uma imagem geral; percebo quão oportuno me é o presente trabalho, dado que minhas pesquisas se referem à Alemanha.

Assim, o modo como me familiarizei, em parte por acaso, em parte intencionalmente, com as extensões dos terrenos e das montanhas; as coisas que registrei a partir das experiências, ou que conservei das ilustrações de excepcionais artistas, preservando-as e estimando-as constantemente em pensamento; tudo isso se apresenta da maneira mais nítida diante de mim quando observo os mapas e a revista geognóstica do sr. Keferstein, nos quais reúnem-se o antigo e o novo. Dessa forma, mesmo não tendo condições de fornecer um todo coerente, posso alcançar alguma unidade, na medida em que me vinculo a um todo.

O empreendimento do sr. Kieferstein despertou meu maior interesse tão logo pude ver o bem-feito trabalho, e isso me levou a fazer algumas sugestões para a coloração do mapa geognóstico. As ideias que fundamentam essas sugestões serão expostas a seguir.

Não temos, aqui, o direito de nos lisonjear pelo fato de termos produzido um efeito estético perfeitamente agradável aos olhos. A intenção era apenas fazer que a obra, que deveria ser colorida, causasse uma impressão significativa, e não repugnante. À formação principal, que contém granito, gnaisse e micaxisto, com todas as suas estratificações e irregularidades, foi atribuída a cor carmim, o *vermelho* mais puro e belo; ao xisto a ela adjacente foi conferido um *verde* puro e harmonioso; acima, ao calcário dos alpes, foi dada a cor *violeta*, que deriva do vermelho e não conflita com o verde.

O arenito vermelho, formação extremamente importante, que, em geral, aparece apenas em estreitas faixas, foi caracterizado com um proeminente *alaranjado*; um tom *castanho* deverá indicar o pórfiro, pois se pode reconhecê-

-lo por toda parte e, dessa maneira, não prejudica o conjunto. Ao arenito de variadas formações [*Quadersandstein*] atribuiu-se o amarelo-ouro; ao arenito colorido, uma *cor de camurça* avermelhada; e ao calcário conquífero, o azul puro; ao calcário jurássico um *verde-acinzentado*; e, por fim, um azul-pálido, quase imperceptível, às formações do cretáceo.

Essas cores, dispostas umas ao lado das outras, não causam uma impressão menos desagradável que qualquer mapa feito com iluminuras; e, pressupondo-se que somente as melhores tintas serão utilizadas, e que sua aplicação será sempre a mais pura, elas proporcionarão um panorama inteiramente aprazível e adequado para seus fins. No mapa geral da Alemanha, percebe-se a totalidade; no mapa do Tirol, no qual não há todas as cores, logo se observa ser característico o fato de não haver partes fragmentadas, mas somente grandes massas; outras regiões fornecem outras impressões. O preto marcante do basalto, considerando-se a importância dessa formação, não causa danos.

Agora, se o pretendido atlas geognóstico fosse concluído dessa maneira, seria desejável que os especialistas dessa ciência se unissem e aplicassem as mesmas cores para indicar as mesmas rochas, o que nos permitiria alcançar mais rapidamente uma visão de conjunto e traria muita comodidade. Fizemos, assim, uma exposição mais detalhada, a fim de que o arranjo dessas cores se justificasse, e não parecesse casual. Haveria ainda, afinal, muitas coisas a serem discutidas antes que se comecem a elaborar mapas expressamente para fins geológicos, pois será preciso indicar também as principais eras geológicas em suas subdivisões, tal como já foram representadas em certas gravuras pelos gravuristas.

* * *

Problema de história natural e arquitetura (1823)

Após viajar pela Sicília, retornei a Nápoles e percebi ainda haver aí diversas coisas a serem retomadas, coisas que eu, no afã da vida meridional, havia negligenciado. Entre elas, está o Templo de Júpiter Serápis, em Puzzuoli,[1] em cujas colunas restantes há um fenômeno inexplicável que já há muito tempo tem atraído a atenção dos geólogos e naturalistas em geral.

Dirigimo-nos ao local no dia 19 de maio de 1787. Examinei atentamente todas as circunstâncias, e logo estabeleci a maneira pela qual o fenômeno poderia ser esclarecido. Após um espaço de tempo tão longo, pretendo expor fielmente aqui, numa sequência clara, e fazendo referência a uma gravura bem conservada do sr. Von Coudray,[2] tanto aquilo que já havia registrado e apontado em meus diários quanto tudo o que aprendi desde então.

A localização do templo, ou melhor, de suas ruínas, é ao norte de Puzzuoli, a uma distância de cerca de duzentas toesas da cidade. Situava-se imediatamente junto ao mar, a uma altitude de mais ou menos 50 pés acima do nível da água.

Seus muros ainda ocupam uma área de 25 toesas quadradas; daí partem as celas dos sacerdotes situadas ao redor, de tal modo que ainda sobram dezenove toesas para o pátio interno, contando com a colunata que o cercava. No centro, há uma elevação circular que se acessa por meio de quatro

1 Hoje, ele é mais conhecido como Macelo de Serápis.

2 Clemens Wenzeslau von Coudray (1775-1845), arquiteto alemão.

degraus íngremes; ela mede aproximadamente dez toesas e meia, e possui um tolo circular, diáfano e sem cela, formado pelas colunas.

Sobraram em pé 16 colunas; 36 cercavam o pátio; e, visto que havia uma estátua em cada coluna, deveria haver 52 estátuas nesse imenso lugar. Se considerarmos o conjunto da ordem coríntia, tal como demonstram as proporções das colunas e as seções das cornijas que ainda as cercam, admitiremos que a intenção, aqui, era a de produzir um efeito de grande suntuosidade, realçada ainda mais pelo fato de a matéria ser nobre, pois tanto o corpo da construção quanto seus revestimentos são de mármore. Assim como as estreitas celas sacerdotais e os estranhos cômodos de ablução, tudo era pavimentado, assoalhado e equipado com refinado mármore.

Examinando-se mais de perto todas essas características, e sobretudo a planta do edifício, concluiremos que elas devem remontar antes ao século III que ao II. O valor dos ornamentos arquitetônicos mencionados, que nos permitiria sabê-lo com segurança, não se pode mais estimar no presente.

Ainda mais incerta é a época em que esse templo foi soterrado por cinzas vulcânicas e outros dejetos incandescentes; por ora, contudo, tratemos de dar conta daquilo que ainda se vê, bem como daquilo que nos é legítimo inferir, fazendo referência àquela gravura.

No campo superior da mesma, vê-se um esboço do templo em sua forma íntegra e um recorte transversal do pátio; as quatro elevadas colunas do pórtico estão na base do pátio, à frente do santuário; vê-se, além disso, o pátio cercado por uma colunata e, atrás, os aposentos sacerdotais.

Que o templo tenha sido soterrado numa época desconhecida da Idade Média não é algo de extraordinário. Se tomarmos o mapa dos *campi phlegraei*[3] e observarmos as inúmeras crateras, bem como as elevações e depressões alternando-se constantemente, nos convenceremos de que o terreno aqui jamais foi tranquilo. Nosso templo situa-se a apenas uma hora e meia de distância do Monte Nuovo (que, em 1538, cresceu a uma altura de 1000 pés)[4] e a meia hora do Solfatara,[5] que ainda arde e queima.

3 Campos Flégreos: região vulcânica situada a oeste de Nápoles.

4 Em 1538, uma série de terremotos ocorridos na região causou uma erupção que durou cerca de uma semana, o que deu origem a um novo vulcão, denominado "Monte Novo".

5 Cratera de um vulcão extinto que ainda libera vapores quentes e sulfurosos.

Observemos, agora, a imagem no campo central da gravura, e imaginemos a densa chuva de cinzas caindo sobre o solo; ela recobriria os domicílios sacerdotais a ponto de os transformar em uma montanha; o pátio aberto, por sua vez, seria preenchido apenas até certa altura. Isso fez que permanecesse no centro uma depressão, que se elevou apenas 12 pés acima do antigo solo, e na qual destacam-se aqui e ali as principais colunas restantes, assim como a parte superior das colunas da galeria.

Do córrego que foi dirigido ao templo para a purificação prestam suficiente testemunho as calhas e os canos escavados, assim como os bancos de mármore admiravelmente cortados ao meio. Assim, essa água para lá cuidadosamente conduzida, e que ainda hoje corre não muito distante, estagnou e formou um lago a uma elevação de mais ou menos 5 pés. É provável que, nessa altura, as colunas do pórtico tenham sido banhadas por ela.

Dentro desse lago, surgem os *pholaden*,[6] que corroem os contornos do mármore *cipollino* grego em nivelação perfeita em relação à água.

Não se sabe quanto tempo esse tesouro permaneceu oculto. É provável que o talude tenha sido envolvido pela vegetação. No mais, a região é também tão cheia de ruínas que as poucas colunas proeminentes quase não chamam a atenção.

Por fim, os novos arquitetos encontraram aqui uma estimada mina de riquezas. A água foi drenada e iniciou-se uma escavação, cujo objetivo, porém, não era o de restabelecer o antigo monumento, mas o de tratá-lo como uma pedreira. Seu mármore foi utilizado na construção de Caserta,[7] que teve início em 1752.

É esse o motivo pelo qual o local já desentulhado apresenta tão poucas ruínas em forma e as três colunas situadas em pé no solo nivelado e limpo chamam tanto a nossa atenção. São elas que vemos inteiramente limpas até uma altura de 12 pés acima do solo e, 5 pés mais acima, carcomidas pelos

6 Moluscos bivalves, conhecidos como *piddocks*.

7 A Reggia di Caserta é o palácio real de Caserta, projetado pelo arquiteto Luigi Vanvitelli (1700-1773) e construído durante o reinado do rei Carlos III de Bourbon (1716-1788). É o maior palácio do mundo e uma das maravilhas da arquitetura barroca.

piddocks. Por meio de uma investigação mais detalhada, descobriu-se que a cavidade produzida pela ação dessa criatura mede 4 polegadas de profundidade, e os restos das conchas foram extraídos intactos.

Desde aquela época da escavação e da utilização do mármore, parece que nada mais foi tocado: pois a obra *Antichità di Puzzuolo*, volume *in folio* no qual se encontram textos e figuras gravados em cobre (que, embora não possuam indicação de data, foram dedicados ao eminente casal Ferdinando IV e Carolina da Áustria por ocasião de seu matrimônio, ou seja, em 1768), revela, na 15ª prancha, que o estado em que se encontrava na época era aproximadamente igual ao que encontramos hoje; assim como um desenho feito pelo sr. Verschaffelt,[8] em 1790, conservado na biblioteca grão-ducal, o representa, no essencial, de maneira semelhante.

Também a importante obra *Voyage pittoresque, ou description des Royaumes de Naples et de Sicile*,[9] mais precisamente na segunda parte do primeiro volume, a partir da página 167, trata de nosso templo. O texto é estimável, e oferece boas informações, embora não nos leve a qualquer conclusão. Duas ilustrações da referida página postas lado a lado foram feitas casualmente, a partir de rascunhos ligeiros, para produzir uma aparência agradável, porém não se distanciam inteiramente da verdade.

Coisas não tão boas podem ser ditas a respeito da restauração que consta na página 172 da mesma obra, tal como os próprios editores reconhecem. Ela representa um fantástico cenário teatral, excessivamente adornado, além de demasiadamente espaçoso e colossal, uma vez que esse edifício sagrado, como atestam suas dimensões, foi feito em proporções bastante módicas.

Com base no plano geral, podemos nos convencer de que a ilustração inserida na primeira obra citada, a *Antichità di Puzzuolo*, prancha XVI, aparece copiada à p.170 da *Voyage pittoresque*.

A partir disso, porém, é evidente que ainda resta muito a ser feito por um hábil e engenhoso arquiteto: obter indicações de medida tão precisas quanto

---

8 Maximilian von Verschaffelt (1754-1818), desenhista e arquiteto alemão.

9 Obra de Jean-Claude Richard de Saint-Non (1727-1791), desenhista e gravador francês, mais conhecido como Abbé de Saint-Non, publicada em 4v. Paris: Jean-Baptiste Delafosse, 1781-1786.

se possa fornecer (e, por conseguinte, uma revisão da planta conforme as instruções da obra mencionada acima); investigar detalhadamente as ruínas que ainda se encontram ao redor; realizar uma avaliação especializada do padrão estético, a partir do qual poder-se-ia deduzir a época da construção; restaurar de maneira competente tanto o conjunto quanto os detalhes, conforme o espírito da época em que o edifício foi construído.

Adiantaria o trabalho do antiquário aquele que, de sua parte, soubesse indicar que tipo de cerimônia religiosa era aqui praticada; provavelmente envolvia sangue, visto haver ainda traços de anéis de ferro no assoalho bem onde se prendiam os touros, cujo sangue deveria ser levado pelos condutores que passavam em volta, certamente destinados para esse fim. No meio do promontório central, há uma abertura idêntica, por onde o sangue da vítima poderia ser escoado. Tudo isso nos parece remeter a uma época mais tardia, na qual ocorreria uma misteriosa e sedenta cerimônia religiosa.

Depois dessas observações, retorno ao nosso objetivo principal: as cavidades que, sem dúvidas, devem ser atribuídas aos *piddocks*. A explicação aqui desenvolvida mostra de que maneira eles teriam chegado lá em cima e corroído apenas uma determinada faixa ao redor das colunas. Essa explicação é localizada e, como não exige muito para elucidar a questão, certamente desfrutará da aprovação de autênticos naturalistas.

Parece que, a respeito desse assunto, como frequentemente ocorre, os pesquisadores partiram de falsas pressuposições. As colunas, diziam, são carcomidas pelos *piddocks*, que vivem somente no mar; o mar, portanto, teria subido a um nível muito alto, cercando as colunas durante algum tempo.

Tal dedução deve apenas ser invertida: visto que a ação dos *piddocks* se encontra a mais de 30 pés acima o nível do mar, e visto ser possível demonstrar que um lago se formou acidentalmente nessa região elevada, então, os *piddocks*, sejam eles de que espécie forem, devem ter podido viver em água doce, ou em uma água que se tornou salgada devido às cinzas vulcânicas. E falo aqui de modo geral, sem hesitar: uma explicação que se baseia em uma nova experiência é digna de louvor.

Pensemos agora, em contrapartida, na época mais obscura do clero e da cavalaria, na qual o Mar Mediterrâneo elevava-se 30 pés acima de seu nível:

quantas modificações não devem ter sofrido todas as margens? Quantas baías não foram alargadas, quantos trechos de terra não foram desarranjados, quantos portos não foram alagados? Além disso, teria a água permanecido por um longo tempo nesse nível? A respeito disso não há qualquer notícia nas crônicas ou histórias dos soberanos, da cidade, das igrejas ou dos monastérios; no entanto, em todos os séculos após o domínio romano, as notícias e registros jamais foram inteiramente destruídos.

Aqui, alguém nos interrompe e clama: "Por que motivo discutis? Com quem discutis? Acaso alguém afirmou que aquela agitação do mar tenha ocorrido tão tarde, durante a nossa era cristã? Não! Ela pertence a um tempo anterior, talvez ao do círculo dos poetas".

Que assim seja! Nós nos rendemos de bom grado, pois não gostamos de disputas e contradisputas; para nós, basta dizer que dificilmente um templo construído no século III possa um dia ter sido a tal ponto inundado pelo mar.

Assim, quero ainda apenas, referindo-me às pranchas anexas, reiterar algumas coisas e inserir outras poucas considerações. Na seção superior, assim como nas restantes, vemos em *a* a linha da superfície do mar, e em *b* a pequena elevação do templo sobre ela.

A figura intermediária exprime nossa convicção: a linha *c* indica o soterramento do pátio e o solo do lago; a linha *d* indica a altura do nível do mar no mesmo lago; entre os dois pontos residia o molusco devorador; a seguir, *e* indica o aterro que se formou [*hinlegen*] sobre e ao redor do templo devido ao soterramento, tal como se observa nas colunas e nos muros pontilhados no terreno seccionado.

No campo inferior, onde aparecem as áreas escavadas, as partes elevadas das colunas carcomidas pelos *piddocks* correspondem ao lago que ali havia entre *c* e *d*, tornando perfeitamente claro o objetivo de nossa explicação; apenas se deve notar que, na realidade, os muros do templo não estavam tão livres quanto foram aqui traçados para manter a coerência, mas encontravam-se soterrados, pois, naquela época, prosseguia-se com uma escavação somente até encontrar algum proveito para seus objetivos.

Se ainda devo acrescentar algo, haverá de ser o motivo pelo qual demorei tanto tempo para apresentar essa explicação. Nesse caso, assim como em outros, persuadi-me sozinho dessas ideias, e, nesse mundo tão conflituoso, não me senti no dever de persuadir os outros. Quando editei minha *Viagem à Itália*, logo retirei esse trecho de meu volume, pois uma tal exposição não me parecia combinar com o restante; também em meu diário as ideias principais foram apontadas e esclarecidas apenas em poucas linhas.

Nos últimos tempos, contudo, coincidiram duas circunstâncias que possibilitaram a divulgação dessas observações e me determinaram a fazê-la: um arquiteto tão generoso quanto dotado de uma habilidade genial elaborou, a partir das poucas sugestões que forneci, uma prancha que, mesmo acompanhada de poucas palavras, sem a necessidade de uma exposição mais pormenorizada, já teria tornado clara a questão. Gravada com perfeição por Schwerdgeburth,[10] será suficiente para os naturalistas.

Ao mesmo tempo, me entusiasma o fato de que o sr. Von Hoff,[11] em sua inestimável obra, na qual poupou ao sensato investigador tantas perguntas, análises e conclusões desnecessárias, tenha recordado o mesmo fato. Ele discute a problemática de maneira ponderada, e busca uma explicação menos desesperada que aquela que considera necessária a elevação do Mar Mediterrâneo para justificar algo tão ínfimo. É primeiramente a esse homem digno, pois, que dedico o presente ensaio, sob a condição de exprimir, muitas vezes de forma implícita, e pela ocasião de outras questões importantes, nosso devido agradecimento pelo grande e vigoroso trabalho.

10 Carl August Schwerdgeburth (1785-1878), pintor e gravurista alemão.

11 Karl Ernst Adolf von Hoff (1771-1837), naturalista e geólogo alemão. A obra a que Goethe se refere são os dois primeiros volumes de sua *Geschichte der durch Überlieferung nachgewiesenen natürlichen Veränderungen der Erdoberfläche* (História das mudanças naturais na superfície terrestre comprovadas pela tradição). Gotha: Perthes, 1822-1841.

Templo de Júpiter Serápis, em Puzzuoli. Gravura elaborada a partir de um rascunho de Goethe.

* * *

Sobre a geologia (novembro de 1829)

Dogmatismo e ceticismo

Toda mudança de concepção teórica a respeito dos objetos da natureza deve ser avaliada a partir de uma perspectiva filosófica mais elevada.

A teoria de Werner[1] era, de fato, dogmatismo.

Ela parte do acúmulo e do depósito de matéria para explicar as camadas estratificadas, e até mesmo a camada mais fundamental; quando, por fim, chega ao granito, que também se encontra nas montanhas mais elevadas, fez dele a base e o esqueleto da Terra. Com base nisso, erigiu-se a teoria.

Entretanto, todo dogmatismo existente no mundo torna-se, por fim, maçante, sobretudo quando chegam as novas gerações, que também desejam apresentar algo novo.

---

1 Abraham Gottlob Werner (1750-1817) foi um dos mais importantes geólogos da época. Elaborou a teoria *neptunista*, segundo a qual a Terra, em seus primórdios, teria permanecido longamente coberta por água, de modo que as rochas mais fundamentais, como o granito, teriam surgido a partir de um processo de sedimentação sobre o solo irregular desse oceano. As rochas estratificadas, por sua vez, teriam surgido quando as águas começaram a baixar, por meio da sedimentação sobre o granito. A essa teoria opunha-se a teoria *vulcanista* (ou *plutonista*), liderada por James Hutton (1726-1797), para a qual as rochas teriam uma origem ígnea.

Era inegável o fato de que aquela teoria havia deixado para trás problemas não esclarecidos.

E, em conformidade com o caminho mais geral e natural do espírito humano, apareceu o ceticismo.

O ceticismo começou atacando as exceções ao dogma, que se havia fixado sobre uma base legal.

O ceticismo tira proveito da inquietação e da obsessão pela dúvida dos seres humanos; para estes, é fácil tornar um dogma suspeito.

A isso, porém, pertence uma determinada força do espírito, uma consistência e um dom de persuasão que se servem principalmente da indução.

Weimar, 5 de novembro de 1829.

Indução

Jamais me permiti empregá-la, nem sequer contra mim mesmo.

Deixo que os fatos permaneçam isolados.

Busco, porém, as analogias.

Por esse caminho, cheguei, por exemplo, ao conceito da metamorfose das plantas.

A indução é útil somente para quem quer convencer.

Admitem-se duas ou três proposições, bem como algumas inferências; e logo se está perdido.

Na verdade, aqui moram os paralogismos, as sub- ou ob-repções, tal como hoje tudo nomeia o vulgo. Um dialético haverá de designá-lo e determiná-lo muito melhor que eu.

Ao escalar essa espécie de andaime, o homem entusiasmado se perde.

E, quando estão em jogo modos de vida, opiniões e partidos distintos, vantagens minhas ou tuas, inclinações etc., esses encadeamentos são indissolúveis.

É difícil proteger-se disso, libertar os outros desse laço, e recuar.

O ceticismo deve, primeiramente, tornar-se dogmático; então, encontrará, também ele, adversários prontos para combatê-lo.

Pois também ele ou não tocará em certos problemas, ou os solucionará de modo a deixar o entendimento humano em estado de alerta.

Weimar, 5 de novembro de 1829.

* * *

Frio

Para uma grande quantidade de gelo, é necessário o frio. Tenho a suspeita de que houve, ao menos na Europa, uma época de grande frio, mais ou menos no tempo em que a água ainda cobria o continente a uma altura de 1000 pés, e o Lago Léman, nas épocas de degelo, ainda se comunicava com os mares do norte.

Nessa época, os glaciares dos alpes da Saboia avançavam até o mar, e talvez as longas fileiras de pedras denominadas moreias, que ainda caem sobre os glaciares, também descessem pelo Vale do Arve e arrastassem consigo as rochas soltas naturalmente afiadas (que ainda preservam suas arestas e não foram polidas) até o mar, onde, até hoje, presentes aos montes na região de Thonon-les-Bain, causam admiração.

Weimar, 5 de novembro de 1829.

* * *

Posição das camadas

O seguinte fenômeno também dá ensejo a diferentes interpretações; embora as camadas normais se aproximem da posição horizontal, há outras que são mais ou menos inclinadas, outras ainda fortemente oblíquas, aproximando-se da posição vertical, e outras que, por fim, estão até mesmo suspensas. Julgou-se, aqui, ser preciso admitir que essas camadas teriam surgido na posição horizontal, mas, depois, por meio de uma elevação das montanhas provocada por ações internas, teriam chegado a essa posição contrária à natureza.

Conheço um único caso do tipo, cujo efeito prático foi particularmente nocivo, razão pela qual deveria ser analisado de maneira global. Ele foi descrito em detalhes na *História da mina de Ilmenau*, de C. W. Voigt,[1] 1821.

Tem-se razão de admitir que, nas primeiras épocas da formação da Terra, todos os elementos químicos e sobretudo dinâmicos atuavam com maior força e vigor.

Mas a força de atração das massas rochosas particulares ainda não se extinguiu. Reconheço que, naquela época, ela era tão forte que atraiu para

---

1 Johann Carl Wilhelm Voigt (1752-1821), mineralogista alemão. Sua *Geschichte des Ilmenauischen Bergbaues nebst einer geognostischen Darstellung der dasigen Gegend* (História da mina de Ilmenau juntamente com uma representação geognóstica da área) foi publicada em Munique: Verlegt von dem Sohne des Verf, 1821.

si as partes metálicas e terrestres que estavam à sua volta, nadando no meio solúvel universal, ao mesmo tempo que o restante desceu em massa até as profundezas do solo", formando, junto com a camada horizontal, uma camada íngreme, quase suspensa. Trata-se do mesmo caso indicado anteriormente, que pode muito bem nos remeter ao seu comentário presente na obra citada mais acima.

* * *

Problemas geológicos e tentativa de solucioná-los (fevereiro de 1831)

[...]

1. Camadas horizontais que se estendem continuamente para cima numa rocha escarpada se explicam por meio de uma elevação dessa encosta.

Diz-se que, nos primórdios de tais formações, os elementos dinâmicos eram mais fortes que posteriormente, e a força de atração das partes era maior. Na mesma medida em que os elementos das camadas efetivamente desciam ao fundo e recobriam a superfície, também eram atraídos pelas faces laterais das montanhas próximas, podendo assentar em superfícies não apenas inclinadas, mas até mesmo suspensas, e aguardar ainda que o restante do espaço fosse preenchido.

2. As massas de granito muito distantes dispostas sobre grandes superfícies também dão ensejo a muitas reflexões.

Acreditamos que a explicação do fenômeno não possa ser dada de apenas uma maneira.

Explica-se assim o modo pelo qual os blocos que se encontram junto ao Lago Léman, sobretudo do lado da Saboia, e que não são polidos, mas angulosos, se soltaram da montanha mais alta: eles teriam sido lançados para lá devido à elevação tumultuada das montanhas situadas no interior do país.

Nós dizemos: houve um tempo em que os glaciares baixaram muito, alcançando até mesmo o Lago Léman; pois os blocos rochosos que se desprendiam da montanha podiam facilmente escorregar para baixo até o lago. Até hoje, semelhantes procissões de pedaços das rochas descem dos glaciares; eles possuem um nome singular (tudo isso, bem como a posição dos vales pelos quais desciam os antigos glaciares até o lago, deve ainda ser detalhado).

3. Os blocos de granito e de outras rochas primitivas dispostos por toda parte na Alemanha setentrional possuem origens distintas.

O *Landgrafenstein*,[1] transformado numa obra de arte de grande importância, fornece-nos um testemunho seguro de que não faltavam rochas primitivas na Alemanha setentrional.

Nós afirmamos: nessa ampla e vasta paisagem, é provável que os rochedos em parte isolados e em parte ligados a outros tenham despontado sobre a água. O *Heilige Damm*, em particular, denuncia os restos dessa cadeia de montanhas primitivas, cuja maior parte, assim como a de outras existentes mais no interior do país, desintegra-se facilmente, de modo que somente suas partes mais sólidas puderam escapar ao efeito destruidor dos milênios. Por essa razão as pedras aí encontradas e há tempo trabalhadas são de grande beleza e valor: pois nos apresentam aquilo que há de mais sólido e nobre dos objetos geognósticos existentes há milhares de anos.

4. Embora, até o momento, eu tenha precisado considerar um nível da água elevado e um frio rigoroso em minhas deduções (ou, se quiserem, explicações), vê-se bem que sou inclinado a admitir a influência das correntezas e tempestades provindas do norte sobre esse fenômeno, tal como até hoje se tendeu a afirmar.

Se, a uma altura de 1000 pés acima do nível geral do mar, um forte frio conectava uma grande parte da Alemanha setentrional por meio de uma superfície de gelo, então podemos conceber a destruição que teria sido provocada pelo derretimento dos blocos de gelo amontoados uns sobre os outros; e, com as tempestades do norte, nordeste e noroeste, os blocos de

1 Lápide histórica, situada no município de Schlangenbad, na Alemanha, em memória ao landgrávio Friedrich V, de Hessen-Homburg (1748-1820).

granito que teriam desmoronado sobre os blocos de gelo devem ter seguido em direção ao sul.

Agora, se essa primeira massa de rochas primitivas na Alemanha setentrional for salva (o que deve ocorrer, sobretudo, devido às decomposições ainda hoje existentes no Egito, ampliando cada vez mais as planícies e os desertos), então teremos de explicar por que motivo não seríamos avessos a admitir aquela travessia também a partir das regiões suprabasálticas, através do gelo; pois, até hoje, ainda chegam ao estreito grandes massas de gelo, que trazem consigo as massas de rochas primitivas soltas da margem cheia de penhascos.

Esse fenômeno não deve ser visto como secundário. Do fato de identificarmos, na Alemanha setentrional, os tipos de rochas primitivas presentes nos reinos do norte não se conclui ainda que elas tenham vindo de lá; pois os mesmos tipos de rochas primitivas podem provir de qualquer parte. Mas é por isso mesmo que a rocha primitiva é tão respeitável: porque ela parece igual em todos os lugares, de modo que o granito e o gnaisse do Brasil, cujos exemplares chegaram-me há pouco em mãos, não se distinguem daqueles do Norte europeu.

É um tipo curioso aquele que sempre deseja novas explicações! Aquilo que é inabalável deve ser e mover-se primeiramente; aquilo que se move e se modifica continuamente deve ser e permanecer inerte; e tudo isso apenas para que algo fosse dito a respeito do assunto!

* * *

METEOROLOGIA

Luke Howard a Goethe: um esboço biográfico[1] *(1822)*

Uma tradução desse manuscrito extremamente valioso que recebi há pouco ocupará o primeiro lugar no próximo fascículo dos escritos sobre a teoria da natureza, decerto para a alegria de todos os verdadeiros amantes do saber. Por ora, direi a esse respeito apenas o que se segue:

O quanto me atraiu a classificação das nuvens elaborada por Howard atestam diversas páginas do volume de meus escritos científicos, ao qual pertence, na verdade, a presente nota. O fato de ser-me tão bem-vinda a formação do informe, bem como a ideia de uma mudança regular das figuras das coisas desprovidas de contornos, é uma consequência de todo meu tra-

1 Luke Howard (1772-1864) foi um químico e meteorologista inglês, considerado o principal expoente da meteorologia moderna. Publicou o ensaio "On the Modification of Clouds, and on the Principles of their Production, Suspension and Destruction", *Philosophical Magazaine*, v.16, 1803, no qual propõe uma classificação das nuvens inspirada no sistema de Lineu. Goethe conheceu o ensaio somente mais de uma década após sua publicação, no ano de 1815. A impressão que este lhe causou, contudo, transformou imensamente seu interesse pelos fenômenos meteorológicos, que, até então, se mostrava disperso. Mais tarde, em 1821, Goethe (decerto movido pelo princípio íntimo de sua arte e de sua ciência, segundo o qual a vida e a obra caminham sempre juntas) pediu que seu correspondente em Londres, J. C. Hüttner, lhe enviasse alguns dados biográficos de Howard. Este último, ao tomar conhecimento da intenção do grande poeta alemão, decidiu redigir ele mesmo e enviar-lhe uma breve autobiografia, cuja tradução para o alemão é anunciada pelo autor no presente ensaio, de 1822.

balho nas ciências e nas artes. Procurei imbuir-me dessa teoria, e esforcei-me para encontrar uma maneira de aplicá-la tanto em casa quanto nas viagens, em qualquer época do ano, e em elevações barométricas consideravelmente variadas. Pois essa terminologia, que separa as coisas umas das outras, jamais me deixou na mão quando estudei seu uso sob diversas condições, nas transições e nas fusões. Esbocei diversos desenhos a partir da observação da natureza, procurando fixar sobre o papel, conforme a ideia, aquilo que está em movimento; chamei artistas para fazê-lo, de modo que talvez em breve esteja em condições de apresentar uma série de ilustrações características satisfatórias, algo cuja escassez geral até o momento é de lamentar.

Uma vez que, devido a uma crescente convicção de que tudo aquilo que é feito pelos seres humanos deve ser tomado em sentido ético (ainda que o valor ético só possa ser julgado com base na trajetória da vida de uma pessoa), pedi a um amigo em Londres, o sempre ativo e solícito sr. Hüttner, que me obtivesse, quando possível, algumas linhas gerais a respeito da história de vida de Howard, a fim de que eu pudesse saber como um tal espírito se formou e qual ocasião, ou quais circunstâncias o conduziram à via pela qual soube contemplar tão naturalmente a natureza, a ela entregar-se, reconhecer suas leis e tornar a prescrevê-las a ela de forma naturalmente humana.

Minhas estrofes em homenagem a Howard foram traduzidas na Inglaterra, e pareceram oportunas sobretudo por sua esclarecedora abertura rítmica. Tornaram-se conhecidas por meio da publicação, e, com isso, pude esperar até que uma alma benevolente tomasse conhecimento de meus desejos.

O que ocorreu foi além das minhas expectativas: pois recebi uma carta redigida pelo próprio Luke Howard, gentilmente acompanhada por uma história de sua família, de sua vida, de sua formação e de suas opiniões, escrita com a maior clareza, pureza e sinceridade, e da qual ele me permitiu fazer uso público. Talvez não haja um exemplo mais belo de como a natureza se revela aos espíritos, e de como ela tende a conservar uma união íntima e duradoura com a mente.

Assim que recebi esse adorável documento senti-me por ele irresistivelmente atraído, e obtive a mais bela satisfação ao elaborar sua tradução, destinada a incrementar o próximo volume dos cadernos científicos.

* * *

Ensaio de uma teoria meteorológica[1]
(1825)

Palavras gerais e preliminares

O verdadeiro, idêntico ao divino, jamais se deixa conhecer diretamente por nós. Nós o contemplamos somente em seu reflexo, no exemplo, no símbolo, em fenômenos particulares e análogos. Nós o descobrimos como vida inapreensível, contudo, não podemos renunciar ao desejo de apreendê-lo.

Isso vale para todos os fenômenos do mundo compreensível. Aqui, porém, falaremos somente da meteorologia, ciência de difícil compreensão.

Na medida em que somos seres ativos e efetivos, as condições do tempo revelam-se para nós sobretudo por meio do calor e do frio, da umidade e da aridez, bem como da moderação e do excesso de tais estados; e sentimos tudo isso imediatamente, sem qualquer reflexão ou investigação.

Alguns instrumentos foram inventados para atribuir objetividade, por meio de uma medição em graus, a esses fenômenos que nos afetam diariamente. Qualquer pessoa pode utilizar o termômetro; e, quando ela pega um resfriado, parece que, em certo sentido, se tranquiliza por poder exprimir seu sofrimento em graus, de acordo com as medidas de Fahrenheit ou Réaumur.

O higrômetro é menos verificado. Lidamos com a umidade e a aridez todos os dias, ou todos os meses, à medida que ocorrem; do vento, porém,

1 Constam aqui traduzidos somente alguns trechos selecionados.

todas as pessoas se ocupam. As bandeiras hasteadas nos permitem saber de onde ele vem e para onde vai; porém, o que isso deve significar de um modo geral permanece aqui incerto, assim como nos demais fenômenos.

É curioso, contudo, que a pessoa em estado normal seja a última a notar as determinações mais significativas das condições atmosféricas; pois, no primeiro caso, é preciso uma natureza enferma para percebê-las; já no segundo, é necessária uma formação superior para saber observar a modificação atmosférica que o barômetro indica.

Portanto, aquela propriedade da atmosfera que durante tanto tempo permaneceu oculta para nós – já que ela se manifesta ora no mesmo local, em uma sequência, ora em diferentes locais, ou mesmo em diferentes altitudes, simultaneamente; além de ser ora mais pesada, ora mais leve – é a que julgamos sempre estar no topo de toda observação meteorológica, e à qual damos prioridade.

Aqui, convém observar, antes de tudo, este ponto principal: nada que existe ou se manifesta, seja algo duradouro ou passageiro, pode ser considerado de maneira totalmente isolada, ou nua; todo fenômeno é sempre acompanhado, envolvido, revestido ou atravessado por algum outro; ele causa ou sofre influências; e, quando tantas naturezas operam juntas e misturadas, de onde deve provir, ao final, a compreensão, ou a definição de qual delas é a dominante e qual a subordinada, de qual está determinada a vir antes e qual é obrigada a vir depois? Nisso reside a grande dificuldade de toda afirmação teórica; aqui mora o perigo de confundir a causa e o efeito, a doença e o sintoma, o ato e o caráter.

Aqui, porém, nada mais resta ao observador responsável senão decidir onde deverá estabelecer um ponto central para, em seguida, começar a observar e a investigar, tratando o restante de maneira periférica. Também nós ousamos proceder dessa forma, como se mostrará a seguir.

A atmosfera que nos envolve é, na verdade, aquilo de que nos ocupamos no momento. Em meio a ela vivemos quando habitamos o litoral, e gradualmente subimos até as montanhas mais altas, onde é difícil viver. Com nossos pensamentos, porém, vamos a lugares ainda mais elevados, e nos atrevemos a afirmar que a Lua, os outros planetas solares junto com suas próprias luas e os astros reciprocamente imóveis atuam uns sobre os outros; e o ser humano, que necessariamente refere tudo a si mesmo, não pode evitar de se bajular com a ilusão de que o universo, do qual ele certamente constitui uma parte, também exerce efetivamente sobre ele uma influência notável e singular.

Assim, quando também foram sensatamente abandonadas as extravagâncias astrológicas, tais como a de que o céu estrelado rege o destino dos homens, tampouco se quis renunciar à convicção de que, se não as estrelas fixas, então os planetas, se não os planetas, então a Lua condicionaria e determinaria as condições meteorológicas, exercendo sobre elas uma influência regular.

Nós, porém, rejeitamos todas as influências desse tipo; não consideramos que os fenômenos meteorológicos sejam nem cósmicos, nem planetários, mas que, segundo nossas premissas, devem ser explicados enquanto fenômenos puramente telúricos.

[...] Imaginamos que haja, no interior da Terra, um movimento rotacional que força a imensa bola a girar em torno de si mesma em 24 horas, e que pode ser representado como um parafuso vivo sem fim.

Mas isso não basta. Esse movimento possui um certo pulsar, um crescer e diminuir, sem o qual não seria possível pensá-lo como algo vivo; e também consiste num expandir e contrair regular, que se repete a cada 24 horas e atua com sua menor força ao meio-dia e à meia-noite.

[...]

Revisão

Assim, devemos admitir dois movimentos fundamentais do vivo globo terrestre e considerar todos os fenômenos barométricos como expressões simbólicas destes.

Primeiramente, a assim chamada *oscilação* indica um movimento conforme a leis de um eixo em torno do qual se produz a rotação da Terra, por meio da qual, por sua vez, surgem o dia e a noite. Esse movimento desce e sobe duas vezes no intervalo de 24 horas, tal como se conclui a partir de diversas observações feitas até o momento; nós o representamos como uma espiral viva, ou um parafuso vivo sem fim; ele atua distendendo e relaxando, provocando o subir e descer diário do barômetro sob a linha. Ele deve ser mais perceptível onde a massa terrestre mais volumosa se enrola sobre si; perto dos polos, deve diminuir, e até zerar, como já foi afirmado pelos observadores. Essa rotação exerce uma influência decisiva sobre a atmosfera, fazendo que a chuva e o céu limpo ocorram alternadamente todos os dias [...].

A fim de demonstrar o segundo movimento universalmente conhecido, que também atribuímos a uma força de gravidade maior ou menor, e o comparamos com um inspirar e expirar que vai do centro à periferia, consideramos a elevação e a queda dos níveis do barômetro como um sintoma.

Dominação e insubordinação dos elementos

À medida que nos esforçamos incessantemente para examinar a fundo, verificar e aplicar essas ideias, alguns acontecimentos nos levaram a seguir adiante. Por essa razão, permitam-nos expor ainda o seguinte a respeito do que foi dito.

É evidente que aquilo que se denomina *elemento* possui, afinal, um impulso para seguir uma via própria, selvagem e bravia. O ser humano, uma vez que conquistou o poder sobre a Terra e tem agora a obrigação de conservá-lo, precisa se preparar para sofrer resistência e manter-se sempre em alerta. Porém, tomar medidas de precaução isoladas não é de modo algum tão eficiente quanto ser capaz de contrapor a lei àquilo que é desprovido de regras; e para isso a natureza preparou nosso caminho da maneira mais magnífica ao contrapor a forma das coisas vivas àquilo que é informe.

Assim, os elementos devem ser vistos como adversários colossais, contra os quais teremos de lutar eternamente, e os venceremos somente em situações particulares, por meio da força de espírito mais elevada, da coragem e da astúcia.

Os elementos devem ser vistos como a própria arbitrariedade; a terra pretende apoderar-se constantemente da água, forçando-a a solidificar-se, seja como terra, rocha ou gelo, de modo a constringi-la no interior de seus limites.

Com a mesma inquietação, a água, que de mau grado abandona a terra, precipita-se novamente em seus abismos; o ar, que agradavelmente nos envolve e vivifica, nos derruba e sufoca de uma só vez na forma de um vendaval; e o fogo atinge implacavelmente tudo aquilo que é inflamável e fundível. Tais considerações nos rebaixam na medida em que frequentemente temos de fazê-las sob grandes e irreparáveis calamidades. Por outro lado, é edificante para o coração e o espírito quando vemos aquilo que o homem fez para se armar e se defender, até mesmo servindo-se de seu inimigo como de um escravo.

Contudo, o pensamento alcança o que há de mais elevado nesses casos quando identifica aquilo que a natureza traz em si como lei e regra para impressionar aquele ser indômito e anárquico. A respeito de quanto nós ainda não conhecemos esse assunto convém recordar apenas o que se segue.

A elevada força de atração da Terra, que conhecemos pela elevação do nível do barômetro, é a força que regula o estado da atmosfera e confere um destino aos elementos. Ela resiste à formação excessiva das águas e às violentas movimentações do ar; e, devido à sua ação, até mesmo a eletricidade parece manter-se na mais pura indiferença.

Os níveis mais baixos do barômetro, ao contrário, libertam os elementos; aqui, é de se notar primeiramente que a região inferior da atmosfera continental possui a tendência de afluir do oeste para o leste. A umidade, as chuvas, as ondas, as vagas, tudo se move de maneira mais branda ou mais impetuosa no sentido leste; e, onde quer que esses fenômenos surjam pelo caminho, nascerão já com a tendência de impelir-se em direção ao leste.

Aqui, devemos indicar ainda um ponto importante e duvidoso: quando o barômetro marca níveis muito baixos por muito tempo, os elementos se desabituam a obedecer, e não retornam imediatamente a seus limites quando o barômetro se eleva. Eles buscam, antes, permanecer como estão durante algum tempo, até que, aos poucos, tendo o céu superior já há muito alcançado tranquila firmeza, aquilo que se agita nos espaços inferiores alcance o desejado equilíbrio. Infelizmente, nós somos também os primeiros a sermos surpreendidos por esse último ciclo, e nossos navegantes e habitantes das zonas marítimas tiveram muitos prejuízos com isso. O encerramento do ano de 1824 e o início deste ano nos fornecem as mais tristes notícias; o oeste e o sudoeste suscitam, ou vivenciam, os acontecimentos mais tristes do mar e do litoral.

Quando se está no caminho que dirige o pensamento para o universal, quase não se encontra limites; tenderíamos, assim, a ver o terremoto como uma descarga elétrica telúrica, os vulcões como um fogo elementar agitado, e a pensar tais fenômenos em relação com as manifestações barométricas. Com isso, porém, a experiência não está de acordo, pois esses movimentos e acontecimentos parecem pertencer de maneira muito própria a localidades específicas, capazes de exercer ora mais, ora menos influência à distância.

Analogia

Aquele que já se atreveu, tal como às vezes somos tentados, a erguer um edifício científico grande ou pequeno, faz bem em buscar analogias para demonstrá-lo. Se, porém, sigo aqui esse conselho é por acreditar que a exposição precedente se assemelha àquela que empreguei na teoria das cores.

Na cromática, de fato oponho luz e sombra; estas não teriam qualquer relação uma com a outra se a matéria não se colocasse entre elas; nesta última, seja ela opaca, translúcida, ou mesmo viva, a claridade e a escuridão se manifestam, e logo surgem as cores em milhares de circunstâncias.

Do mesmo modo, dispomos uma contra a outra, enquanto elementos independentes, a *força de atração* e seu fenômeno, o *peso*, de um lado, e a *força de aquecimento* e sua manifestação, a *dilatação*, de outro. Entre ambas, situamos a *atmosfera*, o espaço vazio das chamadas "corporalidades", e, de acordo com o modo como as duas mencionadas forças atuam sobre a delicada materialidade do ar, vemos surgir aquilo que denominamos condições meteorológicas, estabelecendo-se assim o elemento no qual e do qual vivemos, da maneira mais diversificada e, ao mesmo tempo, conforme a leis.

Identificando aquilo que é conforme a leis

Nessa questão extremamente complicada, como se vê, acreditamos proceder da maneira correta, pois nos atemos primeiramente ao que é mais seguro; trata-se daquilo cuja manifestação se repete com frequência numa relação constante e aponta para uma regra eterna. Aqui, não devemos nos deixar confundir pelo fato de que as coisas que julgamos concordar e cooperar reciprocamente parecem, às vezes, divergir uma da outra e contradizer-se. Isso se faz necessário sobretudo nos casos em que, em meio a múltiplas confusões, facilmente se toma a causa pelo efeito, ou naqueles em que se consideram coisas correlatas que se determinam e condicionam reciprocamente. Com efeito, admitimos uma lei meteorológica fundamental, mas atentamos ainda mais precisamente às infinitas diferenças físicas, geológicas e topográficas, a fim de podermos indicar, quando possível, os desvios de seus fenômenos. Quando nos atemos firmemente a uma regra, somos sempre a ela reconduzidos na experiência; quem despreza a lei desespera da experiência, pois, no sentido mais elevado, cada exceção já se encontra incluída na regra.

Exame de consciência

Enquanto nos ocupamos com um ousado empreendimento, tal como o referido estudo, não podemos deixar de realizar um autoexame da maneira mais diversificada, e isso ocorre com a maior eficiência e segurança quando lançamos um olhar para a história. Todo pesquisador, ainda que se considere somente aqueles que trabalharam pelo restabelecimento das ciências,[2] julgaram-se obrigados a proceder da melhor maneira possível com aquilo que lhes disponibilizou a experiência. A soma das coisas verdadeiramente conhecidas deixou tantas lacunas em sua extensão que cada um, ansiando pelo todo, se empenhou em preencher uma ou outra ora com o entendimento, ora com a imaginação. Como a experiência cresceu, aquilo que a imaginação havia inventado, bem como aquilo que o entendimento havia precipitadamente concluído, foi logo deixado de lado; um fato puro o substituiu, e os fenômenos mostraram-se cada vez mais reais e, ao mesmo tempo, harmônicos. Aqui, faz-se suficiente um único exemplo.

Lembro-me, desde as primeiras lições de meus anos de aprendizagem até os tempos mais recentes, de que o espaço grande e desproporcional entre Marte e Júpiter era algo surpreendente e deu ocasião para diversas

2 Isto é, aqueles que vieram a partir do Renascimento.

interpretações. Em alguma medida, vê-se confortado o esforço de nosso magnífico Kant a respeito desse fenômeno.[3]

Aqui, pois, permaneceu um problema como que à luz do dia, uma vez que a própria luz do dia o ocultava, a saber: que vários astros pequenos se moviam em torno de si mesmos e ocupavam o lugar de um astro maior, pertencente ao espaço, da maneira mais extraordinária.

Problemas semelhantes há aos milhares no interior do círculo da ciência natural, e eles seriam solucionados mais cedo se não se agisse tão rapidamente para afastá-los e ofuscá-los com opiniões.

Todavia, tudo aquilo que denominamos hipótese pode reivindicar seu antigo direito, se ela ao menos em alguma medida afasta o problema e o desloca para onde a investigação é facilitada, e sobretudo quando parece não ser capaz de encontrar qualquer solução. Tal mérito possui a química antiflogística; os objetos eram os mesmos, mas eles foram movidos para outro lugar, dispostos em outra ordem, de modo que se podia lidar com eles de novas maneiras e a partir de outras perspectivas.

No que diz respeito ao meu ensaio, compreender a condição principal da meteorologia como telúrica e atribuir, em certo sentido, os fenômenos atmosféricos a uma força de gravidade pulsante e inconstante são coisas do mesmo tipo. A completa insuficiência de se atribuir fenômenos constantes aos planetas, à Lua, a um desconhecido variar entre cheia e vazante da atmosfera terrestre, deixou-se sentir cada vez mais dia após dia, e, embora eu tenha simplificado a representação de tais coisas, pode-se julgar que estamos muito próximos do verdadeiro fundamento dessa questão.

Pois, embora eu não imagine que com isso tudo tenha sido descoberto e esteja resolvido, estou convencido de que, quando se avança nas pesquisas por esse caminho e se observa atentamente as condições e determinações mais próximas e evidentes, haver-se-á de chegar a algo que eu não concebo e sequer posso conceber, a saber, aquilo que traz consigo tanto a solução desse problema quanto a de outros semelhantes.

* * *

3 Referência à obra *História geral da natureza e teoria do céu* (1755), de Immanuel Kant.

SOBRE O LIVRO

Formato: 16 x 23 cm
Mancha: 27,8 x 48 paicas
Tipologia: Venetian 301 12,5/16
Papel: Off-white 80 g/m² (miolo)
Couché fosco encartonado 120 g/m² (capa)

1ª edição Editora Unesp: 2024

EQUIPE DE REALIZAÇÃO

Edição de texto
Tulio Kawata (Copidesque)
Carmen T. S. Costa (Revisão)

Capa
Vicente Pimenta

Editoração eletrônica
Eduardo Seiji Seki

Assistente de produção
Erick Abreu

Assistência editorial
Alberto Bononi
Gabriel Joppert

Série Goethe

Conversações com Goethe nos últimos anos de sua vida – 1823-1832
(Johann Peter Eckermann)

De minha vida: Poesia e verdade

Viagem à Itália

A campanha na França e outros relatos de viagem

Rua Xavier Curado, 388 • Ipiranga - SP • 04210 100
Tel.: (11) 2063 7000 • Fax: (11) 2061 8709
rettec@rettec.com.br • www.rettec.com.br